智能调控远方操作体系建设与实践

李功新　王永明　主编

内 容 提 要

本书主要介绍了智能调控远方操作体系相关技术，主要内容包括电网调控远方操作综述、智能调控远方操作体系、调度指令票与智能操作票、调控一体化防误、变电站远方操作适应性改造、视频辅助监控系统、调控主站顺控、智能调控远方操作工程应用。

本书内容全面系统，且理论联系实际，可作为智能调控远方操作系统设计、研发、建设、运维、检修与管理等专业人员工作参考书和培训教材，也可作为高等院校、科研单位及相关制造厂商的学习与参考资料。

图书在版编目（CIP）数据

智能调控远方操作体系建设与实践 / 李功新，王永明主编. —北京：中国电力出版社，2021.10

ISBN 978-7-5198-5847-6

Ⅰ. ①智… Ⅱ. ①李… ②王… Ⅲ. ①智能技术–应用–电力系统调度–研究 Ⅳ. ①TM73-39

中国版本图书馆 CIP 数据核字（2021）第 148061 号

出版发行：中国电力出版社
地　　址：北京市东城区北京站西街 19 号（邮政编码 100005）
网　　址：http://www.cepp.sgcc.com.cn
责任编辑：崔素媛（010-63412392）郭丽然
责任校对：黄　蓓　常燕昆
装帧设计：赵丽媛
责任印制：杨晓东

印　　刷：北京天宇星印刷厂
版　　次：2021 年 10 月第一版
印　　次：2021 年 10 月北京第一次印刷
开　　本：710 毫米×1000 毫米　16 开本
印　　张：13.25
字　　数：227 千字
定　　价：58.00 元

编委会

前言

与传统的操作模式相比，智能调控远方操作体系为调控操作带来了深刻的变化。变电站无人值守、频繁的调控倒闸操作对智能调控远方操作的准确性、实时性、安全性提出了更高的要求。

随着操作票系统、一体化防误、视频辅助监控系统、调控主站顺控等技术的不断进步，调控远方操作越来越趋向于智慧化，需要通过多业务系统协同，提供融合的一体化智能远方操作服务。为提高科学调度水平和驾驭大电网调控的能力，进一步加强调度安全保障体系和内部安全监督体系的建设，电网急需进行智能调控远方操作体系建设。

目前电网建设规模不断扩大，智能调控远方操作体系的应用持续深化，需要专业人员对新技术、新应用有更深刻的了解，因此迫切需要一本能够阐述智能调控远方操作体系的总体架构和各系统功能原理的书籍，来推动智能调控远方操作体系的建设、维护和应用。

本书从基本概念、术语、规范、技术原理等方面详细阐述了智能调控远方操作体系，展开介绍了智能成票、一体化防误、调控主站顺序控制等关键技术，并结合国网福建省电力有限公司变电站一、二次设备远方遥控和调控主站端“一键顺控”工程实例、异常情况处理等典型实践经验，对智能调控远方操作体系进行了全面细致的应用阐述，力求概念清晰全面，逻辑通顺易懂，理论贴近实际，具有可操作性和可参考性。

希望本书的出版能使电网调控专业人员对智能调控远方操作体系的技术原理与应用实践有更全面深入的理解，协助专业人员更好把握现场实践、问题处理和技能提升。同时，本书详细阐述了智能调控远方操作体系的组成部分、各系统功能的技术原理与交互关系、应用方案和规范等，可为科研单位和系统开发商对智能调控远方操作体系的现场实际应用和需求分析提供有价值的参考，也可为智能调控远方操作体系的不断提升、完善提供新思路、新方向，推动调控远方操作的技术革新、模式创新。

本书由国网福建省电力有限公司组织编写。在编写过程中，公司领导高度重视并给予了大力支持，同时本书得到了来自北京科东电力控制系统有限公司、珠海优特电力科技股份有限公司、积成电子股份有限公司和福建和盛高科技产业有限公司的大力支持与帮助，在此谨向以上单位和相关人员表达衷心的感谢。

由于编者水平有限，书中难免有疏漏与不足之处，恳请读者批评指正。

编　者

2021 年 9 月

目 录

第1章 电网调控远方操作综述

1.1 发 展 概 况

1979～2002年，中国实行“联合电网、统一调度、集资办电”的方针，电力工业快速发展。同时，远方控制技术也投入实践，加快推进了电力系统、发电厂和变电站的远方控制自动化，进一步减轻调度工作，提高供电质量。

2003年至今，国家对电力行业加大投入，从110kV到1100kV的电站已在全国范围内大量投运，中国的电网在世界已处于领先水平，保质、保量、可靠、安全、高效率的运行成为当前电力行业的首要要求。据《国家电网智能化规划总报告》，2016～2020年新建变电站超过7700座，变电容量超过26亿kVA。

目前，国内大部分地区都已经实现了220kV及以下变电站的无人值班。随着越来越多的无人值班站投入运行，运行值班人员得以减少，但是变电站中大多数操作仍需要操作人员赶到变电站现场实施，使得无人值班变电站减员增效的优势难以发挥。另一方面，变电站设备管理方面的改革相对滞后，人工操作也有误操作的可能性。现场操作密度不断增加，操作过程中人工干预程度太高，也给运行人员带来了越来越大的压力。虽然为了防止误操作，工作人员投入了大量的精力和物力，但是仍然不能避免误操作事故的发生，一些恶性误操作甚至可能会引起连锁反应，造成大面积停电等事故。

为发挥变电站实施无人值守集中监控的管理优势，降低变电运维人员劳动强度，减小生产现场安全风险，提升生产管理质效，运维站远方顺控操作在此种背景下应运而生。它是相对于调控远方遥控操作而提出的一种操作模式，此种操作模式调控负责对电网设备全面监控及指挥、指导电网运行。在进行电网事故异常、检修停电、方式调整、新设备送电等操作时，由调控对受控站发令，相应片区运维站运行人员远方顺控自动实现电网设备的状态变换。这大大减轻了调控运行人员的劳动强度，降低了人为误操作风险，提高了电网操作的效率。

此外，随着电网规模逐年扩大，电网的功能定位、科技水平等都发生了深刻变化，其管理模式也与时俱进，先后经历了传统模式、集控站模式、监控中心+运维操作站模式、调控中心+运维操作站模式（调控一体化模式）。电网发展方式不断取得突破，传统的调控模式及技术手段已无法满足日趋复杂、频繁的调控倒闸操作对于效率、安全、一体化的需求。近年来在调控一体化管理模式的基础上推出了调控远方遥控操作及运维站一键顺序控制操作，这无疑是电网企业借助先进的科学技术来缓解企业人力资源紧缺与电网结构日益复杂化的突出矛盾的新举措。

程序化控制的理论及实践在 20 世纪 90 年代后期已成熟，开关柜的程序化控制、操作系统逐步开始实施。随着计算机技术和网络通信系统的日益完善，程序化控制的开关柜在欧美等国家已得到广泛应用，间隔层的程序化控制也已应用于实际中，并积累了一些经验，目前国外的程序化控制大多用于同电压等级的操作。由于管理模式的限制，220、110kV 电压等级的工程项目很少采用程序化设备。对变电站遥控全过程进行程序化操作，至今仍然处于发展阶段。目前国内部分地区已在 110kV 变电站进行了程序化控制的试点工作，并积累了一定的经验，对在 220kV 及以上电压等级变电站内实施程序化控制也正在进行积极的试点工作。

1.2 智能调控远方操作体系概念

调控远方操作，是指监控人员在调控中心主站端监控系统通过互联的通信通道实现对变电站一、二次电气设备拉/合（投入/退出）操作，可以是单点或多点的操作，也可以是批量操作（如程序化操作或顺控操作）。操作主要有：①一次设备计划停送电操作；②调节变压器分接开关操作；③拉合主变压器中性点接地隔离开关操作；④故障线路远方试送操作；⑤无功设备投切操作；⑥负荷倒供、解合环等方式调整操作；⑦变电站继电保护及安全自动装置的功能软连接片投/退操作。

随着调度管辖范围的扩大，电网结构愈加复杂化，电网运行体系改革不断深入，调控一体化后调度、控制模式发生了重大转变。为充分保证调控远方操作安全性和可靠性，引入的具备智能化分析、自动化流程控制、调度与调控之间形成交互性约束的智能操作技术支撑手段，称之为智能调控远方操作体系。

智能调控远方操作体系，基于调控系统一体化平台，横向集成了各类调控操作相关应用，并优化了交互环节，可实现调控远方操作全过程统一管理及自动化、流程化实时在线管控，减少人工参与环节，压缩远方操作管理层级，提高生产效率，提升安全管控水平。

智能调控远方操作体系包括以下几个方面：

（1）基于调控系统一体化平台，集成调度监控、指令票、操作票、防误校核等业务，建立调控远方操作标准流程，实现从检修申请单到调度指令票、监控操作票智能成票、安全防误、预令发布、正式下令、遥控操作以及评价统计的全过程流程化管理。

（2）建立智能推理知识库，采用运行状态智能判别算法和关联设备状态联合推理方式，实现对调度指令票、监控操作票的智能推理成票。

（3）建立主子站防误信息交互机制，完善调控主站未采集的地线、网门等信息，整合防误数据模型和调控数据模型，利用一体化防误技术，对拟票、下令、操作等环节提供全过程、全方位的防误校核。

1.3 技术特点

智能调控远方操作体系具体有三个特征：操作信息全景感知；操作流程在线流转；操作安全全面管控。

操作信息全景感知主要体现在视频辅助监控系统和地县一体化调控系统的应用。

操作流程在线流转主要体现在从检修申请单到调度指令票、监控操作票智能成票、安全防误、预令发布、正式下令、遥控操作以及评价统计的全过程流程化管理，以及调度管理类流程和实时监控与预警类应用的实时信息交互。

操作安全全面管控主要体现在调控一体化防误，涵盖了逻辑公式防误校核、网络拓扑防误校核、二次设备防误校核等。

与传统方式相比，智能调控远方操作体系通过采集设备工况、操作任务、人员位置及气象环境信息，实现远方操作“物物连接、人机交互”，运用“双位置遥信+视频”的 AIS 隔离开关位置双确认判据，自动定位操作对象，并提取隔离开关“全景+三相”图像特征值，应用图像识别技术实时判断隔离开关分合状态，辅助判断远方操作到位；智能调控远方操作体系构建了电力领域本体知识库，以此作为知识基础建立基于菱形思维模型的规则推演知识库，并实现了基于模式识别的推理机制，解决了传统基于专家知识库的成票系统无法进行复杂操作票的自动生成问题，实现成票系统和能量管理系统（energy management system，EMS）、视频辅助监控系统、电网调度信息管理（OMS）

系统等多个系统的信息联动，远方操作全流程在线流转和存档。同时，智能调控远方操作体系建设进行了一体化防误体系改造，应用基础平台的消息服务总线机制、一体化图库模机制扩展调控一体化防误应用功能，为遥控到冷备用提供必要的信息和防误手段，保障远方操作安全可靠。

智能调控远方操作体系实现了“调度下令、运维操作”的传统操作模式向“调控操作隔离、运维操作检修”的模式转变，通过调控自动化系统及其功能的升级，降低人工干预程度，提高电网倒闸操作效率，节省人力物力，降低停电时长，提升电网调控服务质量。同时，运用技术手段完善倒闸操作安全校核、防误和预警机制，实现满足电网电气连接下的全网安全控制要求，解决了传统操作模式下厂站间配合操作存在的安全问题。

第2章　智能调控远方操作体系

2.1　远方操作整体框架及特点

2.1.1　远方操作整体框架

一体化调控智能操作技术支撑体系整体框架如图2-1所示，调控智能操作技术支撑体系基于一体化技术支撑平台，包含一体化变电站集中监控应用、一体化智能操作票应用、一体化智能“五防”应用等，实现一、二次设备远方操作一体化和调度指令票与监控操作票一体化、远方操作与防误校核一体化、电网安全校核与设备安全校核一体化的调控操作流程化全过程闭环管理。

调控智能操作技术支撑体系遵循面向服务的架构（SOA）思想，采用具有生命力的、成熟有效的IT技术，构建一个面向应用、安全可靠、标准开放、资源共享、易于集成、好用易用、维护最小化的技术支持体系，具有一体化、在线化、智能化、流程化等特点。

2.1.2　远方操作特点

1. 一体化

（1）电网模型描述一体化。采用电网模型描述一体化的建设思路，实现了横向集成调度中心各类应用，纵向贯通各级调度的模型、图形、实时数据和五级调度标准命名的统一服务，构建了电网调度数据“源端维护、全网共享”格局。同时，在原有电网模型的基础上，扩展二次设备模型、防误信息模型，实现涵盖整个电网的一次模型数据、二次设备模型数据及防误模型数据的统一电网模型描述。

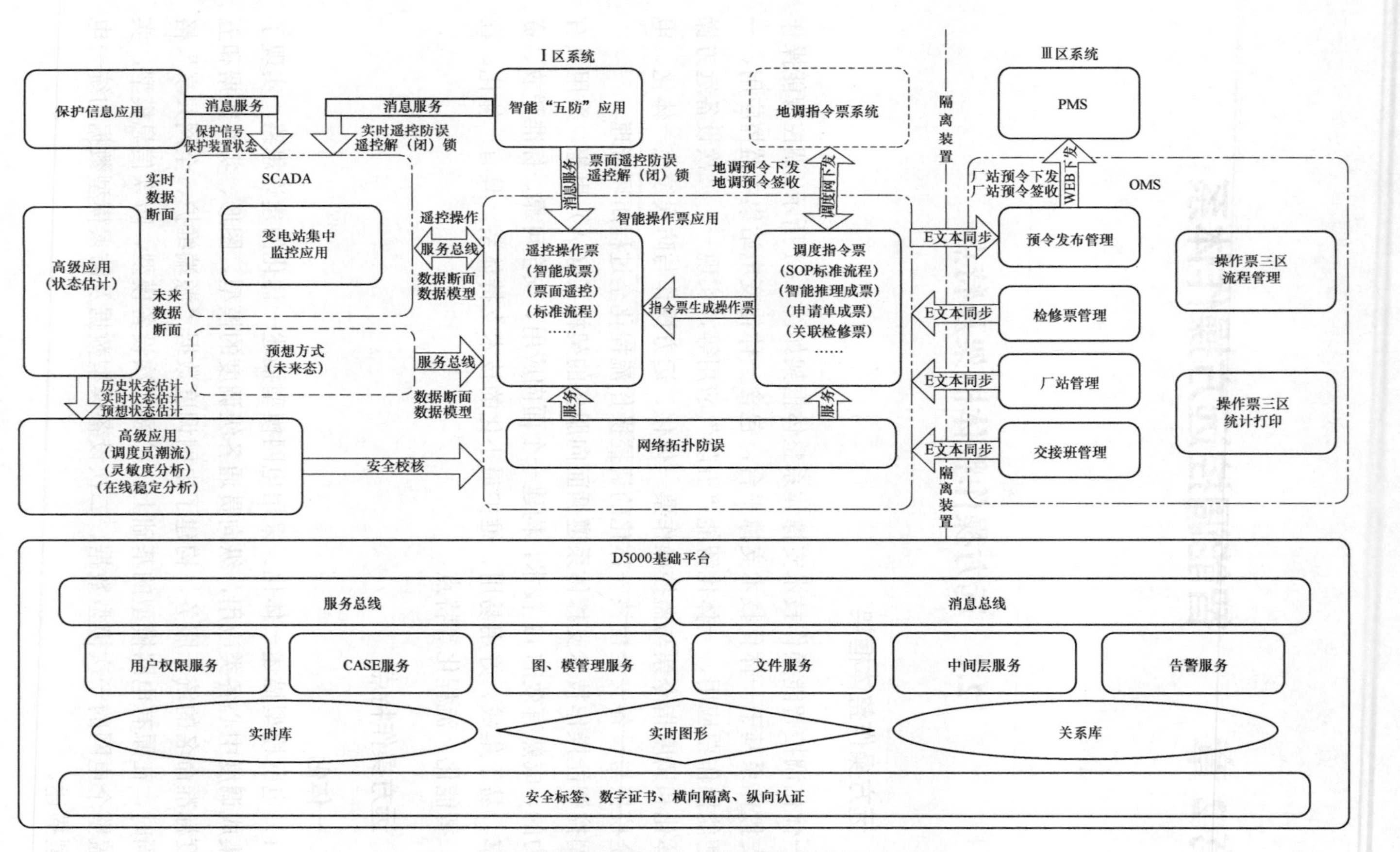

图2-1 调控智能操作技术支撑体系整体框架图

（2）基础平台一体化。操作票、保信及防误系统通过 D5000 基础平台提供的消息/服务/小邮件总线，实现与智能电网调度控制系统各应用的断面数据、检修申请单、票面信息、闭锁告警等信息交互，并通过基础平台提供的统一人机服务，实现一体化的人机展示。

（3）图形监视及操作界面一体化。在系统间隔图中，实现一、二次图形的一体化部署，二次设备状态图元可以实现二次设备的实时状态显示，并可以在间隔图中实现一、二次设备的统一操作。

（4）控制功能一体化。通过系统基础平台提供的消息总线、服务总线机制，实现一、二次设备一体化，操作防误一体化，调度指令票、监控操作票以及远方遥控操作的一体化。

（5）权限管理一体化。应用 D5000 平台权限管理功能，提供对调控一体模块、操作票模块、防误模块的一体化权限控制。

2. 在线化

（1）电网模型在线化。系统支持获取当前或预想模式（未来态）下的数据模型，实现对当前或未来时刻电网操作管理的有效支撑。

（2）数据断面在线化。操作票应用、防误应用、网络分析应用可通过断面服务机制，快速同步实时系统电网一、二次设备断面。

（3）安全校核在线化。系统支持触发在线稳定分析和调度员潮流计算功能，实现对当前数据断面的分析与安全校核。

3. 智能化

（1）智能拟票。系统采用人工智能的技术，在将调度规程和原则抽象为可表达的原理性知识基础之上，采用基础特征抽取、模式识别、智能语句生成或表达、智能语义解析、指令拆解、推演知识库建模，以及智能推演驱动技术，完成调度指令票和遥控操作票的智能推理生成。

（2）智能防误。系统以智能推演式网络拓扑防误校验和设备“五防”校验组合方式，在建立通用性的专家知识库的基础之上，利用设备特征进行设备功能类型的辨识，利用采集量进行设备运行状态的智能辨识，在智能推理模型基础之上形成防误判断结论。

4. 流程化

（1）票面内控流程化。系统融入调度倒闸 SOP 标准流程，实现倒闸操作的操作任务评估、拟票、审核、下达、计算分析、执行和归档等业务内控流程的标准化和规范化管理。

（2）安全校核流程化。系统全面改进并提升了单双机监护、预遥控、遥控闭锁等流程，并通过引入版本固化等安全机制，结合权限控制等有效地保障了实时运行系统操作模块的可靠性。

（3）遥控操作流程化。系统实现与变电站微机“五防”系统互联，标准化“五防”预演、“五防”解锁、遥控预置、遥控执行、状态确认的遥控操作流程，加强遥控操作的安全性。遥控操作前，自动触发网络拓扑防误校核和逻辑公式防误校核，验证操作序列的正确性；遥控执行过程，采用远动数据链路通道与保信专用数据链路通道结合进行指令下发，提高遥控操作可靠性；操作指令下发完毕，自动进行控制回路的闭锁，并进行操作设备实时状态的反校，确保遥控执行的完整性与一致性。

2.2 调控操作技术支撑平台

一体化调控操作技术支撑平台在图形、模型、数据、消息、服务、流程流转、系统管理等方面提供标准化的应用接口，为各种应用提供统一的支撑，为系统功能的标准化、集成化、智能化打下坚实基础，为开发新应用、扩充功能和可持续发展创造条件，实现了一体化建模、一体化采集、一体化展示、一体化流程管控等功能。

一体化建模实现了调控操作业务模型的统一维护与共享。

一体化采集综合考虑调度、监控、防误等业务多规约处理的现状，加强数据采集一体化设计，强化资源共享和标准化流程，实现全业务的采集需要。

一体化展示在统一模型和数据的基础上，实现了调度、监控、指令票、操作票、防误校核、保护等应用的图形一体化展示。

一体化流程管控应用工作流等机制，实现调控远方操作全过程管理流程，包含操作票票面流转管控流程、操作安全校核流程、遥控操作执行流程、与OMS系统交互流程4部分，横向贯通了OMS系统、操作票应用、“五防”应用、高级应用、变电站监控应用等。

一体化调控操作技术支撑平台层次结构示意如图2-2所示。

一体化调控操作支撑平台采用如图2-3所示软件体系架构。面向服务的软件体系架构（SOA），具有良好的开放性，能较好地满足系统集成和应用不断发展的需要；层次化的功能设计，能有效对硬件资源、数据及软件功能模块进行良好地组织，为应用开发和运行提供理想环境；针对系统和应用运行维护需求开发的公共应用支持和管理功能，能为应用系统的运行管理提供全面的支持。

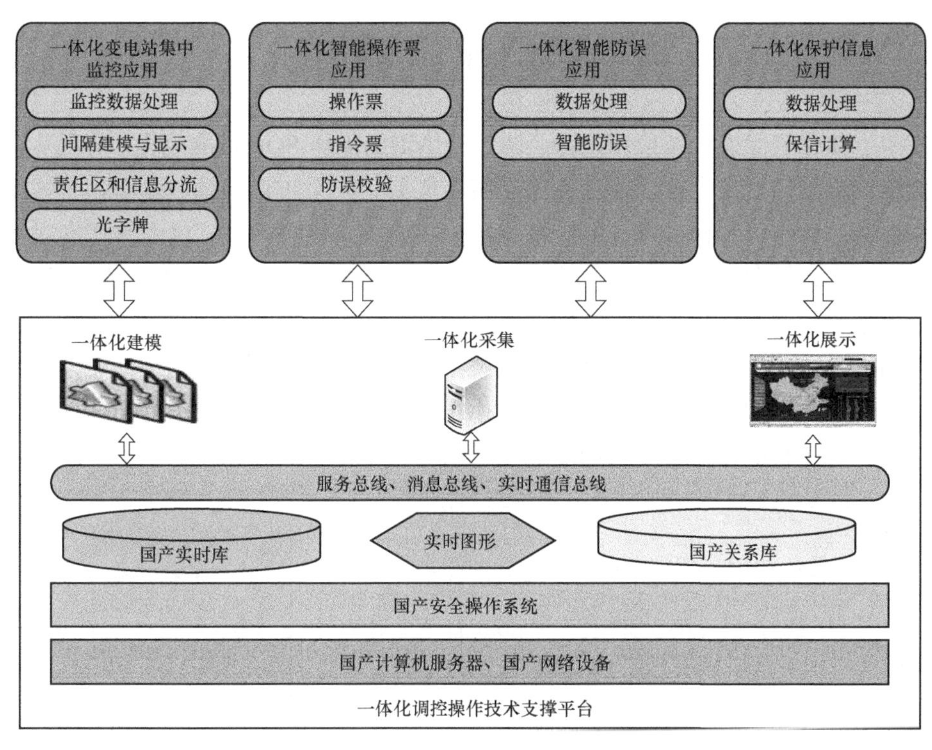

图 2-2　一体化调控操作技术支撑平台层次结构示意图

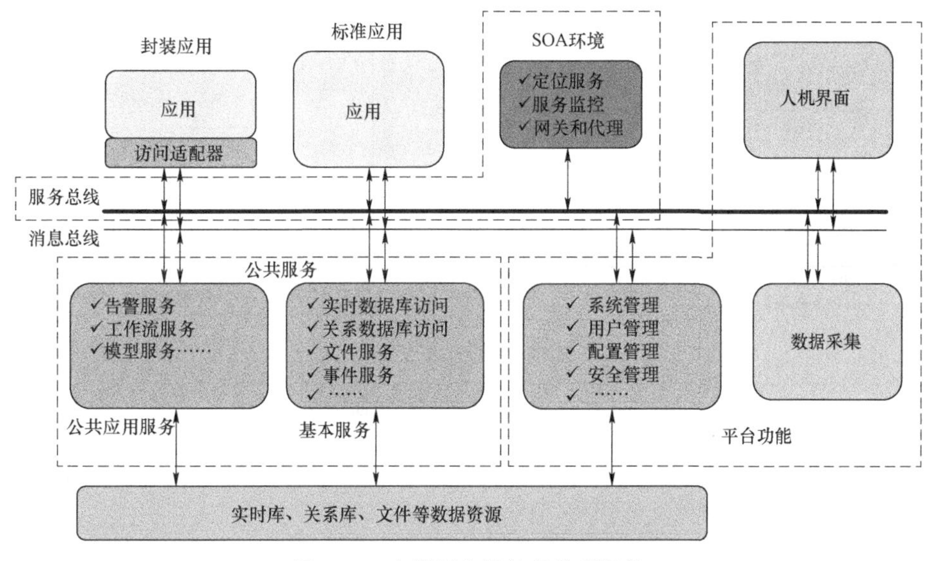

图 2-3　支撑平台的软件体系架构

2.3 智能操作票应用

一体化智能操作票应用，基于调控一体倒闸操作 SOP 标准流程，实现从检修申请单到调度指令票、监控操作票智能成票、安全防误、预令发布、正式下令、遥控操作以及评价统计的全过程流程化管理，满足一、三区系统横向融合和省地系统纵向贯通的要求，建立了与 OMS 系统、PMS 系统、“五防”应用、变电站集中监控应用、网络分析应用等调度管理类应用和实时监控与预警类应用的信息交互接口，实现调度管理系统信息共享、多样化调度指令信息发布、过程化操作序列安全校核、一体化操作指令遥控下发。

一体化智能操作票架构如图 2-4 所示。

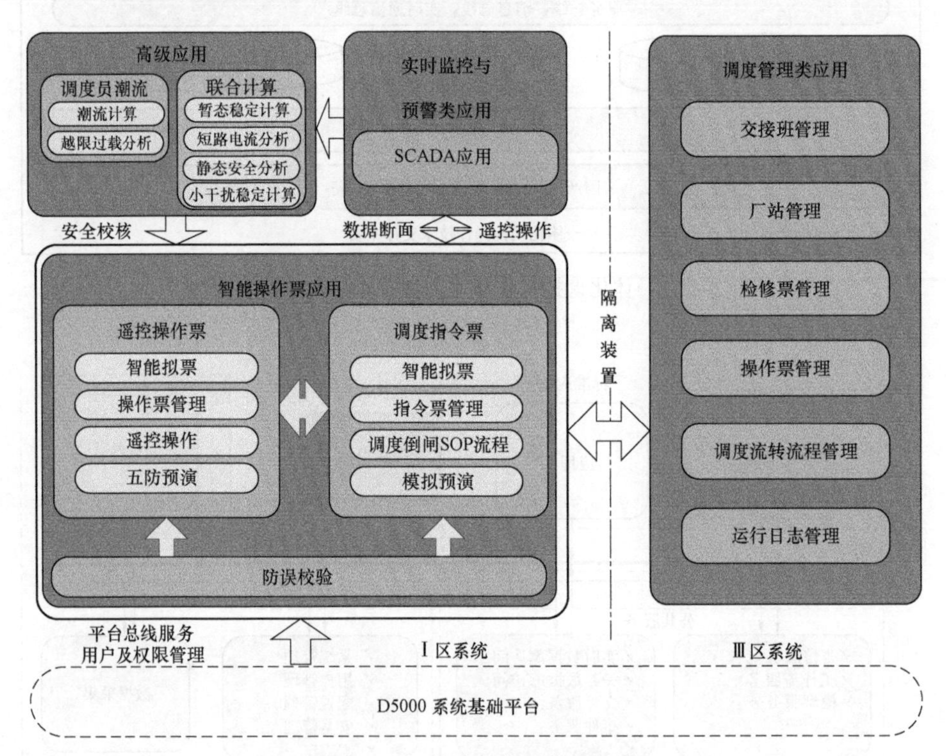

图 2-4 一体化智能操作票架构

2.3.1 拟票智能化

操作系统建立智能推理知识库，采用运行状态智能判别算法和关联设备状态联合推理方式，实现对调度指令票、监控操作票的智能推理成票。智能推理过程，在多种允许的操作方案时，系统弹出交互窗口，引导生成调度指令票；融入智能防误校验，每条推理的指令都进行严格防误校验，确保调度操作票的正确性。

2.3.2　校核层次化

系统在调度操作票的智能推理过程中，对设备操作顺序进行安全校核。校核时，不仅对一次设备的操作闭锁逻辑、潮流安全进行校核，同时也对二次部分进行安全校核，避免在操作过程中出现无保护（或无主保护、或保护不完整等）运行的情况。在流转过程中，增加检修票状态校验功能、指令票操作票状态校验功能，提升系统的安全性。

2.3.3　流程标准化

智能操作票应用严格遵循调度倒闸标准作业程序（standard operating procedure，SOP），完成操作票拟票、审核、预令、执行、评价、归档全流程与调度流转标准流程的紧密结合，支持多应用、多系统的跨区监管，实现调度监管的一体化和标准化。

2.4　一体化防误应用

一体化防误应用，是在现有调控技术支持系统稳态监控模型上扩展防误模型，并在统一基础平台上开发的防误应用，对调度指令票、监控遥控操作票、调度下令、遥控操作的调控操作全过程提供“五防”校验、潮流检验、网络拓扑防误的全方位防误校验，满足调度远方遥控操作到冷备用状态下的防误需求。为了更好地实现集中监控防误需求，系统实现与变电站微机“五防”系统互联，获取临时接地线、网（柜）门、防误闭锁继电器的闭锁状态信息，构成完整统一的防误数据模型，实现了防误闭锁、操作预演、远控操作票、智能规则库、防误校验等调控所需的功能，提高了调控操作的可靠性和安全性。

一体化防误作为D5000平台上的一个标准服务，通过D5000平台提供数据、消息、权限管理等支撑功能，提供标准D5000服务接口，纳入平台统一管理。一体化防误应用架构如图 2-5 所示。

（1）子站防误数据通过数据采集应用，发送给智能防误应用的数据处理程序，数据处理程序将采集来的数据，通过平台的总线服务，更新到调控防误一体化实时库。

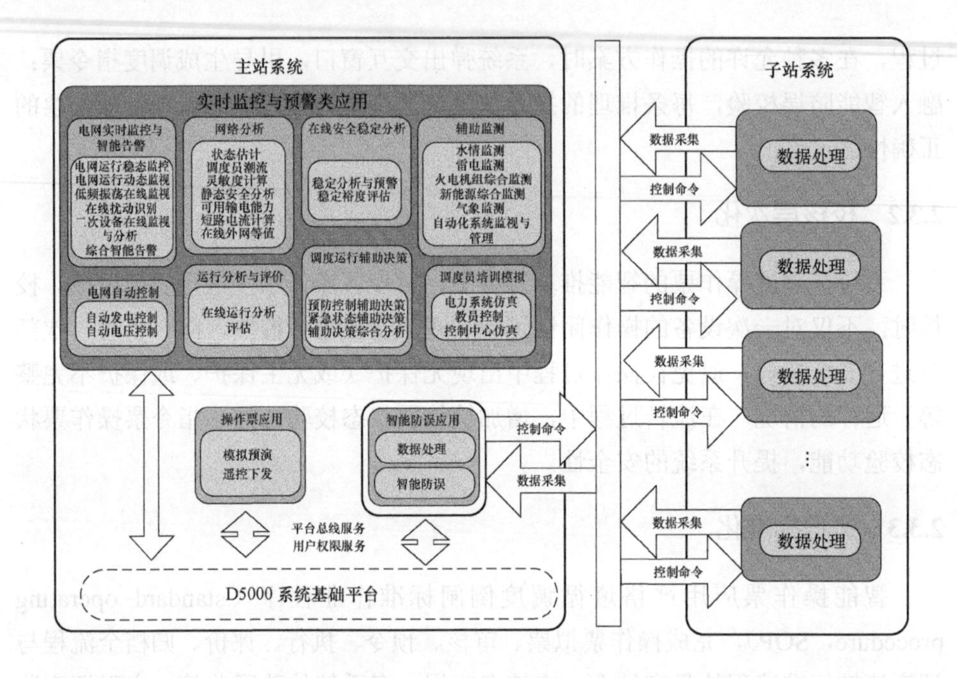

图 2-5　一体化防误应用架构

（2）操作票模拟预演和实时态遥控下发，能通过智能防误应用的智能防误程序进行实时防误校验。智能防误应用通过服务 D5000 平台总线和一体化实时库进行交互。

2.5　变电站集中监控应用

一体化变电站集中监控应用，对电网调度运行及变电站集中监控业务进行了深度融合，在稳态监控基础上扩展变电站集中监控模块，实现层次化变电站一、二次设备集中监控与告警、一体化责任区权限管理、流程化操作控制。变电站集中监控涵盖监控员日常业务需求所需的各种功能，一体化支持平台为调控、地县一体化提供基础支持功能。调控一体分层分级告警从告警监视的角度，为调度员、监控人员提供多层次、多视角的高效监控工具；辅助监视从 SCADA 数据挖掘的角度，对实时遥信、遥测量进行数据挖掘分析，提供智能分析支持。

一体化变电站集中监控功能实现了数据的统一采集、模型的统一维护、权限的一体化管理、人机的一体展示、操作功能的分权使用；实现了二次信号动态监视，即实现全厂光字牌总、间隔光字牌总、间隔光字牌图三级分层监视。

一体化变电站集中监控功能配置如图 2-6 所示。

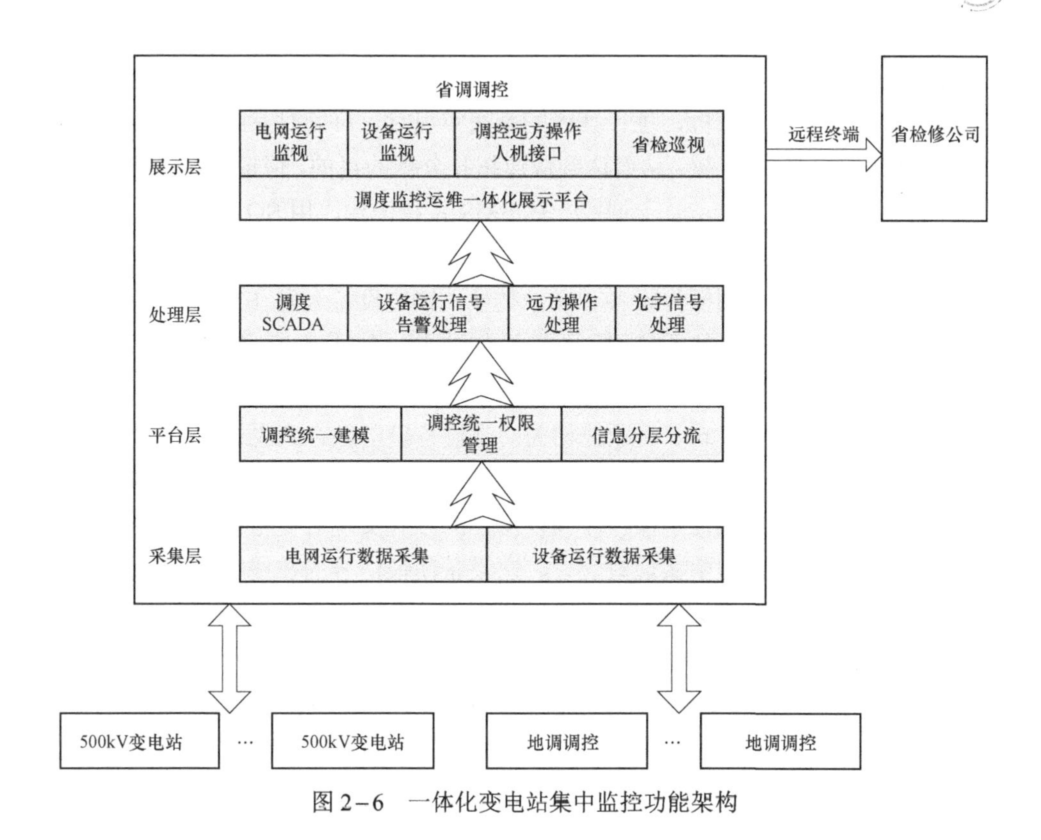

图 2-6　一体化变电站集中监控功能架构

一体化变电站集中监控实现了调度和监控远方操作业务的整合和一体化支撑。操作闭锁、远方就地位置等操作相关监控信号的建模和采集，为远方操作的流程化管控和安全执行提供了有效基础数据支撑。基于调控信号实时数据和在线电网模型同步源的智能操作票应用和智能防误应用，是电网一体化调控智能操作技术支撑体系中执行环节的核心应用。

2.6 智能顺控操作

智能顺控操作将调控软防误、调度指令票智能生成、遥控操作票智能生成、远方程序化控制、遥控与视频联动五大功能模块集约于一体，形成全过程智能化的远方遥控操作功能体系，通过构建一体化的自动流程强约束、强关联管控，使倒闸操作安全性、可靠性、高效性显著提升。

智能顺控操作采用等效边界拓扑分割法，作为智能拟票和形成程序化操作序列的基本算法，实现设备状态识别、综合指令拆分。利用操作影响反馈引导法智能生成调度指令票、遥控倒闸操作票，基于标准程式化语义的调度指令与遥控指令之间形成全过程确切性的交互和约束关联。智能顺控操作费系统引入广域搜索法进行拓扑分析，进行具体的算法实现时，可同时对一个连接点引出的多条路径进行搜索串接，从而达到快速拓扑分析的目的，保证系统的实用性。

调度主站顺控模式，基于调控一体 EMS 系统平台，用 SOA 面向服务的思想与操作票应用、SCADA 应用、人机应用进行交互，由一体化的操作票执行模块通过语义解析得到操作设备和操作类型，锁定设备触发 EMS 系统执行遥控命令，由 EMS 返回的遥信遥测判断操作结果，全过程由程序自行控制、顺序执行，基于一体化平台实现分解顺控票、顺控全过程安全校验、顺控结果返校。其采用点表导入方式，将顺控相关二次设备模型融合到主站 EMS 模型中，并对二次模型进行分级、分类。在调度端，通过操作票智能推理机制，实现顺控票自动成票，并将顺控票操作序列以遥控的方式实现对变电站设备的远方控制。同时，在顺控过程中实现对一、二次设备闭锁信号的在线校验。该模式在调度端对顺控票进行统一管理，确保操作安全，在控制源上可以有效避免出现多源控制的风险，确保一个控制对象在同一时刻只受到唯一的控制源控制。

站端顺控模式，调控一体化主站和变电站子站共同配合，依赖智能变电站控制系统，主要的顺控逻辑由变电站一体化监控平台顺控功能实现，在调度主站端通过调度端与变电站端信息的交互，实现主站对子站顺控票的下发与过程监视。变电站一体化平台顺控功能包括对下发的顺控票进行解析，实现对站内设备的控制，可在顺控过程中将发生的异常信息返回调度主站端。

调度端执行常规变电站与智能变电站顺控操作时，自动识别厂站类型，采用不同的控制执行方式实现顺控。

图 2-7 所示为智能顺控操作应用框架示意图。

2.7 视频辅助应用

为了解决无人值班变电站设备分闸操作结果确认的判据问题，视频辅助系统结合现代化视频手段，开发操作信息自动协同接口，实现调度自动化系统与视频辅助系统的联动功能，即调度自动化遥控执行令发出同时，视频辅助监控系统自动弹出被遥控对象视频，使遥控人员便捷地延伸视觉至现场设备处。视频辅助监控系统能够在断路器、隔离开关发生动作或事故时，根据预先设置好的摄像机预置位，自动弹出对应设备的视频。调控人员可根据巡检规则，对变电站设备运行情况进行远程和自动巡检。

视频辅助应用总体接口架构如图 2-8 所示。

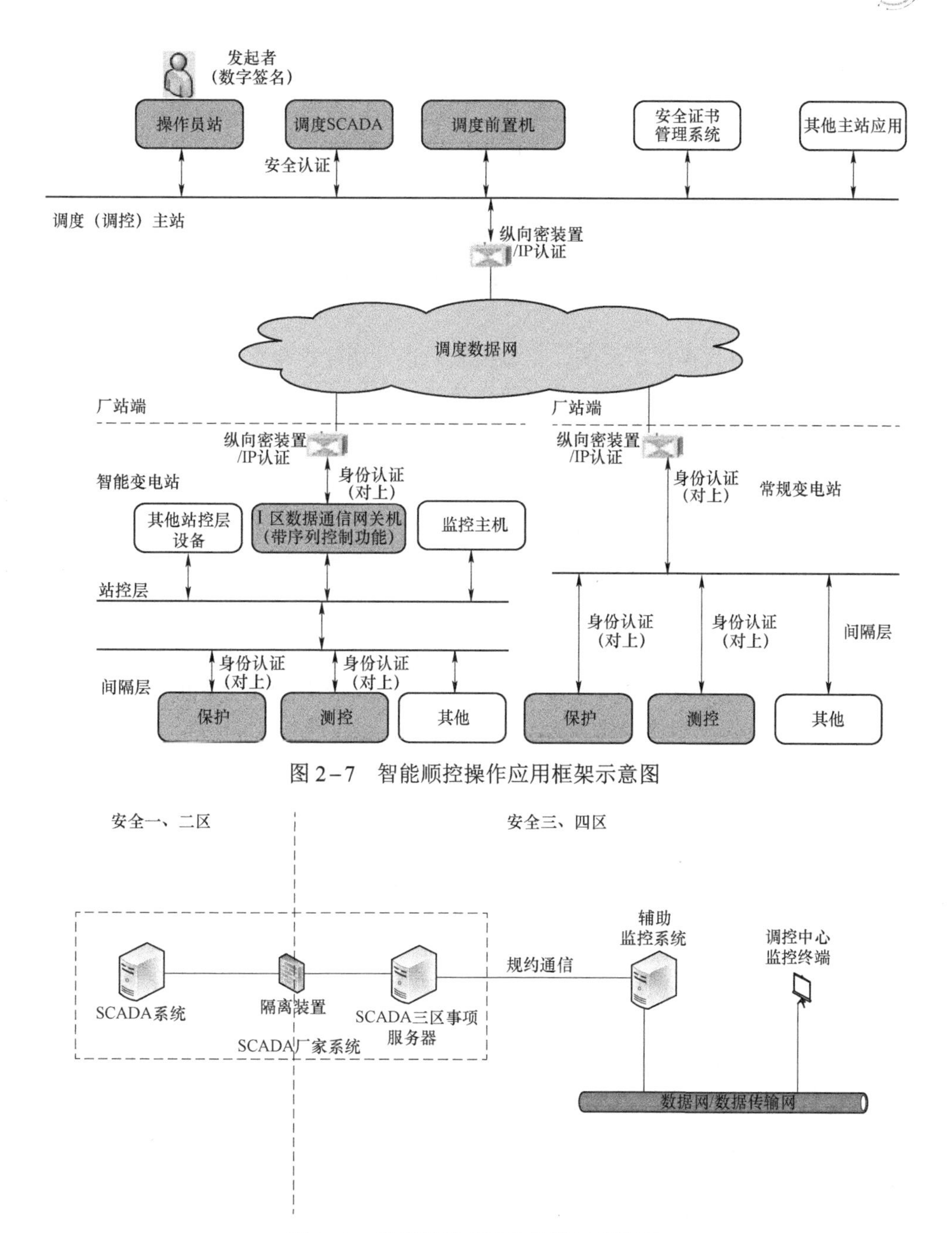

图2-7　智能顺控操作应用框架示意图

图2-8　视频辅助应用总体接口架构图

视频辅助监控系统利用高清视频传输、视频联动技术、智能AI技术，根据调度操作指令，调取监控画面对操作人员实时监控，是调控远方操作过程中隔离开关设备状态确认的重要辅助手段。

视频辅助系统在满足调度部门实现一次设备远程操作进行视频双确认的基础上增加了全景鸟瞰、作业区监视、智能分析、就地巡视等功能，可满足安监、运检、信通等多个电力安全生产部门日常工作使用需求，达到减员增效的目的，是电力生产中的重要组成部分。

2.8 调控一体操作工作流程

调控智能防误操作票系统，将调控软防误、调度指令票智能生成、遥控操作票智能生成、远方程序化控制模块集约于一体，实现调控业务全流程的闭环管理。流程之间的流转衔接均由系统自动推进，基本无需人工干预；流程间传递的信息通过数据映射、智能推理成票自动关联，降低人为选择出错的概率。流程之间各环节强关联、强约束，解决了传统操作模式下拟票、防误、操作分离松散、全靠人工干预的状况，可以提高操作全过程流转的严密性、高效性和安全性。

1. 业务流程的自动推进

远方遥控倒闸操作的主线流程为：调度拟定指令票开始→调度指令票下发前子流程的控制→指令票的发布→监控接令→遥控操作票的拟定→遥控操作票执行前子流程的控制→遥控执行→状态确认→汇报完成。主线流程中，每个节点流转均由系统自动推进，基本无需人工干预，提高了工作效率和工作的精细化、标准化管理水平。

2. 各环节严谨关联约束

工作流程各环节在流转过程中，传递的并不是单纯的文字信息，而是经过语义解析技术处理后带有票的依存关系、电网设备 ID 及其操作命令的数据，这些关联数据交互能够实现各节点的严谨关联，约束力强，使得包括生产管理流程与生产实时控制在内的操作全过程的安全约束逻辑得以实现。这些关联数据，也是一体化流程管控技术保证安全性、可靠性的关键所在。

在调度预令的传达、调度正令的传达、遥控操作指令的执行等关键环节自动推进时，由系统根据解析的指令语义自动拟写，在正令下达后由调度正令自动调取遥控操作票（避免选错操作票），遥控操作的执行采用遥控操作指令自动执行（避免人工误选择设备），这些关键环节之间均形成了强关联约束，严密性强。

3. 多任务并行推进

在实际运用中，存在着多岗位、多任务同时推进的问题，该系统建立了多服务空间的概念，利用单进程多服务的通信技术，将整体业务融为一体。

在调控一体的模式下，调度指令可直接通过下预令方式预发给调控人员，以便调控人员准备远方操作；调控员接收预令之后，进行远方程序化操作票的拟票、审核，之后等待调度正令；正令阶段，调度指令直接下达给监控人员或运维站，监控人员接到调度指令后，可根据指令自动调出相应远方程序化操作票。调控一体操作工作流程分为以下几个阶段：

（1）操作准备阶段：调度预令发布到监控操作票，系统自动提醒监控人员查看，监控人员核实是否具备远方遥控条件。

（2）拟票阶段：调度系统对已签收的调度操作项智能推理成票，并建立调度操作项与程序化操作票自动关联。

（3）审核阶段：监控正值对提交的顺控操作票审核，核对运行方式、明确操作任务、模拟预演、预演过程进行操作票防误校核，考虑操作过程可能出现的问题和应该采取的措施；

（4）执行阶段：调度指令通过网络化下令系统正式发布后，监控操作票自动同步发令人、受令人、发令时间等信息，调控员通过网络化下令系统复诵、确认；启动程序化操作流程，进行顺控准备、顺控预演；一键顺控操作结束后通过网络化下令流程向调度汇报，向指令票自动同步汇报时间。

（5）归档阶段：执行完毕自动在票面指定位置盖已执行章，完成归档。

调控一体操作工作流程如图 2-9 所示。

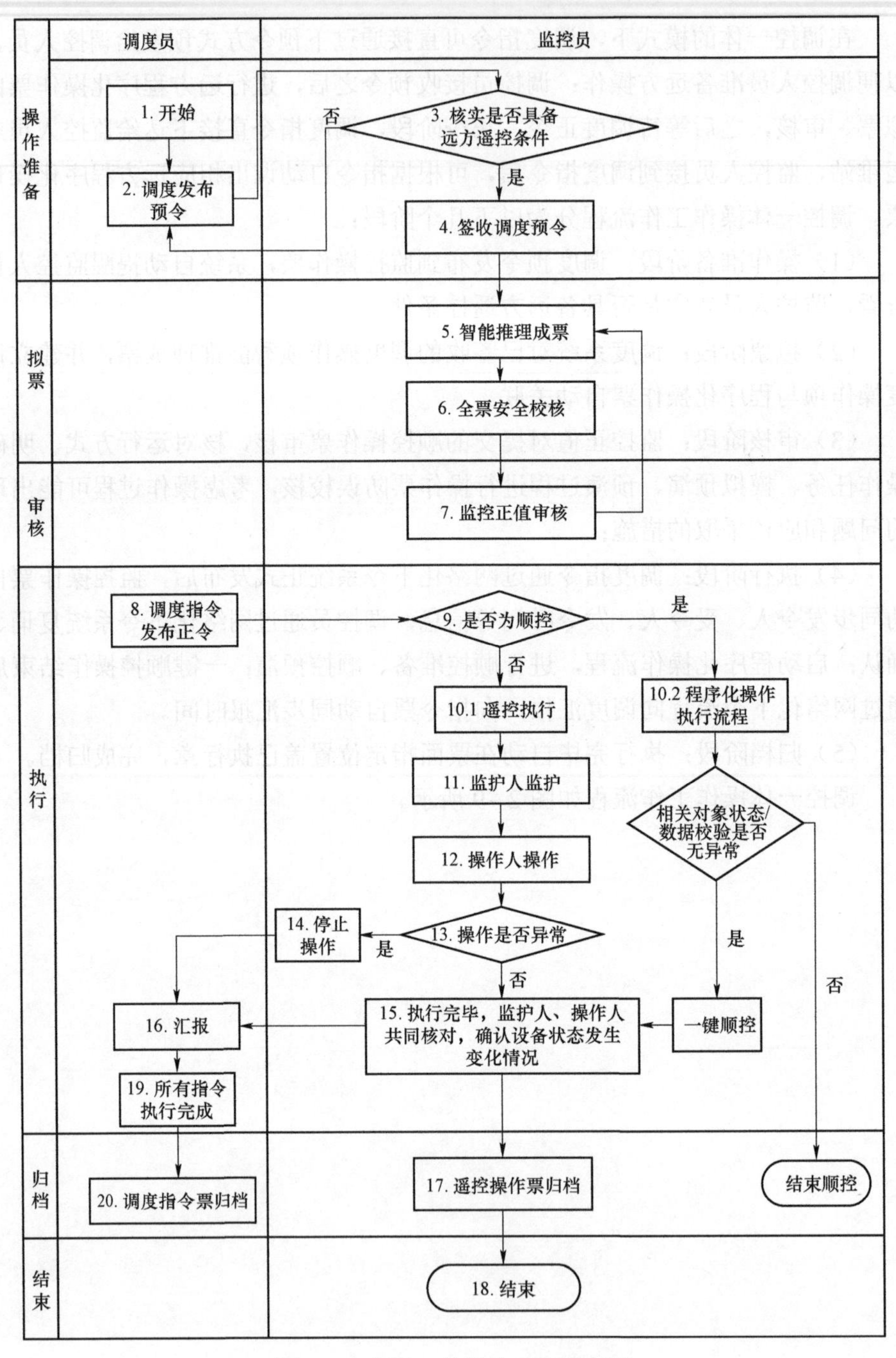

图 2-9 调控一体操作工作流程图

第3章 调度指令票与智能操作票

3.1 调度指令票与智能操作票生成原理

传统的基于专家知识库的智能操作票系统，建立的知识系统都是一些表层的知识，难以解决复杂的操作票智能生成问题。当出现新的知识时，通常都需要修改程序来适应，维护难度和工作量大，适应新知识的效率低，程序运行稳定性差。而且使用传统的编写程序的方式，很难解决复杂发散的智能成票问题。传统基于专家知识库的智能操作票系统引入可拓原理构建电力领域本体知识库，并以此作为知识基础建立基于菱形思维模型的规则推演知识库，实现了基于模式识别的推理机制，解决了智能成票的问题。

3.1.1 可拓原理

计算机科学技术的发展，使人们从单纯的数据处理转向知识的管理和应用，相应的实现方式也由数据库技术转向知识库系统的构建和维护。目前多数知识系统或专家系统拥有的知识都是表层知识，而要解决各种复杂问题，在知识库系统中必须解决深层知识的存储、表示和处理问题，借助深层知识可以提高问题求解能力和灵活性。可拓原理从人类思维的固有方式出发，利用基元理论和可拓集合理论，提供了行之有效的处理各种知识并从中发掘深层知识的规则和手段，其对相关知识的整理、集成、变换以及重新发现深层知识提供了理论和方法，也为调度指令票、监控操作票的智能生成提供了理论基础。

可拓理论以基元理论、可拓集理论和可拓逻辑三大核心为支柱，将人们的创造性思维过程形式化和定量化，并为人们用形式化模型完成“发现问题→建立问题模型→分析问题→生成解决问题”的策略过程提供了理论依据与方法。

1. 基元理论

基元理论采用基本形式化描述物、事和关系，其中物元表示物，事元表示事，关系元表示事物之间的关系。基元采用有序三元组描述一切对象。

（1）物元。以 N 为对象，c 为特征，N 关于 c 的量值 v 构成有序三元组

$$R=(N,c,v) \tag{3-1}$$

称为一维物元，其中 N、c、v 为物元 R 的三要素，c 和 v 构成的二元组（c，v）为物元 R 的特征元。如果物 N 有多个特征，则可以用多维物元矩阵表示。

（2）事元。把动词 d，动词的特征 b 及 d 关于 b 的量值 u 构成的有序三元组

$$I=(d,b,u) \tag{3-2}$$

称为一维事元。动作的基本特征有支配对象、拖动对象、接受对象、时间、地点、程度、方式、工具等。

（3）关系元。由关系 s、特征 A 和相应的量值 W 构成的有序三元组

$$Q=(s,A,W) \tag{3-3}$$

称为关系元，其中特征 A 包括关系的前项、后项、程度、联系方式等。

一般情况下，基元随时间、空间位置和其他条件的变化而改变，因此基元中的对象、特征及其量值可以表示为某个参数的函数反映这种变化，称之为参变量基元。

2. 可拓分析

物、事和关系的可拓性就是可拓的依据，解决矛盾问题的关键是对基元特性的分析和研究。对基元进行拓展的分析方法称为可拓分析法，包括发散分析、相关分析、蕴含分析和可扩分析。

（1）发散分析。发散分析表述了事物向外拓展的可能性，以及基元中任意一个或两个要素为中心向外拓展，获取同物（或事、关系）同值可拓线，$A-|B$ 表示由 A 拓展出 B。根据“一对象多征”的发散性，从一个基元出发，拓展出多个同对象基元，且同对象基元集一定是非空集合，即

$$B=(O,c,v)-|\{(O,c_1,v_1),(O,c_2,v_2),\cdots,(O,c_n,v_n)\} \tag{3-4}$$

同时，从一个基元出发，可以拓展出多个同对象同值的基元，即

$$B=(O,c,v)-|\{(O,c_1,v),(O,c_2,v),\cdots,(O,c_n,v)\} \tag{3-5}$$

根据“一征多对象”的发散性，从一个基元出发，拓展出多个同征基元，且同征基元集一定是非空的，即

$$B=(O,c,v)-|\{(O_1,c,v),(O,c,v),\cdots,(O,c,v)\} \tag{3-6}$$

除此之外，从一个基元可以拓展出多个同对象、同特征的基元。或者说，

在不同的参数下，同一对象关于同一特征的取值可以有多个，即

$$B(t)=(O(t),c,v(t))-|\{(O(t_1),c,v_1(t_1)),(O(t_2),c,v_2(t_{21})),\cdots,(O(t_n),c,v_n(t_n))\}$$

（3－7）

（2）相关分析。相关分析根据物、事和关系的相关性，对基元与基元之间的关系进行分析。一个基元与其他基元关于某一评价特征的量值之间，同一基元或同族基元关于某些评价特征的量值之间，如果存在一定的依赖关系，则称之为相关。$A \simeq B$ 表示 A 与 B 相关。

给定物元 $R=(N,c,\mathrm{c}(N))$，则至少存在一个同征物元 $R_c=(N',c,\mathrm{c}(N'))$ 或同物物元 $R_N=(N',c,\mathrm{c}'(N))$ 或异物物元 $R'=(N',c',\mathrm{c}''(N'))$，使 $R \simeq R_c$ 或 $R \simeq R_N$，或 $R \simeq R'$。

（3）蕴含分析。蕴含分析根据物、事和关系的蕴含性，以基元为形式化工具对物、事和关系进行形式化分析。$A \Rightarrow B$ 表示 A 蕴含 B。若物元 $R_1 \Rightarrow R_2$，$R_2 \Rightarrow R_3$，则 $R_1 \Rightarrow R_3$，也可记作 $R_1 \Rightarrow R_2 \Rightarrow R_3$。

（4）可扩分析。可扩分析包括可组合分析、可分解分析和可扩缩分析。事、物和关系具有组合、分解和扩缩的可能性，分别称为可组合性、可分解性和扩缩性。可组合分析根据可组合性，将一个事物与其他事物结合生成新事物；可分解分析根据分解性，将一个事物分解成若干新事物，它们具有原事物不具有的某特性；可扩缩分析通过对事物的扩大或缩小，为解决矛盾问题提供可能性。

3. 可拓变换

（1）基元变换。由于基元 B 是对象、特征及相应的量值构成的三元组，故对基元的变化又可细分为对对象 o 的变换，对特征 c 的变化和对量值 v 的变换，即

$$T=\{T_o,T_c,T_v\} \tag{3-8}$$

称 T_o、T_c、T_v 为对基元要素的变换。

（2）基元的基本变换。基元的基本变换包括置换、增删、扩缩、分解、复制变换。

（3）可拓变换的基本运算。变换的四种基本运算：积变换 T_1T_2；与变换 $T_1 \wedge T_2$；或变换 $T_1 \vee T_2$；逆变换 $\bar{T}$。

4. 可拓集合

事物的矛盾性是可变的，随着环境、条件和时间的变化而变化。为了解决矛盾问题，人们利用了各种变换，使矛盾转化为相容。而描述这一过程的定量化工具的基础是可拓集合论。

可拓集合是可拓学中用于对事物进行动态分类的重要概念，也是可拓学用于解决矛盾问题、形式化描述量变和质变的基础。

可拓性表达贴切地描述客观事物变化的过程。不同的事物可以有相同的特征元，用同征物元表示。事物变化的可能性称为可拓性。事物的变化以可拓性表达来描述，其核心就是研究事物的可拓性和事物的变换以及事物变换的性质。事物集合的主要内容是定量描述事物的可变性，通过建立关联函数进行计算。

3.1.2 基于可拓原理的电力领域本体知识库的建模

1. 知识库结构

智能操作票应用建立在基于可拓原理的电力领域知识库之上，它的建模是应用实现的关键，其知识库结构如图 3-1 所示。

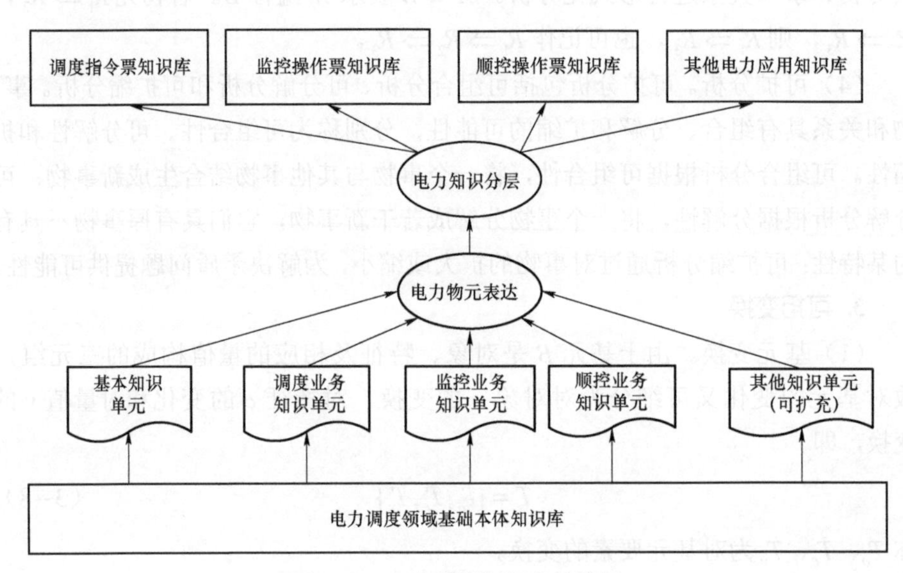

图 3-1　电力领域知识库结构图

电力领域知识库的构建首先是形成电力调控领域基础本体知识库。电力调控领域面向的实例对象是实时运行的电网以及电网容纳的各类实体对象，在电力系统的 EMS 中，已实现了对实际电网及其实体对象的建模、实时量测的采集等工作，为实现面向电网的各类应用提供了良好的基础条件，电力调度控制领域知识库将重用 IEC 61970 中描述的 CIM 模型，在此基础上形成基本的电力本体知识。并在此基础之上，结合相关的业务知识单元（如调度业务单元、监控业务单元等），通过系统可形成的特有的知识基元表达进行组合，形成所需的组合知识单元，为各业务应用提供知识服务和逻辑推理服务。

2. 概念的建立

概念类：容器类型、设备类型、设备状态类型、设备量测类型、设备信号类型、操作类型、术语类型、拓扑状态类型、运行方式类型、关系类型、功能类型、指令类型、任务类型、告警类型、指令类型、步骤类型等。

各概念之间的关系：子类关系、成员关系、功能相符关系、功能相似关系，前导与后继关系。

各实例静态属性：名称、别名、简称、设备类型等。

各实例动态属性：运行状态、拓扑状态、运行方式等。

实例与实例间的关系：包含、包含于、运行于、被操作、连接于、连通于、具有属性等。

基础函数库：各类查询函数、判别函数、排序函数、处理函数、输出函数等。

3. 电力领域本体知识基元的建立

知识基元是可拓知识库的最基本的逻辑细胞。在可拓论里又划分为物元、事元和关系元，其实其本质是一样的，都称之为知识基元。一个知识基元的表达方法可表示为

$$R=(\text{实例对象，特征类型，特征值})=(N,c,v) \tag{3-9}$$

其中 c 和 v 构成的有序二元组 $M=(c,v)$ 表示物 N 的一个特征。

由物 N 和它的多个特征 $M_i=(c_i,v_i)$ 构成的物元称为多维物元。物随时间 t 变化，可用动态物元表示，即

$$R(t)=(N(t),c,v(t)) \tag{3-10}$$

实例对象 N：是一个广义的概念，可以是面向对象语言中任意类化的具体对象实例，可以是物、事、关系等。

特征类型 c：各类概念的名称表示，概念的名称在知识库系统中是可交互的、共用的。

特征值 v：某特征类型中值空间中的某个值，该值空间可以是有限的或无穷的，也可以是静态或动态的。

由于知识基元是无穷的，所以在采用计算机实现时，往往将其定义为一个储存知识的结构空间，利用特定的方法来填充知识基元的内容。在电力本体知识库中，将设备的静态属性（如名称、接线方式等）形成静态特征，将动态属性（如遥信遥测等）形成动态特征，通过相关函数拓展其特征。

（1）基础静态值特征。

1）基本特征：电网对象的名称、别名、简称；

2）CIM 类型、资源类型、基准电压、设备参数、量测限值等；

3）关系特征：静态连接关系、所属关系（所属厂站等、所属电压等级、所属设备等）、包含关系、超类关系、子类关系等。

（2）基础动态特征：设备量测类型。

（3）基础函数类型：包括各类查询函数、判别函数、排序函数、处理函数、输出函数。这些特征都是构建电网模型实例库时形成的静态的属性型知识基元，特征值可能是静态的，也可能是动态的。例如：R_1=（某线路、名称、***）是静态的，$R(t)$=(某线路、有功，$v(t)$)是动态的，这些知识本身就具有可拓性，基础的信息和知识用基元描述后，可以利用基元的可拓性开拓出新的信息和知识，利用赋予的方法拓展出的新的特征，形成新的知识基元。

（4）静态扩充特征：设备功能细分类型。在设备类型上，根据其接线型式的特征，分析识别出其在电网中所起到的功能作用，例如：设备隔离开关（线路隔离开关、主变压器隔离开关、高压电抗器隔离开关、TV 隔离开关等）、母线隔离开关、旁路隔离开关、旁路母线隔离开关、TV 隔离开关、线路断路器、主变压器高中低压侧断路器、母联断路器、母联兼旁路断路器等，可形成多层的细分，为应用中的推理服务。

（5）动态值特征：综合状态、拓扑状态、运行方式、连通性。这些电网对象实例库（CIM 模型库）、属性或特征类型、特征值域空间内相应的值，相互组合形成三元组：R=(实例对象，属性或特征类型，特征值)作为表达知识的基元，形成了丰富的电力领域基础的和可拓展的本体知识基元。电网本体知识基元仅仅是对电网的知识描述，可在其基础上拓展出多种应用，各类应用可根据业务需要拓展自身的知识基元。

电力领域知识库中的基本单元具有多维性，多维的知识单元可通过式（3－11）表达

$$M=\begin{bmatrix} N(c) & K_1 & P_1(c) \\ & K_2 & P_2(c) \\ & K_3 & P_3(c) \\ & \cdots & \cdots \\ & K_n & P_n(c) \end{bmatrix} \tag{3-11}$$

例如：断路器功能原子的识别会因为电网接线方式和运行方式的不同而不同，因此可构建物元 M：$N(c)$ 表示在某一种电网接线方式和运行方式下的断路

器功能原子的类型名称；K 表示特定断路器功能原子的属性类型名，如断路器规则名、编号、遥测、遥信、综合状态、被断路设备、被断路正母线、被断路旁路母线、连通的被断路母线、连通的被断路旁路母线等；$P(c)$ 表示相关的属性类型值，随着接线方式、运行方式的不同而不同。

功能原子是指某设备在电网中所起到的功能作用而进行的类型的细分，例如：母联兼旁路断路器，具有母联断路器功能和旁路断路器功能。

判别母联兼旁路断路器条件：

Count（被断路设备）=0&Count（被断路正母）＞0&Count（被断路旁母）＞0

判别母联兼旁路断路器作母联功能的条件：

Count（被断路设备）=0&Count（被断路正母）＞0&Count（被断路旁母）＞0&Count（连通的被断路母线）＞1&Count（连通的被断路旁母）=0

Count()：为数量函数。

电力知识基元通过表述后与各种不同业务的知识单元进行结合，形成不同层面的应用知识，从而构建为复杂的知识库。该知识库的构建包括概念、知识基元和推理逻辑的建立。

4. 智能调度指令票应用扩充的知识基元

智能调度指令票扩充特征：操作类型、术语类型、指令类型、任务类型、告警类型、步骤类型、操作相关设备类型、语句描述模型类型、成票模式、接令单位、操作厂站、前状态、后状态等。例如：描述一操作任务的事元，1 号主变压器由运行转检修，用于形成调度指令票的任务入口对象为

$$R=\begin{bmatrix} \text{任务对象} & \text{特征类型} & \text{特征值} \\ \text{1号主变压器运行转检修} & \text{操作对象} & \text{1号主变压器} \\ & \text{操作类型} & \text{运行转检修} \\ & \text{接令单位} & \text{操作队} \\ & \text{操作厂站} & \text{**站} \\ & \text{相关设备} & \text{相关设备集合} \\ & \text{相关方式} & \text{相关设备的目标状态} \\ & \text{前状态} & \text{运行} \\ & \text{后状态} & \text{检修} \\ & \cdots & \cdots \end{bmatrix} \tag{3-12}$$

例如：描述某设备的断路关系，在设备运行转热备时，有根据此关系获取相关断路器。

$$R=\begin{bmatrix} \text{断路关系} & \text{被断路设备} & \text{1号主变压器} \\ & \text{断路设备} & \text{主变压器各侧设备的集合} \end{bmatrix} \quad (3-13)$$

5. 推理逻辑单元

推理逻辑单元的表达方法包括基本推理逻辑单元和复合推理逻辑单元。

（1）基本推理逻辑单元。

断函数单元：判断某事物是否具有某种特征。用 Be($R(N,c,v')$)进行表达。

查询函数单元：查询某事物的特征值，Get($R(N,c,v(t))$)。

处理函数单元：对某事物进行相应的处理，包括变换、逻辑计算、算法实现等 Fun($R(N,c,v)$)。

（2）复合推理逻辑单元：利用基本逻辑单元形成的复合逻辑单元。

例如，母联断路器转旁路热备，根据当前运行状态形成的操作如下：

判断函数：Be_F1：Be(R(断路器 1，功能类型，母联兼旁路))

查询函数：Get_F1：Get(R(断路器 1，状态特征，状态值))

……

入口参数：某母线上母联兼旁路断路器：断路器 1

创建转旁路热备操作如图 3-2 所示。

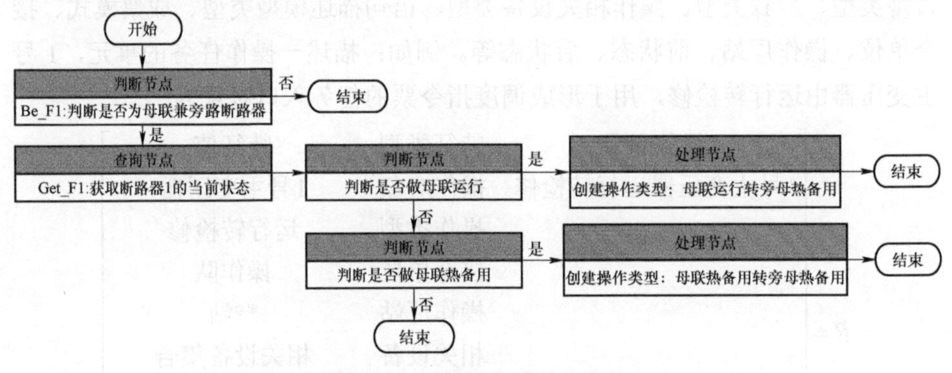

图 3-2　创建转旁路热备操作

3.1.3　基于可拓原理的规则推演知识库

本体知识库只是一个知识基础，知识库还缺乏思维方法，只有建立在思维方法的基础之上，才能对事物进行判别，进而对事物进行判断、决策。

一、基于可拓原理的求解过程

按照人们的惯用思维模式，对于问题的理解与求解过程，用物元形式表示的多级菱形思维模型如图 3-3 所示。

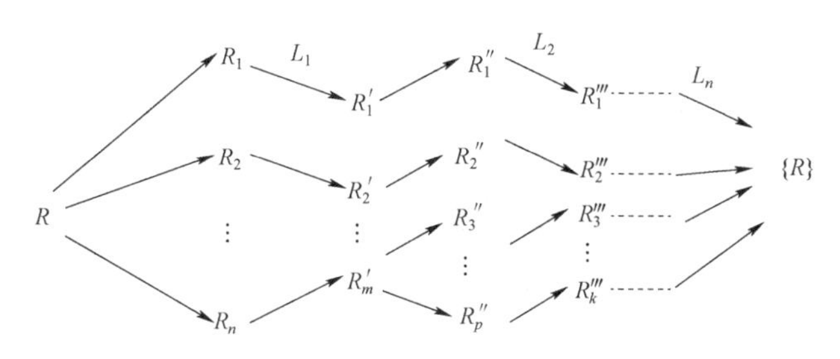

图 3-3　多级菱形思维模型

$L_1 \sim L_n$—不同真伪信息判别法和限制条件

图 3-3 中，$n>m, p>m, p>k$，R 为目标物元，在上述模型中 $\{R_1, R_2, \cdots, R_n\}$ 为进行发散思维的方案物元集。

它根据物元的可拓方法进行发散，根据问题的需要和条件，可以利于发散树，分合链、相关网、共轭对，或综合其中若干方法进行发散，而收敛的过程为

$$\{R_1'', R_2'', \cdots, R_p''\} \rightarrow \{R_1''', R_2''', \cdots, R_k'''\} \tag{3-14}$$

如图 3-3 所示，人类的思维过程即从某一物元出发，利用物元的可拓性发散出多个物元，再根据不同的评价方法，考虑物元的真伪性、相容性、优劣性等因素，筛选出符合要求的少量物元，如此过程不断反复，最终得到满意解的过程。某些特定的情况下，也可能出现逆向菱形思维过程。

在智能操作票的求解过程中，系统同样采用了菱形思维过程。在智能成票过程中，首先根据操作任务中的可拓性发散出多个相关设备的多种操作组合，调度员设置设备的相关方式后，系统自动对相关方式进行筛选，如断路器当前为运行状态，调度员设置断路器的目的状态为热备，则将在系统内部自动筛选掉转冷备用、转检修的操作。筛选后，如果还存在不确定因素，则再通过交互方式进行筛选，如双母断路器由冷备用转为热备用时，需要选择目的母线等，最终求解得到满意的智能成票结果。操作票生成过程菱形思维模型如图 3-4 所示。

以厦泉线 I 运行转检修为例，泉州变侧为带出线隔离开关 3/2 接线方式，5021、5022 均处运行状态；厦门变侧为无出线侧隔离开关 3/2 接线方式 5041、5042 均处运行状态。智能成票示例如图 3-5 所示。

操作目的：电网厦泉 I 线运行转检修。

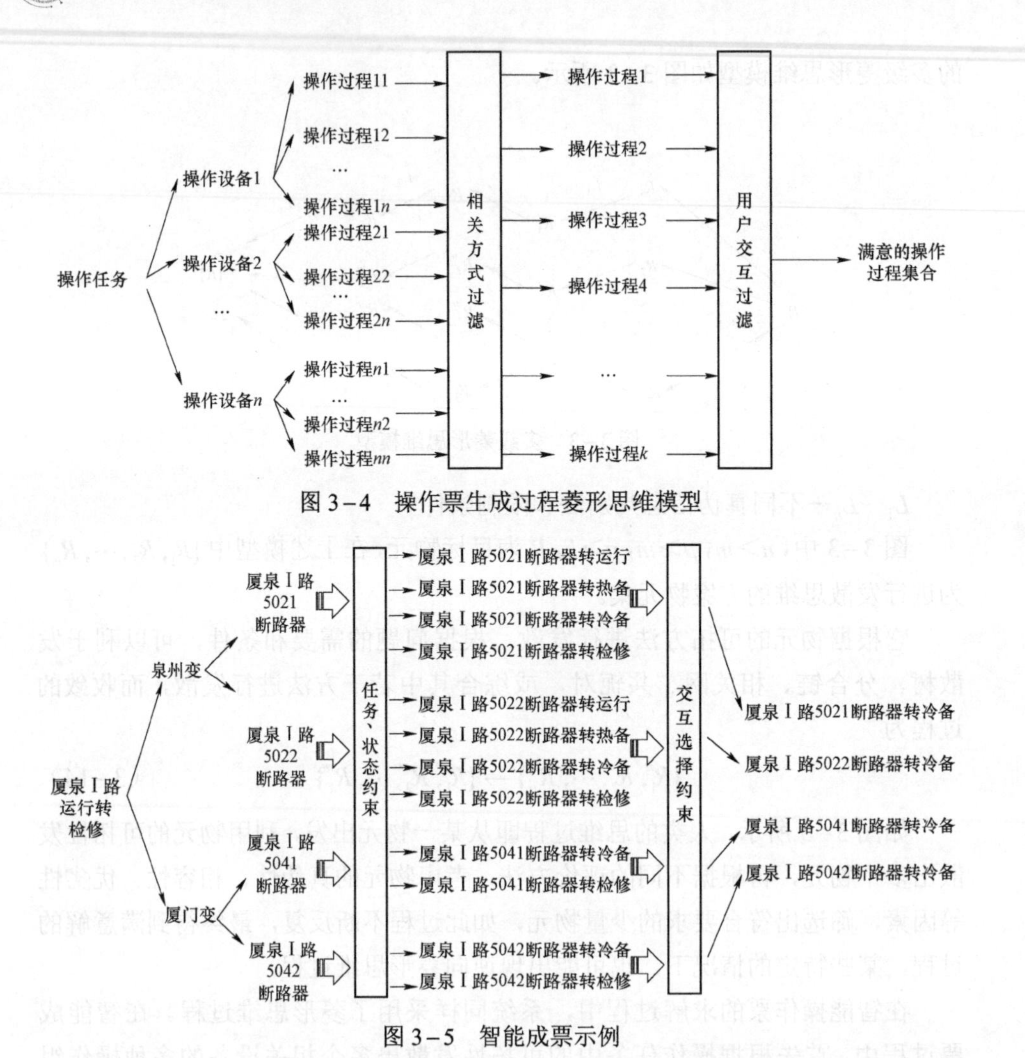

图 3-4　操作票生成过程菱形思维模型

图 3-5　智能成票示例

实际操作中，选择设备和操作任务后，系统将自动筛选出与该操作任务相关的操作设备，并发散出对应的操作过程。厦泉路线路的泉州变电站侧带有线路侧隔离开关，所以其操作目标有转运行、转热备用、转冷备用和转检修四项，厦门变电站侧不带线路侧隔离开关，其操作目标将进行过滤，目标结果为转冷备用和转检修两项。

在设定相关的操作目标后，选择线路操作侧顺序，系统将根据操作目标对操作过程进行过滤，并得到准确的操作票分项信息。

二、基本推演规则模型知识库的建立

1. 推演规则模型

推演规则模型是在知识本体、知识基元基础之上，利用逻辑单元、交互单元和各类函数单元，对智能成票规则形成的判断、决策、处理过程的表达。将公理、原理性规则等分别建立推理规则模型，形成公理规则推演库，作为面向应用推演规则的依据。推演模型可分成多个层次，上层的推演模型可被下层调用，下层可继承上层的推演模型，在推理机的驱动下，实现某应用或局部应用目标的思维过程。

为达到某唯一目标，推演过程有时不是一贯而终的，存在着选择性。过程中的某阶段的决策或结论不一定是唯一的，当不唯一的中间结论会引向不同的目标时，需要使用者做出判断，因此，推演模型需要具有过程中的交互能力。

2. 推演规则模型库

推演模型库可分为以下形式：

（1）面向公共引用的子推演模型库。其中的推演模型可被其他的推演模型调用，不能被程序调用，是一种便于将复杂问题拆解为简单问题的组合的手段。

（2）面向具体应用的推演模型库。为满足领域应用的任务多样性，需要建立多类任务的推演规则模型，某一复杂任务的完成，也需要调用多类子任务规则推演过程，为识别某任务需要调用的推演过程，需要建立一个入口推演模型，即推演起点，该推演起点是推理机调用的入口。

3.1.4 面向电力调控领域指令票推演规则知识库

一、调控领域基础推演知识库

（1）电力系统公用子模型推演知识库：主要是面对电网组成的各设备实体，形成各设备类型的知识本体。在知识基元的基础上，对本体的属性特征、关系特征、分类特征等知识基元进行的判别过程、多种知识基元的组合判别过程所形成的扩展知识元等推演模型，为其他推演过程所调用。

（2）状态识别规则知识库。可直接面向应用，也可被其他应用所调用，对电网各类设备进行某种量测环境下的各类状态的判别知识扩展过程，包括信号位置、综合状态、拓扑状态、运行方式等。

（3）功能类型的识别知识库。主要判断各种功能类型定义，例如母线隔离开关、设备隔离开关、旁母隔离开关、分段隔离开关、线路断路器、主变断路器、旁路断路器、母联兼旁路断路器、母联断路器、分段断路器、线路高压电抗器等，体现设备在电网运行中所起到的功能进行的设备细分类型知识扩展过程。

二、面向智能调度指令票推演规则知识库

（1）生成任务入口操作选项菜单推演知识库。不同的设备类型、不同接线方式、不同的设备状态、不同的调度区域可能形成不同的菜单选项，为过滤掉无意义选项和错误选项，以设备类型、接线方式、当前状态、调管区域等为思维限制条件，通过菱形思维过程，形成菜单选择项的过滤，过滤掉不合理菜单，仅保留合理性菜单。

（2）操作相关设备推演规则模型知识库。相关设备是一个模糊概念，主要以设备类型、接线方式、需求规则等形成的限定条件的思维过程，来确定某设备的相关设备。

（3）操作相关方式规则模型知识库。其主要目的是在给指令票任务推演下达操作目的时，其相关设备的目的状态存在的限制条件下多态性。

例如：一条线路转检修时，无独立出线隔离开关的线路断路器，可能转冷备、转检修，但限制转热备、转运行，有独立出线隔离开关的线路断路器，可能转运行、转热备、转冷备、转检修。

这种情况，称为限制条件下的多态性会极大提升操作目的限制条件下的可选择性，形成了入口设备相同操作类型下的操作任务的多样化，加上相关设备方式的组合，如果结合接线的复杂性，其达到的任务目的方式难以穷举，不采用菱形思维建立的推演模型难以达到。

建立相关方式的思维推演模型的限制条件包括设备类型、设备状态、接线方式、操作类型等。

（4）调度指令票任务推演模型知识库。该推演知识库的应用目标包括：① 根据设定的任务目标，形成所需的调度操作指令；② 根据设定的操作目标，形成模拟操作过程，以便进行仿真校验和达到操作目的状态。

指令票所需的目标模式存在着多种：① 不同调度单位形成的指令票规则、要求不同；② 同一调度单位不同情况下需要多种模式；③ 同一调度单位，不同的电网范围调度指令票模式不同；④ 指令票所需的目标模式存在多种的问题复杂度，利用传统的编程模型会遇到各种各样的矛盾问题，以致无法解决。

在建立该知识库时，使用全过程推演输出模式将各类可能出现的指令进行输出。

（5）调度指令票输出推演模型知识库。该推演模型知识库，主要形成多样化、差异化的条件下输出，在不同调度单位、不同目标模型、不同电网范围的条件下，形成所需的输出目标。

整个操作票的推演过程分为任务指令层、综合指令层、紧邻状态综合指令层、设备侧综合指令层、断路器综合指令层、单项指令层及模拟校验层，如图 3-6 所示。将推演过程逐层拆解后形成基本操作，并进行模拟操作校核，校核无误后，进行操作票的输出。

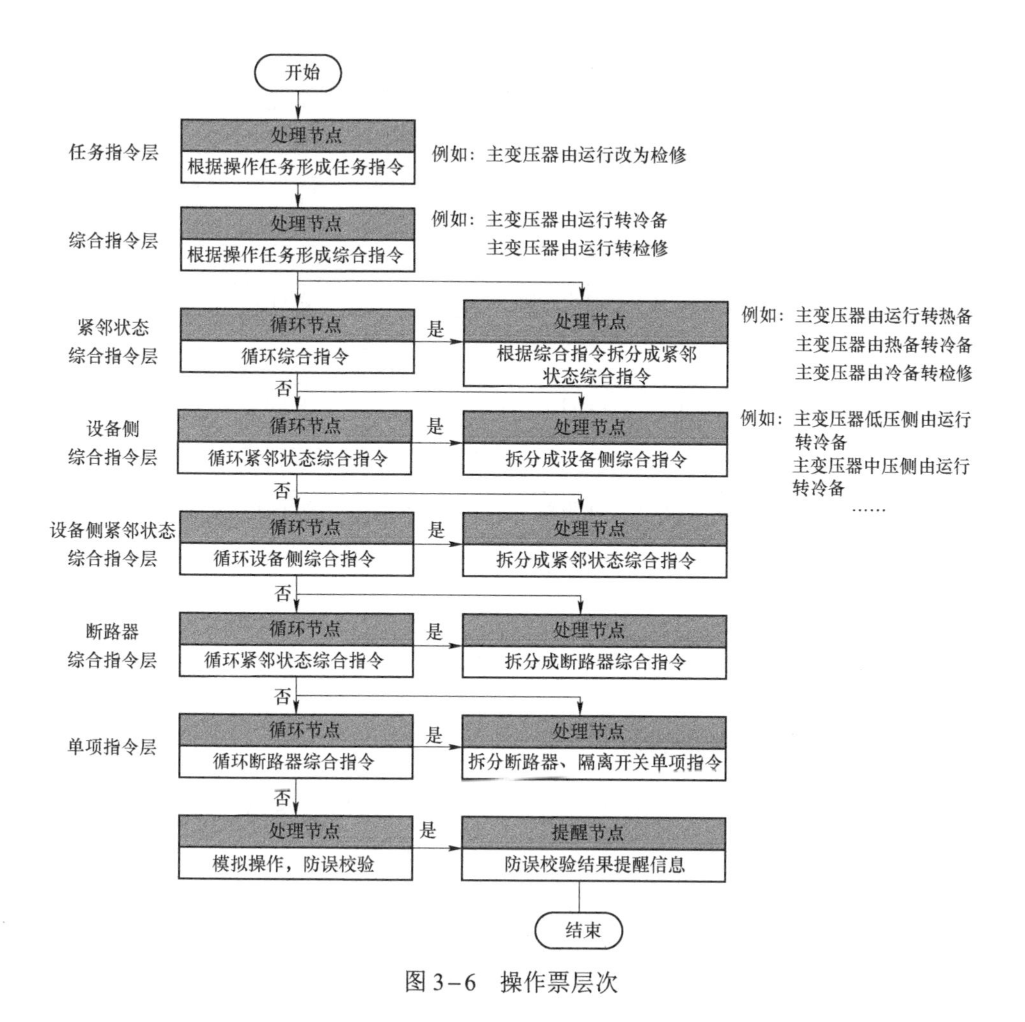

图3-6 操作票层次

操作按分调管区域、电压等级指令方式的不同形成多模式的输出，为适应不同情况下形成不同模式的调度指令票，系统中设计了五种模式：

1）任务指令模式：以任务指令形式生成指令，与设备类型相关。

2）全运维模式：将票全部下达给运现场维人员的模式。

3）全顺控模式：将票下达给监控员生成顺控票的模式。

4）监控热备模式：将设备运行转热备、热备转运行下达给调度监控人员，以便进行遥控操作，是调度监控操作到设备热备用的一种下令模式。

5）监控冷备模式：将设备运行转冷备、冷备转运行下达给调度监控人员，以便进行遥控操作，是调度监控操作到设备冷备用的一种下令模式。

操作票输出的层次如图3-7所示。

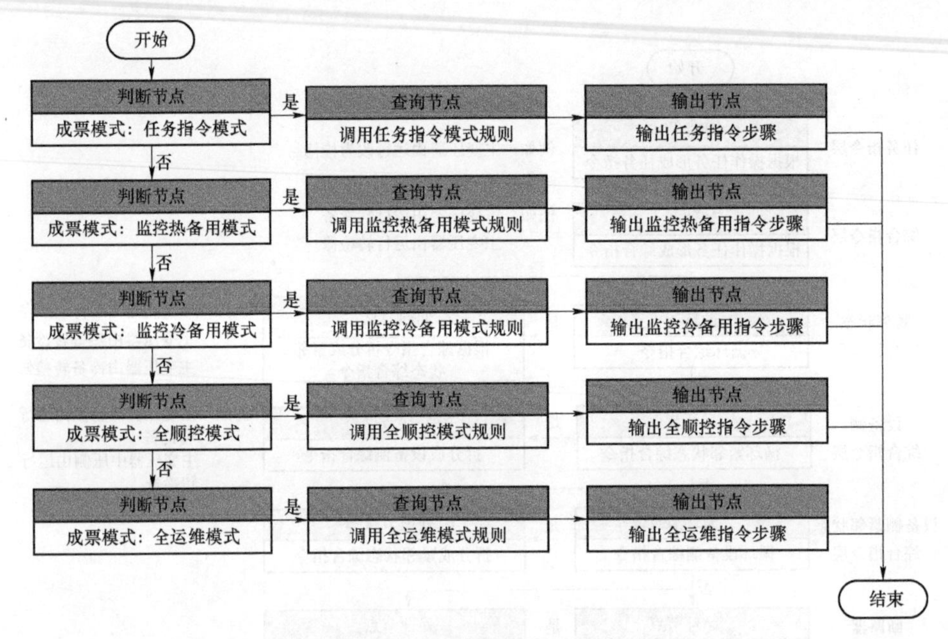

图 3－7　操作票输出的层次

3.1.5　构建知识库遵循原则

（1）自顶而下原则。需要先定义电力领域知识库的总框架结构，然后在此基础上层层分解其总结构，形成多层的知识库结构。

（2）电力专家参与原则。电力领域知识库的建立必须在电力专家的帮助下完成，保证知识库的专业性和应用质量。

（3）高内聚、低耦合原则。电力领域知识库包含若干各子知识库，每个子知识库内部元知识必须要有很强的相关性，即高内聚；各子知识库之间的相关度不宜过度，这样可以保证后期知识库更新和知识检索的效率。

（4）逐渐拓展和积累原则。在构建知识库时，即使是行业专家，也很难将各类知识、各类目标能够思考清楚，而且还存在着没有意识的问题和矛盾，因此是一个逐渐积累和完善的过程，建立可拓机制非常重要。

3.2　操作票智能推理成票技术

3.2.1　基于模式识别的推理机制

基于可拓原理的规则推演知识库仅仅是知识的存储，仅具有知识还不能为具体的应用系统所使用，必须在推理机的基础之上，形成对规则推演库的调用，才能驱动知识库形成所需要的目标、决策和结论，其推理过程如图 3-8 所示。

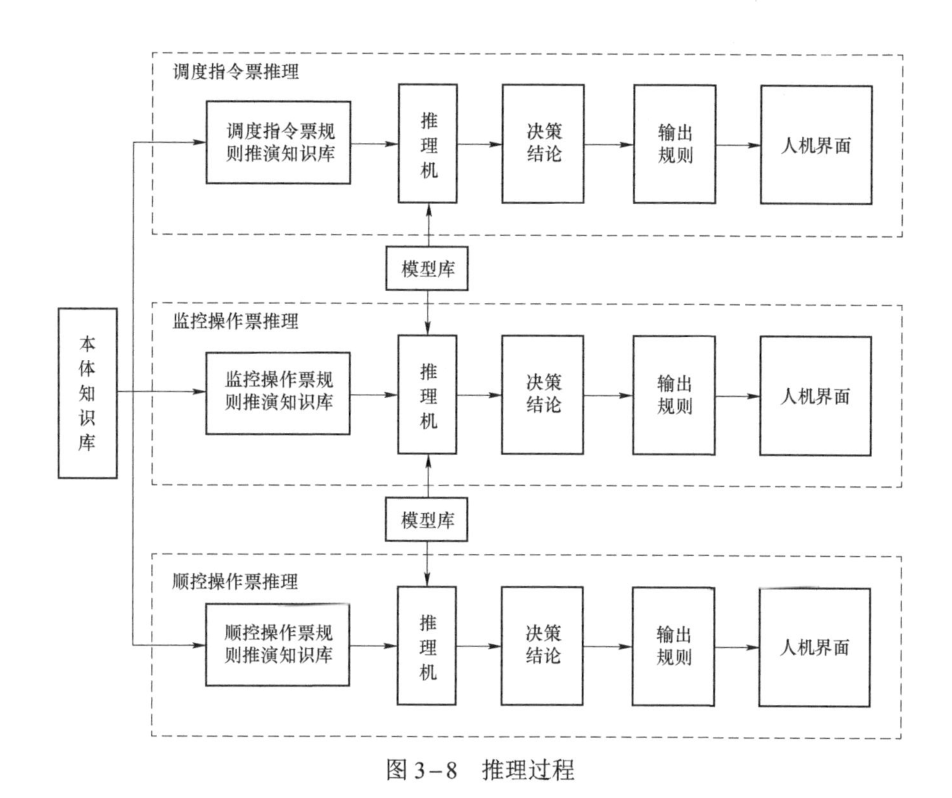

图 3-8　推理过程

由于基于可拓原理的规则推演知识库为解决操作票智能生成的复杂问题，在求解的过程中对大量可能产生的情况都形成了不同的规则知识，不同的信息环境将对应不同的规则知识，因此要求推理机制能对这些信息环境进行识别，以便进行有效的推理，基于模式识别的推理机制能够解决这个问题。

模式识别是指对表征事物或现象的各种形式的（数值的、文字的和逻辑关系的）信息进行处理和分析，以对事物或现象进行描述、辨认、分类和解释的过程。在操作票智能生成的过程中，操作任务作为输入，会拓展出很多特征，成为一个特征的集合，即

$$M=(P_1,P_2,P_3,\cdots,P_n) \tag{3-15}$$

而所有推理规则的特征条件集合为

$$Q=\begin{bmatrix} Q_1 \\ Q_2 \\ \cdots \\ Q_n \end{bmatrix}=\begin{bmatrix} K_{11} & K_{12} & K_{13} & \cdots & K_{1n} \\ K_{21} & K_{22} & K_{23} & \cdots & K_{2n} \\ \cdots & \cdots & \cdots & \cdots & \cdots \\ K_{n1} & K_{n2} & K_{n3} & \cdots & K_{nn} \end{bmatrix} \tag{3-16}$$

集合 M 作为模式识别的输入，与推理规则的入口的特征条件集合 Q 进行最大匹配，其匹配公式为 $f(M \subset Q) = Q(x)$。匹配公式的含义为将 M 与 Q 集合中的特征条件进行逐一匹配，如果匹配出的 $Q(x)$ 只有一个结果，则选择推理规则进行推理；如果是多个结果，由人机界面引导选择相应的推理规则；如果没有结果，由人机界面引导设置新的特征，再进行选择。模式识别流程如图 3-9 所示。

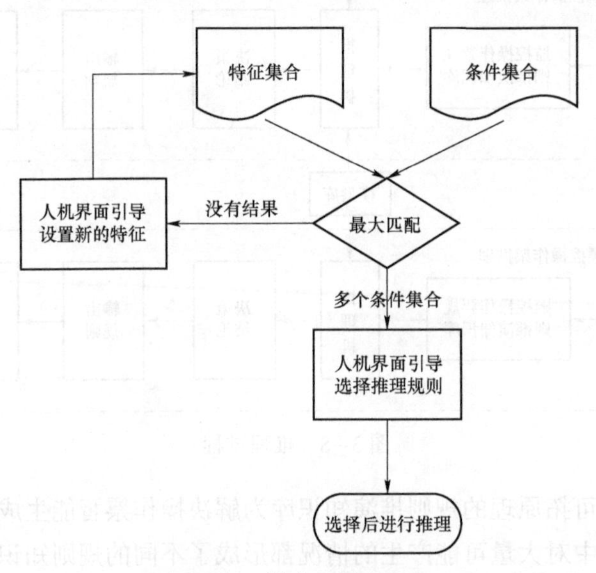

图 3-9　模式识别流程图

在推理过程中，系统采用模式识别的方式选择推演规则库进行推理，同时使用反馈控制的方式处理需选择的推演规则库不唯一的情况，其基本的反馈公式为

$$Y = f(S(x), R_1(\Delta x_1), R_2(\Delta x_2), \cdots, R_n(\Delta x_n)) \tag{3-17}$$

式中：x 为初始的输入；S 为基本输入所选择的知识单元；Δx 为反馈时的输入；R 为反馈时选择的知识单元，从而共同形成最终的输出。

推理过程中的推理机由前端处理器、模式识别器、后端处理器及反馈处理器组成，如图 3-10 所示。

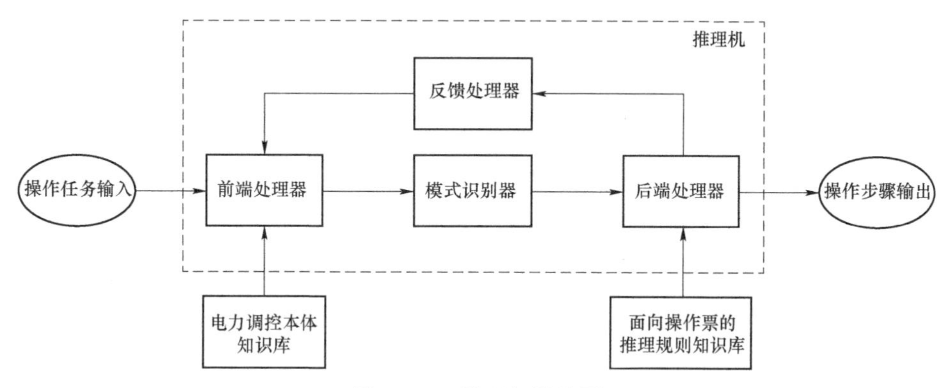

图3–10　推理机结构图

前端处理器通过调用电力调控本体知识库，得到与操作任务有关的基本特征。例如：211断路器由运行转热备用，其基本特征公式如下

$$R=\begin{bmatrix} \text{任务对象} & \text{特征类型} & \text{特征值} \\ \text{211断路器由运行转热备用} & \text{操作对象} & \text{211断路器} \\ & \text{操作类型} & \text{运行转热备用} \\ & \text{接令单位} & \text{运维站} \\ & \text{操作厂站} & \times\times\text{站} \\ & \text{相关设备} & \text{相关设备集合} \\ & \text{相关方式} & \text{相关设备的目标状态} \\ & \text{前状态} & \text{运行} \\ & \text{后状态} & \text{热备用} \\ & \cdots & \cdots \end{bmatrix} \tag{3-18}$$

模式识别器将对前端处理器形成的基本特征进行判断，从而确定后续操作票推演所需选择的推理规则知识库。按照式（3–18），211断路器由运行转热备用需要考虑电力差动保护的投退，其中211断路器的功能类型为线路断路器，当前操作类型为转热备用，根据这些基本特征进行模式识别，从而选择一、二次设备混合成票的模式。

后端处理器根据模式识别其选择的模式，从面向操作票的推理规则知识库中选择相应的推理规则进行推理。

当前端处理器形成的基本特征不足以准确选择推理规则时，反馈处理器通过人机界面引导操作人员加入更多的基本特征，从而正确选择推理规则。例如：线路检修转运行时，如果线路断路器是双母断路器，线路检修转运行的基本特征中无法明确双母断路器的目的母线，模式识别后也无法正确选择推理规则，反馈处理器将起到作用，引导操作人员设置目的母线后，再重新进行推理。

在上述过程中，推理机的实现需要考虑操作规则的各种可能性并解决规则与条件之间的矛盾性。

以 1 号主变压器运行转检修为例，基于可拓方法的具体实现过程如下。

（1）建立操作任务的目标事元模型 I_{dg}：

$$I_{dg}=[\text{变压器}\quad\text{综合任务}\quad U_{dg}] \tag{3-19}$$

（2）根据变压器物元与绕组物元之间的关系，建立变压器—绕组关系元 H_1：

$$H_1=\begin{bmatrix}\text{变压器} & \text{高压侧} & V_1\\ & \text{中压侧} & V_2\\ & \text{低压侧} & V_3\end{bmatrix} \tag{3-20}$$

（3）目标事元 T_1 经发散性拓展，并以目标状态的特征值“冷备用”代入，得到目标物元 R_g：

$$R_g=I_{dg}\underset{\rightarrow}{\sim}H_1=\begin{bmatrix}\text{变压器} & \text{高压侧} & \text{冷备用}\\ & \text{中压侧} & \text{冷备用}\\ & \text{低压侧} & \text{冷备用}\end{bmatrix} \tag{3-21}$$

（4）若 1 号变压器的中压侧已处于停运状态（或者不存在中压侧），则存在一个固定条件 C，两者相与后得到条件物元 R_c：

$$R_c=I_{dg}\wedge C=[\text{变压器}\quad\text{中压侧}\quad\text{冷备用}] \tag{3-22}$$

（5）对目标物元 R_g 与条件物元 R_c 进行删减变换，去除掉矛盾后得到新的目标物元 R_q：

$$R_q=(R_g-R_c)=\begin{bmatrix}\text{变压器} & \text{高压侧} & \text{冷备用}\\ & \text{低压侧} & \text{冷备用}\end{bmatrix} \tag{3-23}$$

（6）根据转冷备用的操作规则，低压侧的操作应先于高压侧的操作，可以得到经矩阵变换后的目标事元 I_f：

$$I_f=\begin{bmatrix}\text{变压器} & \text{低压侧} & \text{转冷备用}\\ & \text{高压侧} & \text{转冷备用}\end{bmatrix} \tag{3-24}$$

（7）对于“转冷备用”操作，对应的有高压侧转冷备用事元 T_1 以及低压侧转冷备用事元 T_2：

$$T_1=\begin{bmatrix}\text{变压器} & \text{高压侧断路器} & \text{分}\\ & \text{高压侧本体侧隔离开关} & \text{分}\\ & \text{高压进线侧隔离开关} & \text{分}\end{bmatrix} \tag{3-25}$$

$$T_2 = \begin{bmatrix} \text{变压器} & \text{低压侧母线分段断路器} & \text{合} \\ & \text{低压侧备自投} & \text{退出} \\ & \text{低压侧断路器} & \text{分} \\ & \text{低压侧本体侧隔离开关} & \text{分} \\ & \text{低压进线侧隔离开关} & \text{分} \end{bmatrix} \tag{3-26}$$

（8）将目标事元 I_{f} 经 T_1 与 T_2 拓展，得到目标结果事元 I：

$$I = I_{\mathrm{f}} \underset{\rightarrow}{\sim} (T_1 \vee T_2) = \begin{bmatrix} \text{变压器} & \text{低压侧母线分段断路器} & \text{合} \\ & \text{低压侧备自投} & \text{退出} \\ & \text{低压侧断路器} & \text{分} \\ & \text{低压侧本体侧隔离开关} & \text{分} \\ & \text{低压进线侧隔离开关} & \text{分} \\ & \text{高压侧断路器} & \text{分} \\ & \text{高压侧本体侧隔离开关} & \text{分} \\ & \text{高压进线侧隔离开关} & \text{分} \end{bmatrix} \tag{3-27}$$

（9）对应上述实现过程将每一个操作项输出，即得到目标综合任务的操作序列。

基于可拓原理解决智能成票的问题，最重要的是解决系统的可拓展性。电网构成的改变、调度规程和操作规则的变化，以及使用习惯的本地化等，都是在可拓推演过程中应着重考虑的问题。与传统的使用程序编码或规则模板配置方法实现的操作票技术相比，使用可拓推演技术可以解决不同地区、不同应用下的电网调度操作票的多样性和差异性问题，具有较强的普适性。

3.2.2　基于电力术语的智能语义解析方法

以往的智能操作票系统多单纯采用图形化拟票的方式来形成操作票，只是一个形成文字描述的过程，是以形成文字描述为目的，该过程是根据人的某种行为和描述行为、物体的术语，形成文字描述的过程，对应计算机程序来说，相对简单，是基本的人、票的交互，计算机不具备阅读和理解操作票步骤文字描述含义的功能。

在调控一体管理模式以前，调度中心不需要进行远方操作，操作票多数情况只是作为文字记录。传统的智能操作票系统实现的基本拟票功能能够满足应用的需要，但是随着调控一体管理模式的推进，操作票作为电力生产中重要的一个环节，对于计算机已不再是简单的操作文字记录，它将具备丰富的行为信息，计算机需要能理解相应的行为信息，才能实现操作的安全校核、操作票规范性检测、智能交互和智能执行等应用，提高电力生产的安全性、规范性和智能性。因此，智能操作票技术不能停留在基本的智能拟票功能上，要使计算机能完全阅读并理解操作票信息，实现人、机、票的交互。

智能操作票系统中很多功能都需要让计算机能阅读文字描述，并理解其含义，再作出判断。例如：对一项调度指令进行防误校验，首先计算机程序要能理解调度指令是对哪个设备操作、执行怎样的操作，才能进一步进行校验分析。采用传统的记录操作设备和操作前后状态的方法实现计算机对调度指令的理解，有很大的局限性，假如人为修改了操作票的文字内容，计算机还是会按照先前记录的信息对调度指令进行校验分析，存在很大的安全隐患。

语句解析是智能成票的逆过程，通过文字让计算机理解文字中的含义，成为实现人、机、票交互的关键一环，是提高智能化水平的关键技术。

语义解析问题的解决，可使不管用何种方式（包括智能生成、手工填写、手工修改、文字导入或复制等）拟写的操作描述文字，只要符合规程术语拟写要求，通过语义解析算法，均可解析成对某事物的行为，从而为智能校验分析、错误检查、调控交互、智能执行等功能提供技术基础。

在操作票的智能校验分析过程中，人、机、票的交互过程如图 3-11 所示。

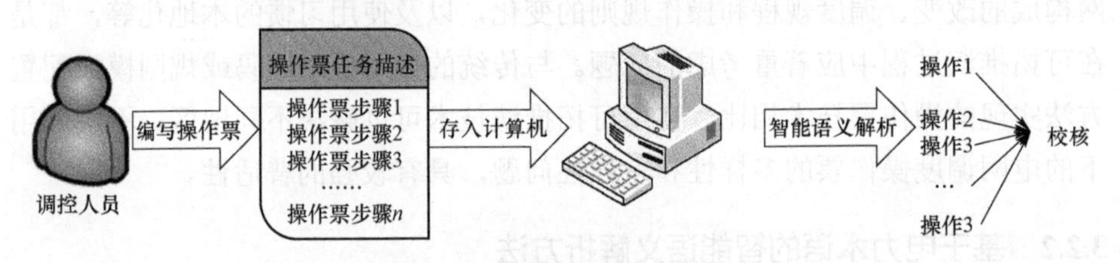

图 3-11　智能校验分析过程

调控人员编写操作票，存入计算机中，形成人和票的交互。当需要进行操作票校核时，计算机直接面对的是纯文本信息，无法直接理解这些纯文本的信息，为了实现对操作票的校核，必须通过智能语义解析智能的解析出相应的操作，进行系统校核，形成了票和计算机的交互，从而最终形成了人、机、票的交互。调控人员形成操作票后，系统将对操作票的语句规范性进行检查，传统的检查方式是通过人员来进行检查，是基本的人、票交互，是一种经验型判断，需要通过计算机来辅助调控人员对操作票的规范性进行检查，其过程如图 3-12 所示。

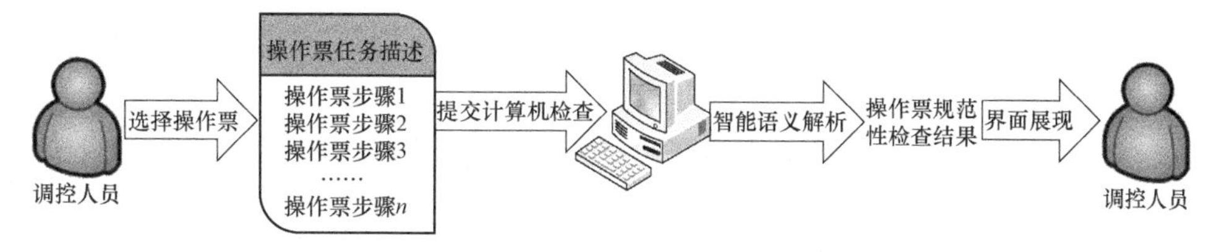

图 3-12　操作票语句规范性检查流程

调控人员选择操作票后，可提交给计算机进行检查，计算机通过智能语义解析后，得出规范性检查结果（如术语不规范、语法结构不规范、操作设备不属于操作厂站等结果），最后将检查结果通过人机界面展现给调控人员。在调度下令给监控的过程中，也存在着人、机、票的交互过程，如图 3-13 所示。

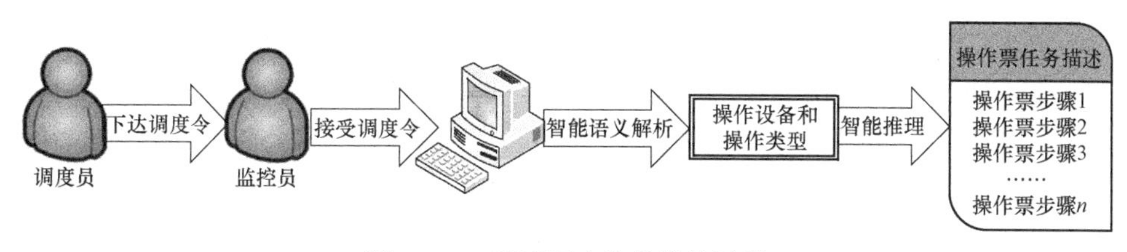

图 3-13　调度下令给监控的过程

调度员下令给监控员的是纯文本的信息，在计算机中，对命令进行智能语义解析，得到调度令的操作设备和操作类型，然后在当前运行方式、接线方式的基础上，利用知识库智能推理出监控的遥控操作票。在调度下令的整个过程中，如果没有智能语义解析，计算机将无法理解调度令，也就无法形成遥控操作票，无法实现人、机、票的交互。

从上面的例子可以看出，智能语义解析是人、机、票交互的关键，使原纯文字信息对象化，计算机能有效地理解其中的文字信息，形成人、机、票的智能交互，为各种智能应用提供技术支撑。

语义解析技术包括以下几个要点：

（1）术语词典库的形成。智能操作票系统面向电力调度指令和电网操作应用，形成术语字典库是语句解析的基础，术语字典库有以下三部分组成：① 电网模型中实体名称的术语库：由构建的电网模型动态形成；② 调度术语库：根据调度规程中规定的标准术语形成；③ 辅助术语库：相应的标点符号、倒装介词等。

通过对常用调度指令进行分析，可以将调令语句的关键字分为以下几类：① 语言类关键字，如“将”“由”“到”等；② 设备状态类关键字，如“运行”

“检修”“旁母运行”等；③ 设备操作类关键字，如“拉开”“投入”“退出”“挂上”等。

将调度指令文本分解成电网资源对象名称与关键字的规范化组合，例如，“将××线由运行转冷备”是一条规范化的调度指令语句，在实践中，可以根据具体情况选定不同的关键字词组。

（2）语法描述规则库。字符和词语的排列必须遵循一定的语言结构才能被人们正确理解，这些语言结构就是语法。语法是语言表达的规则，利用术语类型用特定的规则式，形成各类调度指令、操作指令的标准程式化描述。例如，将“操作对象规范化名称”由“运行母线简称”“操作对象工作状态”转为“目标运行母线简称”“操作对象工作状态”即是一条典型的语法规则。

（3）语句切分算法。切分句子的基本方法是正向最大匹配法 MM 和逆向最大匹配法 RMM。最大匹配法的原则是长词优先，其中正向最大匹配法是从左向右匹配词典，逆向最大匹配法是从右向左匹配词典。

一个句子可以有多种切分结果，这样的切分结果是有歧义的。要得到正确的切分结果，仍需消解歧义。歧义消解的前提是发现歧义，切分算法应该具备检测到输入文本中何时出现了歧义切分现象的能力。正向最大匹配法和逆向最大匹配法都只能给出一种切分结果，因此这两种方法都没有检测歧义的能力。

实际应用中可以从以下几个方面进行改进：① 同时采取几种分词算法，来提高正确率；② 特征扫描或标志切分也称改进扫描方式，将一些带有明显特征的词在待分析字符串中识别和切分出，以这些词作为断点，将原字符串分为较小的串再进行机械分词，以减少匹配的错误率等。

根据调令术语关键字以及电网资源对象与关键字的组合关系，可以定义有限个语句模型。在进行语句解析时，将输入的文本与已定义的语句模型逐一匹配，可以解析出具体的目标对象以及相应的操作类型。

语句解析的结果可以提供给拓扑防误计算过程使用，以验证设备和操作的合法性，并给出潜在的操作隐患提示信息。

调令语句模型可以分为以下几类：

（1）操作性语句。例如：

将 220kV 线由Ⅰ母运行转为Ⅱ母运行。

拉开 1 号主变压器 1227 中性点接地开关。

投入××断路器重合闸。

（2）检查性语句。例如：

检查断路器电流指示正常，核对变压器不过载。

（3）通知类语句。例如：

向单位申请合环操作。

通知中调××线路已投入运行。

操作结束。

如何正确识别语句所表达的含义，是自然语言逻辑一直研究的课题。自然语言逻辑是运用现代逻辑方法研究自然语言的新学科，其开端是蒙太格语法，之后发展出话语表现理论、类型逻辑语法等理论。计算机处理自然语言首要的条件是形式化地描述语言，将其编制成计算机可以识别的规则，通过计算机运行相应的程序识别、理解，以实现预定的目标。

在调度指令语句中，可以使用一系列的语言“基元”对其进行形式化的描述，并编制一系列的语法规则，通过计算机程序使用模式识别的方法来进行语义解析。

调度指令语句中使用的智能识别方法可以概括为：

（1）定义基元：即调令语句例子中的“将”“由”“检查”等基本汉语词元。

（2）使用模式识别的方法编制程序，结合CIM模型数据解析语句的含义。在模式识别理论中，语句模式通常可分为以下几种：

1）固定模式。例如“结束”“以下空白”等。

2）特定顺序式模型。例如“将×××停电”“向××申请××”等。

3）连续式模型。例如：AAABBBCCC表示三个同样的字母连续出现三次可以表示“2017断路器、2018断路器、2019断路器”等多个同类型语句单元形式。

4）树形结构模型：后续节点到祖先节点存在唯一路径。示例如图3-14所示。

该树形结构模式可以匹配“将2201断路器拉开”“将2203断路器转为运行”等调令语句。

5）图状结构模型：后续节点到祖先节点存在一条以上路径。示例如图3-15所示。

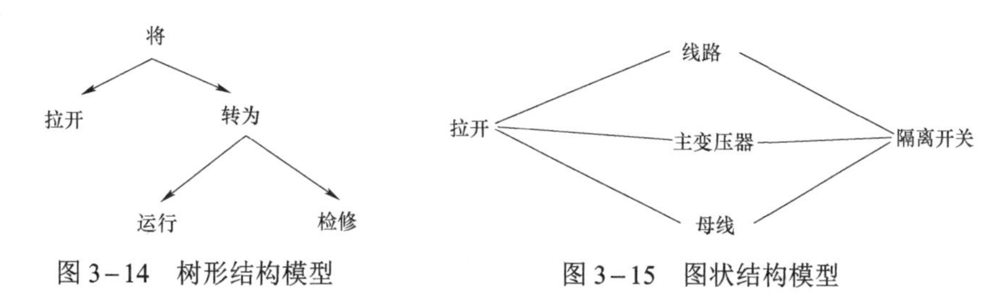

图3-14　树形结构模型　　图3-15　图状结构模型

该图形结构模式可以匹配“拉开××线 2301 隔离开关”“拉开 1 号主变压器低压侧中性点 1107 隔离开关”“拉开××线旁母 2307 隔离开关”等调令语句。

在上述定义的“基元”和各类模式的基础上，可以采用模式匹配的方法进行以下分析：① 在给定的语句对象中，判断是否包含某个模式；② 若包含，分析对象所在的匹配位置；③ 按照语义规则解析该语句，并执行规定的动作。

按照上述方法，可以识别出各类语句模型的各个语言单位，并进行防误分析。例如：经过解析操作类型的调令语句“将 220kV××线由Ⅰ母线运行转为Ⅱ母线运行”可以得到以下的结果：

（1）操作对象是 220kV××线。

（2）操作的起始状态是“运行”，限定类型是“Ⅰ母线”。可将限定类型作为状态的一个参数。

（3）操作的终止状态是“运行”，限定类型是“Ⅱ母线”。同样，可将限定类型作为状态的一个参数。

智能语义解析技术采用了字符串模式匹配的 KMP 算法来实现调令语句模型的识别。KMP 算法即 Knuth-Morris-Pratt（字符串查找）算法（简称 KMP 算法）是在一个“文本字符串”S 内查找一个“词”W 的出现，通过观察发现，在不匹配发生的时候这个词自身包含足够的信息来确定下一个匹配将在哪里开始，以此避免对以前匹配过的字符重新检查，具有较高的执行效率。KMP 算法在判断一个子模式是否存在于文本语句的过程中，使用 KMP 字符串匹配算法，在深度包过滤技术、Web 服务语义标注、高效半脆弱音频水印算法解析、多处理机并行系统等应用比较广泛。

3.2.3 智能网络拓扑方法

3.2.3.1 设备接线方式识别的拓扑原理

在 IEC 61970 中，间隔（Bay）的定义为电力系统资源的一个集合，包含导电设备、保护继电器、量测量和远程测控。操作票以及防误系统判断中的断路器单元模型与断路器间隔类似。

为了方便识别操作对象的综合状态以及自动推导操作过程，定义以下三类电气设备类型：① 通断性设备，也可以称为断路器性设备，指断路器、隔离开关、接地开关、熔断器、手车、电流互感器等几类具有接通、断开性质或直通性质的电气设备；② 导电性设备，指变压器、线路、电压互感器、电容器、电抗器等具有阻抗传输性质的电气设备；③ 汇流性设备，指母线、发电机、负荷、（外网）注入源、接地设备（接地点）等具有电能汇集或输出功能的设备或装置。所有的电网一次元件均可以按照上述三个类别来划分。

通断性电气设备是网络拓扑分析研究的主要内容。在通断性设备中，断路器具有开断电流的操作能力；接地开关、隔离开关作为隔离工作电路与接地点的隔离性断路器设备来分析和处理；电流互感器作为直通性连接设备处理。

一般将通断性设备分为断路器型设备和隔离型设备。在电网模型中，多个断路器型设备连接在一起以实现电网运行方式的灵活变化，通常将断路器型电气单元作为分析对象。

断路器型电气单元是由断路器型设备（断路器、隔离开关、接地开关、熔断器、手车）经导电连接线（或和电流互感器）连接而成，以导电性电气设备（线路、变压器、负荷、母线等）和接地设备为终点的电气设备组合。

在基于CIM图模库一体化建模基础上，根据图形自动生成设备间的连接关系，将拓扑关系采用关系数据库进行存储，以达到对电网拓扑知识库正确表示的目的。进行网络拓扑分析时，综合运用深度优先和广度优先的搜索方法，对全网以及本站进行拓扑分析。根据实际网络的拓扑需求，可以对两种拓扑分析算法进行切换，提高了拓扑分析的效率、可靠性以及适应性。此外，电网拓扑在基本的母线、电气岛分析功能的基础上进行了拓展，实现了接线方式和运行方式识别、路径和环网搜索和电气岛带电计算等功能。

图论中，使用节点和支路的概念来建立网络模型。一般按照以下方法建立节点和支路：① 以 CIM 模型的电气连接点为节点；② 以所有双端性设备为支路。

根据上述方法，将断路器、隔离开关等断路器设备作为断路器性支路，将线路、变压器、电流互感器等作为一条导电性支路。其中，将三绕组变压器建模成三条星形连接的变压器绕组支路。

在建立的电网连接关系的模型数据基础上，使用拓扑计算方法识别断路器电气单元：以任意断路器性设备的一个端子所在的连接点为起点，以断路器性支路为可达路径（即不经过导电性设备支路），使用深度优先算法遍历搜索。其结果是一个节点和支路的集合。

对该集合中的每一个节点（对应CIM的连接点），根据连接点上各个端子的类型，标记出节点（结点）类型。节点有内部节点和终接点两类，终接点类型有接地型和设备型两种。

使用式（3-28）集合公式表示一个包含 m 个节点和 n 条支路的断路器单元，即

$$K = \{N_0, N_1, \cdots, N_m; B_0, B_1, \cdots, B_n\} \tag{3-28}$$

在研究断路器单元与外部网络连接的问题中，可以排除掉内部节点和接地型终节点，使用拓扑路径搜索算法，计算非接地型终节点的两两之间的最短路径集合，即

$$R = \{R_{pq}\} \tag{3-29}$$

$$R_{pq} = B_{r0} B_{r1} \cdots B_{rn}$$

式中 R_{pq}——通达路径，表示终节点 p 与终节点 q 之间的最短路径（支路列表）；

B_{rn}——来自集合 K 中的 B_n 元素。

从节点 p 逐步经过支路 $B_{r0} B_{r1} \cdots B_{rn}$ 可到达节点 q 且为最短路径。

3.2.3.2 设备状态智能识别

电气设备的工作状态以及对设备的操作是操作票以及防误系统建模的基础。常见的改变电网运行方式的操作主要有合环、解环、解列、并列、充电、送电和停电 7 种类型。对设备运行状态进行改变的相应操作可粗略归纳成运行、热备用、冷备用和检修 4 种状态。

一、设备的状态

设备的基本工作状态见表 3–1。

表 3–1 设备基本状态

<table>
<tr><th>类型</th><th>设备名称</th><th>基本状态</th></tr>
<tr><td rowspan="11">一次设备
（工作位置）</td><td rowspan="2">断路器</td><td>分</td></tr>
<tr><td>合</td></tr>
<tr><td rowspan="2">隔离开关、接地开关</td><td>分</td></tr>
<tr><td>合</td></tr>
<tr><td rowspan="3">手车</td><td>运行</td></tr>
<tr><td>试验</td></tr>
<tr><td>检修</td></tr>
<tr><td rowspan="2">地线</td><td>挂上</td></tr>
<tr><td>拆下</td></tr>
<tr><td rowspan="2">熔断器</td><td>装上</td></tr>
<tr><td>取下</td></tr>
<tr><td rowspan="4">二次设备</td><td rowspan="2">空气断路器</td><td>投入</td></tr>
<tr><td>退出</td></tr>
<tr><td rowspan="2">连接片</td><td>投入</td></tr>
<tr><td>退出</td></tr>
</table>

续表

类型	设备名称	基本状态
其他设备	网柜门	关上
		合上
	操作把手	相关位置

设备的综合工作状态见表3-2。

表3-2　　设备综合状态

类型	设备名称	基本状态
综合工作状态	断路器	运行
		热备用
		冷备用
		检修
	变压器	运行
		热备用
		冷备用
		检修
	线路	运行
		热备用
		冷备用
		检修
	电容器（组）、电抗器（组）	运行
		热备用
		冷备用
		检修
	电压互感器	运行
		检修
	母线	运行
		热备用
		冷备用
		检修
	其他（发电机、负荷等）	相关状态

设备的运行方式状态见表3-3。

表 3-3　　运行方式状态

类型	设备名称	基本状态
运行方式状态	线路	正常方式
		旁路替代
	母联断路器、分段断路器	正常方式
		旁路替代
	变压器	分裂运行
		并列运行
	其他	相关状态

在分析设备的综合工作状态和运行方式状态以及判断设备的操作规则的过程中，可以根据设备所连接的断路器单元模型和各个断路器性设备的实时运行状态，定义设备的各类工作状态并使用实时拓扑计算方法进行智能识别。

二、断路器单元的四种基本状态

连通：通达路径上所有断路器型设备均连通，且接地型终节点与断路器单元内各个节点之间路径上的所有断路器型设备均断开。

断路：通达路径上断路器断开、隔离型断路器连通，接地型终节点与断路器单元内各个节点之间路径上的所有断路器型设备均断开。

隔离：断路器单元内的所有断路器型设备均断开。

接地：通达路径上的所有断路器型设备均断开，且至少有一个接地型终节点与通达路径上的内部节点之间存在通路。各类设备的状态定义见表 3-4。

三、设备状态定义

设备状态定义见表 3-4。

表 3-4　　设备状态定义表

设备类型	状态定义	判断方法
断路器型设备	基本状态（分、合）	根据遥信值判断其状态为连通或断开
断路器	运行	位于开断型断路器单元中，且通达路径是全连通的（即路径上所有的断路器型设备是连通的）、接地型终节点与断路器单元内各个节点之间的路径是全隔离的（即该路径上所有的隔离型断路器是均断开的）
	热备用	位于双侧隔离型断路单元中，且：通达路径上所有隔离断路器连通，断路器断开；接地型终节点与断路器单元内各个节点之间全隔离

续表

设备类型	状态定义	判断方法
断路器	冷备用	位于双侧隔离型断路单元中，且断路器单元中所有断路器型设备均断开
	检修	位于双侧隔离型断路器单元中，且：通达路径上所有断路器设备全断开；断路器两侧节点与接地型终节点之间存在连通路径，或者挂有检修标志牌
线路	运行	两侧（或 T 接线路的三侧）的断路器单元均是连通的（可附加上带电状态的分析结果）
	热备用	两侧均处在双侧隔离型断路器单元，且处于断路状态
	冷备用	两侧均处在双侧隔离型断路器单元且处于隔离状态，如果有接地型断路器单元，其状态为断开
	检修	两侧均处在双侧隔离型断路器单元且处于隔离状态，如果有接地型断路器单元，其状态为连通状态，或者限定挂有检修标志牌
变压器	运行	两侧（或三绕组变压器的三侧）的断路器单元均是通的
	热备用	两侧均处在双侧隔离型断路器单元且处于断路状态
	冷备用	两侧均处在双侧隔离型断路器单元且处于隔离状态，如果有接地型断路器单元，其状态为断开
	检修	两侧均处在双侧隔离型断路器单元且处于隔离状态，如果有接地型断路器单元，其状态为连通状态，或者限定挂有检修标志牌

3.2.4　基于智能成票技术的操作票系统

基于智能成票技术的操作票系统架构如图 3–16 所示，其中智能成票技术主要体现在操作票服务中。该服务在结合了操作票实时库的基础上实现了电力本体知识基元的建立，调库指令票推演规则知识库的建立（包括调度规则、遥控规则、顺控规则），基本推理逻辑函数接口，通过对传入的任务指令进行逐层分解，实现指令步骤。

如图 3–16 所示，智能操作票系统的规则知识库由调控人员结合系统开发人员制定，主要按照自顶而下、高内聚/低耦合、逐渐扩展和积累的原则进行制定。图 3–17 和图 3–18 是主变压器由运行转检修的规则知识库，该规则完全描述了主变压器由运行转检修的综合指令和具备的单步指令。

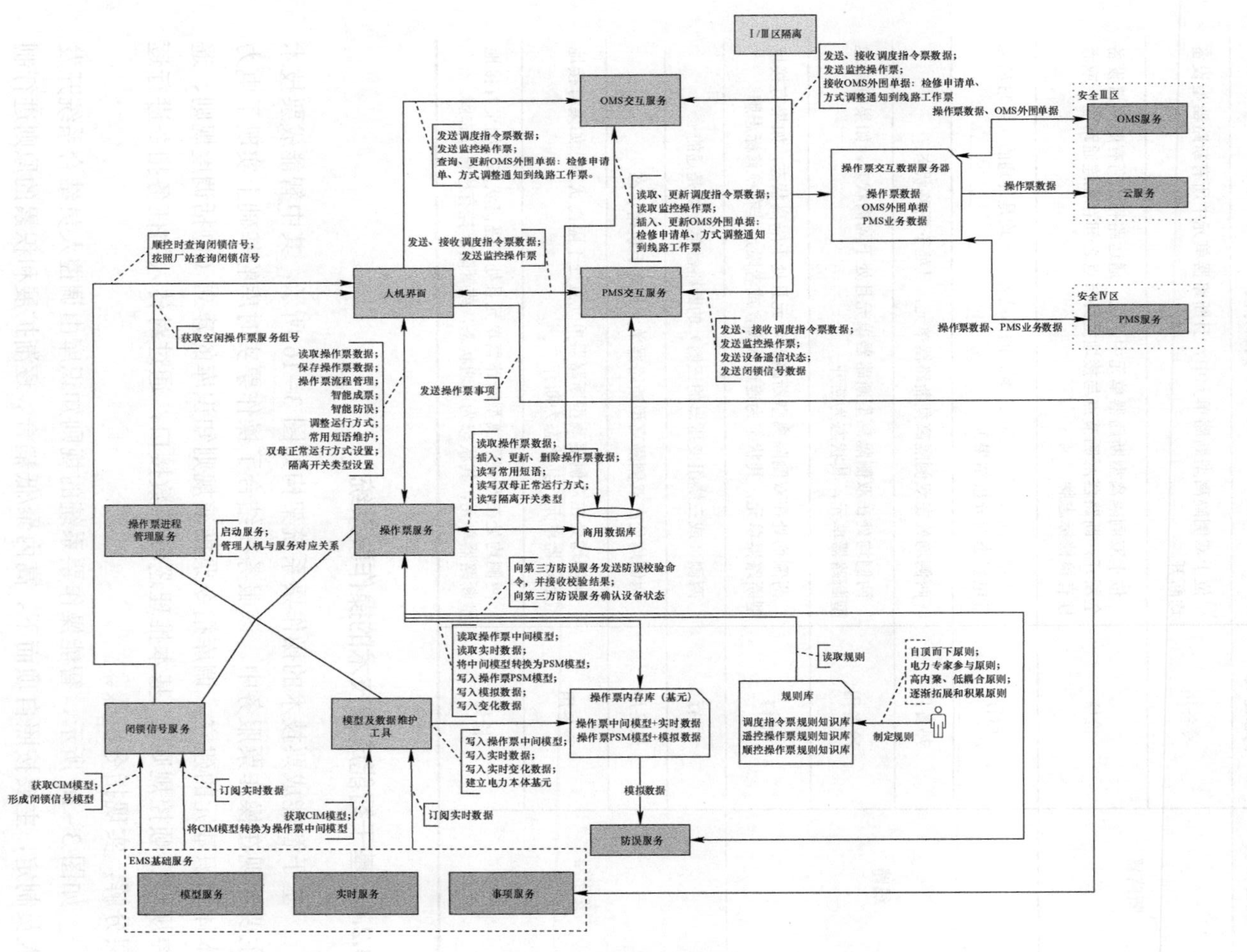

图 3–16 操作票系统架构图

类型	状态	操作	描述	序号	操作对象	描述	操作对象特殊类型	描述	当前状态	描述	目的状态	描述
8	4	9	双绕组变压器运行转检修	1	30	低压绕组	0	正常绕组	4	运行	8	冷备用
8	4	9	双绕组变压器运行转检修	2	32	高压绕组	0	正常绕组	4	运行	8	冷备用
9	4	9	三绕组变压器运行转检修	1	30	低压绕组	0	正常绕组	4	运行	8	冷备用
9	4	9	三绕组变压器运行转检修	2	31	中压绕组	0	正常绕组	4	运行	8	冷备用
9	4	9	三绕组变压器运行转检修	3	32	高压绕组	0	正常绕组	4	运行	8	冷备用

图3－17 调度指令规则知识库之主变压器运行转检修规则

类型	状态	操作	描述	序号	操作对象	描述	操作对象特殊	描述	当前状态	描述	目的状态	描述
32	4	8	高压绕组运行转冷备	1	7	断路器	0	绕组连接的断路器	1	合	0	分
32	4	8	高压绕组运行转冷备	2	5	隔离开关	1	本体隔离开关	1	合	0	分
32	4	8	高压绕组运行转冷备	3	5	隔离开关	2	进线隔离开关	1	合	0	分
31	4	8	中压绕组运行转冷备	1	7	断路器	0	绕组连接的断路器	1	合	0	分
31	4	8	中压绕组运行转冷备	2	5	隔离开关	1	本体隔离开关	1	合	0	分
31	4	8	中压绕组运行转冷备	3	5	隔离开关	2	进线隔离开关	1	合	0	分
30	4	8	低压绕组运行转冷备	1	7	断路器	13	低压侧母联分段断路器	0	分	1	合
30	4	8	低压绕组运行转冷备	2	701	备自投	1	低压侧备自投	2	投入	3	退出
30	4	8	低压绕组运行转冷备	3	7	断路器	0	低压绕组连接的断路器	1	合	0	分
30	4	8	低压绕组运行转冷备	4	5	隔离开关	1	本体隔离开关	1	合	0	分
30	4	8	低压绕组运行转冷备	5	5	隔离开关	2	进线隔离开关	1	合	0	分

图3－18 监控指令规则库之绕组操作规则

3.3 操作票智能成票与校核

3.3.1 基于网络拓扑的防误分析

网络拓扑是根据电网中的断路器、隔离开关、接地隔离开关等一次设备的状态及各种电气元件的连接关系产生电网计算用的电网模型，该模型是操作票推理、潮流计算、状态估计等高级应用的基础。网络拓扑防误分析是以整个电网模型信息为基础，根据当前的操作对象和操作任务，利用拓扑库和实时状态信息进行防误分析，给出分析的结果，提示调控员选择是否继续进行操作；对校验严重错误的给出错误原因和造成错误的设备，禁止让调控员继续进行后续操作，从而实现系统的安全操作。

传统的网络拓扑结构技术采用电网络理论及树结构原理来实现，采用节点代表电气元件，将电气元件间的电气连接作为支路来形成网络的拓扑结构图，该方法在电网结构发生变化时，扩展性不够灵活，运行维护比较复杂，需要实时修正计算机程序中的许多内容。

智能推演式网络拓扑防误分析是电力调控领域专家知识库的一种应用，它并不是针对具体设备定义防误逻辑规则式，也不是当前所说的拓扑式方式，拓扑式防误对通用性和类型都有很多限制，很难做到通用和防误类型的完备。智能推演式网络拓扑防误分析是在抽象各类防误类型基本防误原理基础之上，提炼出若干约束条件，从而对具备的网络拓扑进行特征的识别，并在此基础之上，进行电力调控专家知识库的知识积累和知识的分层，从而形成统一过程的电力调控防误子领域知识库，具有不受接线方式和运行方式限制的免维护特性，其可拓的特性保证了防误类型扩充的方便性，更方便处理各类复杂判别问题，从而更完善地解决各类防误问题。

一、基于约束条件的局部网络拓扑特征的识别

在防误分析过程中，需要对一定区域的电网的拓扑特征进行识别分析后，才能得出准确的防误分析结果，因此防误分析应用了基于约束条件的局部网络拓扑特征的识别技术，对局部电网特征进行识别。

假定当前的约束条件为$C=(D_1, D_2, \cdots, D_n)$，以操作设备为中心点进行搜索时，首先将中心点通过一条边连接的所有节点进行归总，其集合为$N=(L_1, L_2, \cdots, L_n)$，通过式（3-30）按照约束条件对节点$N$进行过滤，即

$$N' = \overline{N \to C} \tag{3-30}$$

如果集合 N' 不为空，继续以同样方式进行搜索，得到新的集合，再利用上面的公式对集合进行过滤，直到节点集合为空为止，由此得到一个有约束条件的局部网络，进而抽取识别该局部网络中的设备、节点、支路的特征，形成对局部网络拓扑特征的识别。

二、电力调控防误子领域知识库的建模

电力调控防误子领域知识库模型如图 3－19 所示。

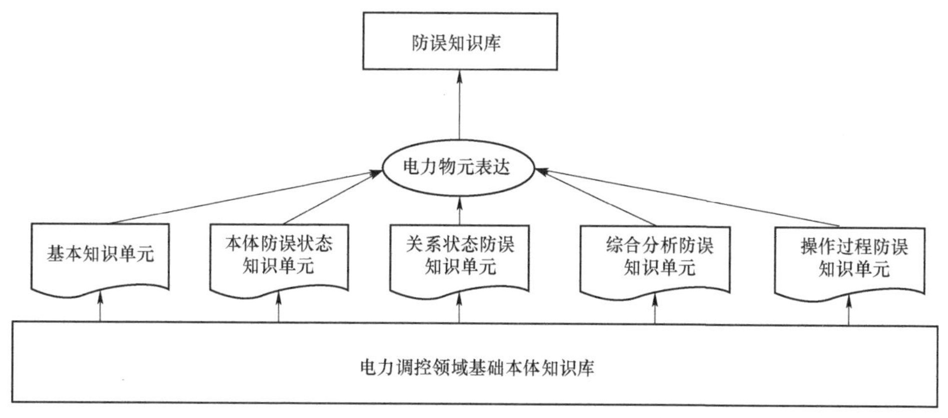

图 3－19　电力调控防误子领域知识库模型图

电力调控防误子领域知识库的建模过程和电力调控领域知识库的建模过程一致，也是以调控控制领域基础本体知识库为基础，结合防误业务的多个知识单元通过物元表达方法构建防误知识库。

基本知识单元：根据设备本身的状态特征形成的基本知识单元。

本体防误状态知识单元：根据设备本身状态特征的防误特性形成本体状态防误知识单元，例如，设备挂“停役”牌或设备处于不可控状态。

关系状态防误知识单元：根据元件与相关元件的防误关系构建关系状态防误知识单元。例如：拉合隔离开关时，与其相连接的断路器必须处在分位；合隔离开关或断路器时，被隔离的设备不能处于接地状态等。

综合分析防误知识单元：根据全网分析得出的防误类型构建综合分析防误知识单元。这些知识单元包括误跨电压等级电磁环网、误使母线失压、误使变电站失压、误停保电设备、误解列、非同期合环、非同期并列、设备过载等，这些操作同样对电网、设备和人身安全有很大的危害。

操作过程防误知识单元：根据操作设备的操作顺序和操作流程构建的操作过程防误知识单元。例如，馈线断路器由热备用转冷备用时，先断开线路侧隔离开关，后断开母线侧隔离开关，反之虽不影响“五防”规定，但操作合理性

不如前者，故对该类型操作顺序进行安全约束；在操作过程中违反操作流程，某项操作步骤未完成，而进行下一步操作，也对该类型操作进行安全约束。操作过程防误知识单元可保证遥控操作过程逐项执行。

三、电力调控防误子领域知识库的应用

电力调控防误子领域知识库的应用与操作票知识库的应用一样，也采用智能推演技术，应用知识库中的知识进行防误分析。智能推演过程如图 3-20 所示。

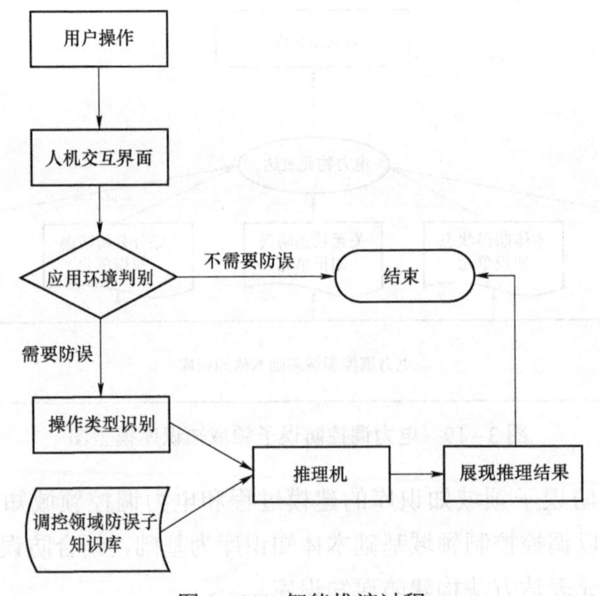

图 3-20　智能推演过程

在推理过程中，首先通过用户操作与人机进行交互，系统自动判别应用环境，判断是否需要进行相关的防误分析，在识别出的操作类型和防误知识库共同进行推理，得到最终的推理结果。

下面以母线不能失去 TV 运行来描述防误知识库的应用。首先该防误的拓扑过程只是在母线的连通区域内进行搜索判断，这种类型的防误判断有很多，所以在系统中专门设置了一类特征边界区域子知识库，它根据自定义的边界特征进行知识的编辑和积累，是多种基础特征的复杂逻辑的组合，其中基础特征包括设备类型、设备状态等。形成该子知识库的方法采用菱形思维的方式形成，由于设备单元都具有可拓性，它首先发散式地得到其相关区域设备集合，即

$$\boldsymbol{R}=\begin{bmatrix}\text{区域设备库}N_1 & \text{简称} & \text{具体的简称描述}\\ & \text{连接点} & \mathrm{C}_1(n)\\ & \text{设备功能类型} & \mathrm{C}_2(n)\end{bmatrix}\qquad(3-31)$$

形成设备库集合 N_1 后，将设备功能类型作为特征进行判断是否继续发散，如果需要发散则继续进行发散，将发散的结果形成区域。特征边界区域求解模型如图3-21所示。

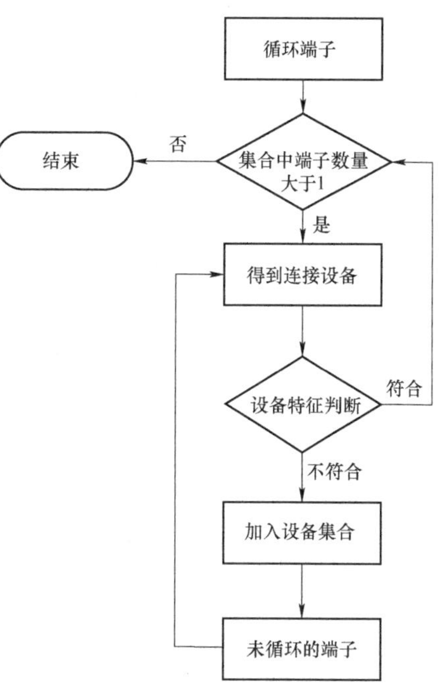

图3-21　特征边界区域求解模型

在进行防误判断时，可通过母线的连通区域知识单元进行区域搜索，最后通过指定的特征类型 TV 进行区域设备筛选，得出判断结果。

图 3-22 所示是一个判断操作设备连通的母线是否有连通的 TV 的过程。假如操作设备为一个母联断路器，操作前两母线并列运行，只有一个母线上有运行的 TV，即两条母线共用一个 TV，拉开此断路器，会造成某母线失去 TV 运行，判断母线是否失去 TV 过程如下：

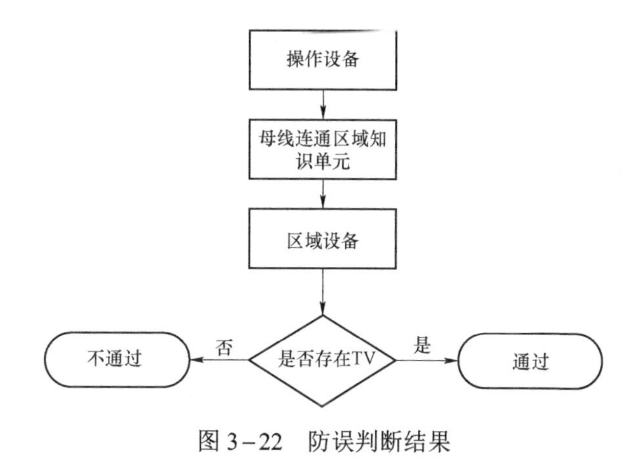

图3-22　防误判断结果

（1）以断路器某侧为中心，向该侧外部形成特征区域设备集合。

（2）根据图3-21所示特征区域求解模型形成特征区域，特征条件为：

1）设备特征为“开断设备”且连通（遥信为“合”），则加入设备集合，且继续搜索。条件表达式：

BE（设备，设备类型，“开断设备”）=True && BE（设备，遥信位置，“合”）=True

2） 设备类型=“母线”，则加入设备集合，且继续搜索。条件表达式：

BE（设备，设备类型，“母线”）=True

3） 设备类型=“TV”，则加入设备集合，且停止搜索，并记录目标边界。条件表达式：

BE=（设备，设备类型，“TV”）=True

4） 设备特征=其他特征，则不加入设备集合，且停止搜索，形成断路器某侧连通的母线和 TV 的特征区域。

如果断路器拉开后，某侧连通的母线和 TV 的特征区域中有母线时，判断区域中是否存在 TV，如果无 TV 且母线仍为运行状态，则判断为操作将使“母线失去 TV 运行”的防误判别结论，防误校验为“不通过”。

3.3.2 调度操作的安全校核

智能操作票系统通过对象化的调度指令票 E 文本与调度员潮流、静态安全分析等应用进行交互。安全校核应用的校核结果通过 E 文本返回，操作票系统通过解析结果 E 文本进行展示，其流程如图 3-23 所示。

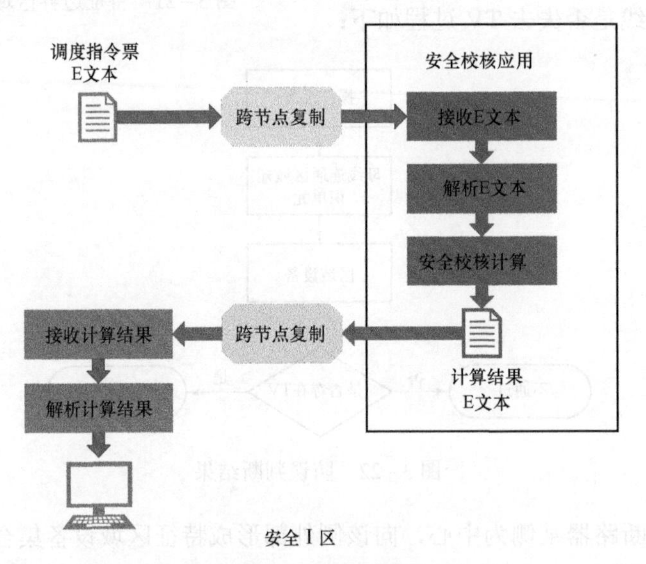

图 3-23 智能操作票系统与安全校核系统交互

3.3.3 调度员潮流系统

智能操作票系统支持调度员潮流系统的嵌入，支持在监护前或执行前，触发调度员潮流系统，进行电网潮流计算。

调度指令票潮流校核功能在安全Ⅰ区原有调度指令票功能基础上以插件的形式进行功能扩展。调度指令票与调度员潮流校核应用通过接口交互，实现传输调度指令票操作信息、启动潮流计算、接收重载越限等计算结果数据等功能。

通过操作票后台服务而不是人机界面与调度员潮流应用进行交互，可以有效避免多用户同时发起校核请求导致的冲突问题。

智能操作票系统与调度员潮流应用交互流程如图 3-24 所示。

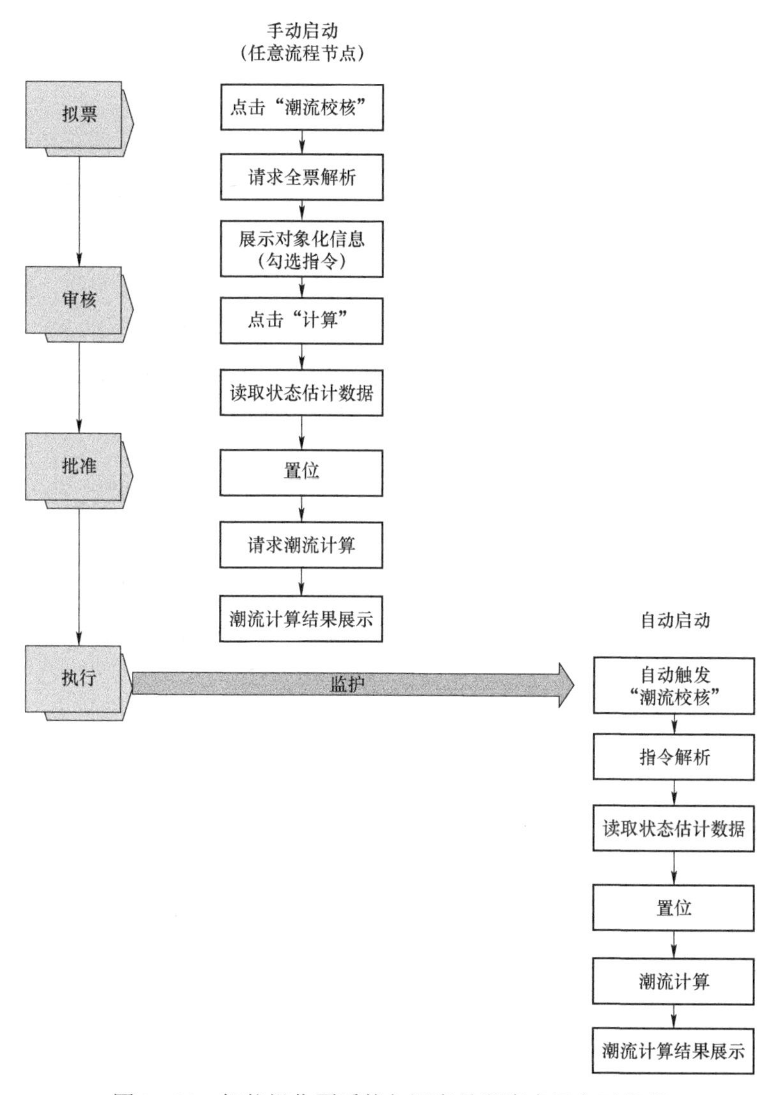

图 3-24 智能操作票系统与调度员潮流应用交互流程

（1）自动潮流计算。在调控长监护指令票前，默认强行全票潮流校核。

（2）手动潮流校验。在指令票任何阶段，电网岗可手动选择按操作指令项进行潮流计算校验，即每执行一项操作指令进行潮流校验或者按票顺序选中几个操作指令项进行潮流校验。

3.3.4 在线安全稳定分析系统

智能操作票系统支持在线安全稳定分析系统的嵌入，支持在拟票前及执行前触发在线安全稳定分析系统，在线安全稳定分析系统实现短路电流计算、静态安全计算、小干扰稳定计算、暂态稳定计算等功能。

1. 暂态稳定分析

电力系统暂态稳定是指电力系统受到大干扰后，各同步发电机保持同步运行并过渡到新的或恢复到原来稳态运行方式的能力。电力系统遭受大干扰后是否能继续保持稳定运行的主要标志：一是各机组之间的相对角摇摆是否逐步衰减；二是局部地区的电压是否崩溃。

2. 小干扰稳定分析

电力系统小干扰稳定是指系统受到小干扰后，不发生自发振荡或非周期性失步，自动恢复到起始运行状态的能力。系统小干扰稳定性取决于系统的固有特性，与扰动的大小无关。

电力系统小干扰稳定性既包括系统中同步发电机之间因同步力矩不足或电压崩溃造成的非周期失去稳定（即通常所指的静态稳定），也包括因系统动态过程阻尼不足造成的周期性发散失去稳定（即通常所指的动态稳定）。通常前者一般不计调节器作用，采用简单模型即可计算；而后者一般要考虑各种调节器作用和复杂模型才能计算出正确结果。

小干扰稳定计算程序可用于计算分析上述两种基本类型的电力系统小干扰稳定性问题。大电网互联后的低频振荡（0.2～2.5Hz）问题、电压稳定问题、交直流系统并联运行问题，各种新型控制装置（如 FACTS 装置）的采用和 PSS 装置的配置等，无论在规划设计阶段还是在系统运行阶段，都需要进行深入的小干扰稳定分析，以提高电力系统分析水平，确保电力系统的安全稳定运行。

3. 静态电压稳定

电力系统的电压稳定性是指系统在某一给定的稳态运行下经受一定的扰动后各负荷节点维持原有电压水平的能力。在线安全稳定分析所采用的电压稳定分析是求取系统的小干扰电压稳定极限。

在给定的初始运行状态及过渡方式下，系统小干扰电压稳定极限的求解过程可以描述为：从系统被研究的稳态运行点开始，按一定步长不断增加 k（k

为负荷稳定因子）的取值，然后进行潮流计算，同时考虑各种约束条件，采用小干扰电压稳定新判据判别系统的稳定性，直至得到系统电压稳定极限。采用逐步搜索计算电压稳定极限，并在每个搜索步上采用预估—校正算法以提高求解速度。

4. 静态安全分析

静态安全分析是根据给定的电网结构参数和发电机、负荷等元件的运行条件及给定的切除方案，确定切除某些元件是否危及系统的安全，即系统中所有母线电压是否在允许的范围内、系统中所有发电机的出力是否在允许的范围内、系统中所有线路变压器是否过载。

在线安全稳定分析应用静态安全分析计算主要包含以下功能：

（1）可选择进行全网某区域网或某电压等级网的 $N-1$ 计算以及对指定切除方案的计算。

（2）切除方案信息可以是交流线路、变压器、发电机或负荷中的某个元件，也可是其中多个元件的任意组合。

（3）以潮流计算为基础，其基本数据应包括所基于潮流的全部数据。

（4）结果输出的内容和形式应符合实际运用的需要。

5. 短路电流分析

电力系统短路的类型主要有三相短路、两相短路、单相接地短路和两相接地短路。三相短路属对称故障，其余属不对称故障。除不对称短路外，电力系统的不对称故障还有一相或两相断开的情况，称为非全相运行。在同一时刻，电力系统内仅有一处发生上述某一种类型的故障，称为简单故障；同时有两处或两处以上发生故障，或在同一处同时发生两种或两种以上类型故障，称为复杂故障或多重故障。短路计算就是在某种故障下，求出流过短路点的故障电流、电压及其分布的计算。

第4章 调控一体化防误

4.1 一体化防误系统架构

4.1.1 调控一体化防误存在问题

我国电网的现有管理模式中，推行最广的是调控一体化。调控一体化运行模式是将分散的监控系统统一成为一套集中的调控系统，从传统分区监控模式调整为统一集中监控模式，可以减少电网运行管理的中间环节，缩减监控系统运维的工作量，减少人员运维时间成本，实现人员集约，从而有效提升电网精益化管理水平。

目前，为解决调控一体化模式下电力调控操作的安全问题，国内外已进行了一系列的研究和实践，但多针对变电站端，不能解决调控主站端现有防误问题。首先，在调控一体化运行模式下，随着远方操作的日趋增多，亟需针对远方操作进行安全约束分析，目前电力系统内均配备监控与数据采集，但普遍缺少通过实时电网状态对操作进行安全校验的过程。再者，随着大运行体系建设不断深入，调控远方遥控操作要求实现到冷备用状态，即远方遥控操作到隔离开关。现有的调控一体技术支持系统实现了遥控到热备用（即仅操作到断路器）的提示性防误要求，但对于遥控到冷备用缺乏必要的防误手段。

现有针对变电站防误系统的相关研究比较多，而调度主站端防误仍存在以下问题：

（1）大部分防误系统只应用于调控层面，缺少对站端操作的防误控制，不满足集中式控制的要求。

（2）缺少与调度系统间的实时操作验证过程，不能反映地线、网门、挂牌等实际操作信息。

（3）未集中管理远方遥控操作与站端手动操作，在多点并行操作时存在安全隐患。

（4）监控系统的防误闭锁逻辑和验证模拟操作所应用的数据仅来自系统采集的本站实时数据库，暂时还无法扩展到外网接线，未考虑到站与站之间的联锁关系。

（5）变电站不同接线对应多种运行方式，因采用人为定义闭锁规则易遗漏一些条件，且随着电网的不断建设改造，防误逻辑将变动频繁，常规的人工定义操作逻辑将严重影响工作效率，增加错误的概率。

（6）数据建模方面，不同的厂家开发的数据模型存在很大的差异，子站与主站间的接口规范不统一。集控防误系统未与调控主站共享一次设备的状态信息，重复建模的工作量很大，且多套系统运行存在着信息建设重复、数据不能同步刷新、维护工作量较大等问题。

为了解决上述问题，有必要在现有的智能电网调度控制基础平台上，应用基础平台的消息服务总线机制、一体化图库模机制扩展调控一体化防误应用功能，满足当前远方遥控冷备用的要求。并利用技术手段人机联合把关，杜绝各类误调度、误遥控、误操作的发生，及时准确的识别和处理故障，提高调控一体化模式下的智能化水平，使调度、监控、现场操作更为安全、高效，推进调控一体化模式向智能化方向发展，保障电网的安全稳定运行。

4.1.2　一体化防误系统架构

一体化防误系统在现有调控系统稳态监控模型上扩展一、二次设备防误模型，并基于调控系统基础平台的模型管理、数据传输、网络通信、人机界面、系统管理等服务，对调度指令票、监控遥控操作票、调度下令、遥控操作的全过程提供逻辑公式、网络拓扑、二次设备等防误校核，满足调度远方遥控操作到冷备用状态下的防误需求。同时，扩展 IEC 60870-5-104 的应用服务数据单元，制定统一的主子站防误信息通信规范，接入不同厂家变电站防误系统，实现主子站防误信息交互以及模型和逻辑公式的源端维护。一体化防误系统架构如图 4-1 所示。

在调控主站侧，调控应用和一体化防误应用之间通过平台的消息总线和服务总线进行通信。一体化防误应用与变电站防误系统通过主子站防误信息通信规范（扩展 IEC 60870-5-104 规约）进行通信；调控应用与变电站监控系统通过标准 IEC 60870-5-104 规约进行通信。

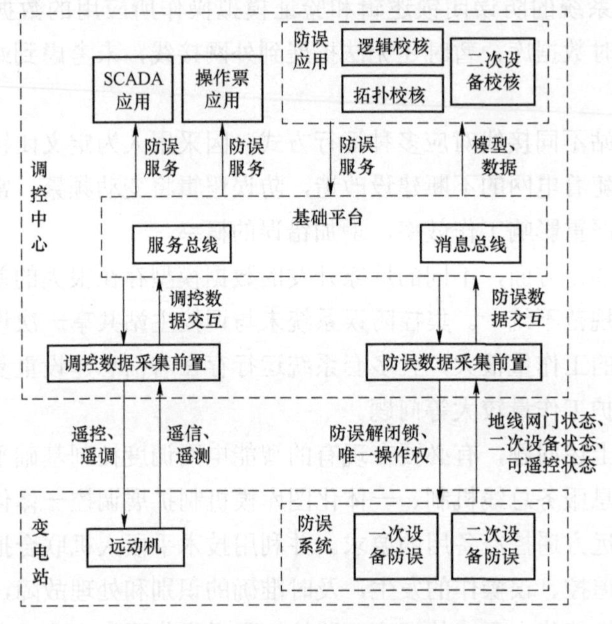

图 4-1　一体化防误系统架构图

一体化防误系统具体工作流程如下：

（1）SCADA、操作票等遥控模块通过消息总线发送远方操作信息给一体化防误应用。

（2）一体化防误应用根据防误规则进行防误校核（逻辑公式防误校核、网络拓扑防误校核、二次设备防误校核），校核通过后，利用主、子站防误信息通信规范发送解锁命令至变电站防误系统。

（3）变电站防误系统发送解锁执行结果至调控主站一体化防误应用。

（4）调控主站一体化防误应用模块把变电站防误系统反馈的信息通过消息总线发送至遥控模块。

（5）遥控模块通过 IEC 60870-5-104 链路发送远方操作命令至变电站监控系统。

（6）变电站监控系统发送操作命令执行结果至调控主站的遥控模块。

（7）遥控模块通过消息总线通知主站一体化防误应用模块遥控执行完毕。

（8）主站一体化防误应用模块通知变电站防误系统进行闭锁，整个遥控操作及防误判别流程结束。

一体化防误系统工作流程如图 4-2 所示。

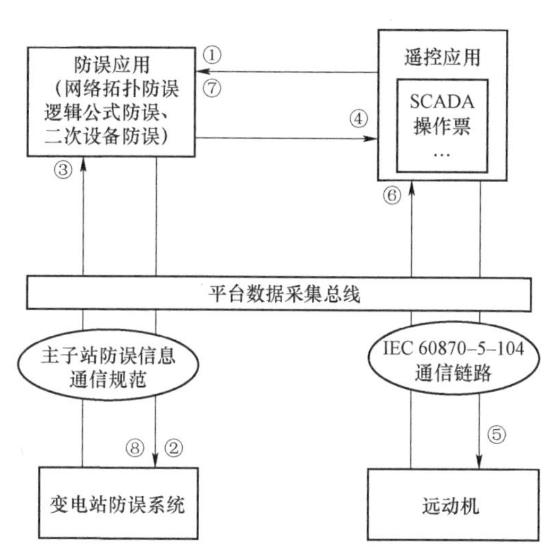

图 4-2　一体化防误系统工作流程图

4.1.3　调控和防误模型一体化

智能电网调度控制系统，基于稳态监控模型扩展防误需要的模型信息（如，地线、网门、二次设备等模型信息）。变电站防误系统建模按照调控主站侧的设备命名规则进行主子站信息匹配转化。变电站防误系统建模完成后，静态模型信息以 CIM/E 文件的方式发送到调控主站，变电站防误系统配置的防误规则（防误逻辑公式）通过主子站防误信息通信规范召唤至调控主站，完成调控和防误一体化建模。

调控和防误一体化建模流程如图 4-3 所示，主要步骤包括：① 变电站防误系统导出 CIM/E 模型文件，离线导入到调控主站；② 调控主站对 CIM/E 文件进行验证，通过验证后，利用模型拼接技术完成调控模型与防误模型的合并，形成防误调控一体化模型；③ 变电站防误系统配置的防误规则（防误逻辑公式）通过防误采集规约召唤至调控主站，完成调控主站侧站内防误逻辑规则的建模。

变电站防误系统导出的 CIM/E 模型文件，必须包含与防误模型关联的部分调控模型，且设备命名必须符合调控主站的命名规范，以方便调控主站的模型拼接。

调控和防误一体化建模保证了调控主站和子站的数据一致性，消除了因两端数据模型不一致导致系统运行带来的潜在风险，提高了系统运行的可靠性。

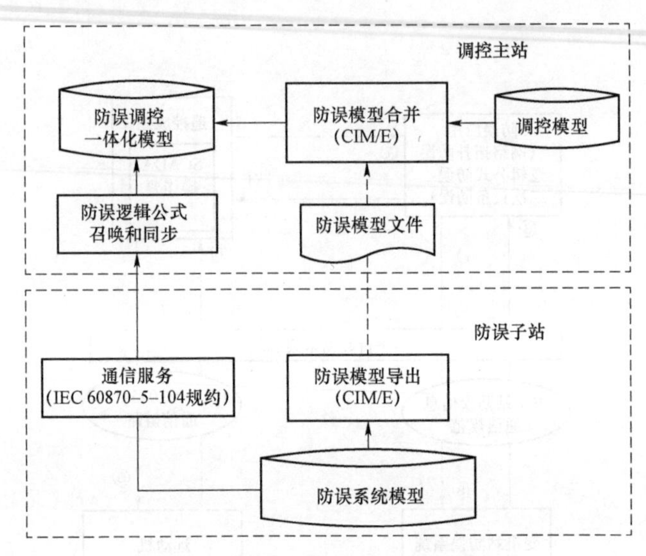

图 4-3　调控和防误一体化建模流程

4.1.4　防误主子站通信规范

在 IEC 60870-5-104 通信规约应用协议数据单元结构（Application Protocol Data Unit，APDU）中，启动字符 68H 定义了数据流中的起点。APDU 的长度域定义了其主体的长度（最大 253 字节），包括应用层协议控制信息（Application-Layer Protocol Control Information，APCI）的 4 个控制域和应用服务数据单元（Application Data Service Unit，ADSU）。ASDU 的帧结构如图 4-4 所示，数据单元类型中的类型标识域为一个八位位组，它定义了后续信息体对象的结构、类型和格式。

ASDU	ASDU 的域	
数据单元标识	数据单元类型	类型标识
		ASDU 长度
		可变结构限定词
	传送原因	
	公共地址	
信息体	信息体类型（任选项）	
	信息体地址	
	信息体元素	
	信息体时标	
信息体	公共时标（任选项）	

图 4-4　ASDU 的帧结构

类型标识域在 IEC 60870－5－101 配套标准中定义了 1～127 的值，但 128～255 未定义，因此通过对该类型标识域可进行适当的扩展，形成防误采集规范，满足调控主站系统对防误采集的需求。

IEC 60870－5－104 扩展或借用信息见表 4－1。

表 4－1　　IEC 60870－5－104 扩展或借用信息表

类别	内容	扩展或借用的 ASDU
一次设备虚遥信	网（柜）门、临时接地线和远方就地把手状态	直接采用 IEC 60870－5－104 规约的单点遥信 ASDU1
二次设备状态	空气开关、连接片、把手、异常信号状态值	借用原来的 IEC 60870－5－104 规约中的双点遥信 ASDU3 扩展为 ASDU179，遥信信息值字节的低 4 位代表二次设备状态值。 状态值范围为 0～15，二次设备类型不同，值的含义不同
遥控闭锁触点解闭锁状态	断路器、隔离开关、接地开关的遥控闭锁触点解闭锁状态；重合闸把手、母差（失灵）把手	借用原来的 IEC 60870－5－104 规约中的双点遥信 ASDU3 扩展为 ASDU174； 也可以选择借用原来的 IEC 60870－5－104 规约中的单点遥信 ASDU1 扩展为 ASDU175
子站设备运行工况	子站设备运行工况	借用原来的 IEC 60870－5－104 规约中的单点遥信 ASDU1 扩展为 ASDU176
子站防误	断路器、隔离开关、接地开关的子站防误包括两个步骤：唯一操作权设置；遥控闭锁触点解锁	借用原来的 IEC 60870－5－104 规约中的双点遥控 ASDU46 扩展为 ASDU177，使用遥控执行命令
释放操作权	释放唯一操作权	借用原来的 IEC 60870－5－104 规约中的双点遥控 ASDU46 扩展为 ASDU177，使用遥控预置命令
文件	共三个文件：防误主子站设备对照表；子站通信链路状态表；防误逻辑表	文件召唤过程参考 IEC 60870－5－5
手车	手车位置状态	直接采用 IEC 60870－5－104 规约的双点遥信 ASDU3

通过制定统一的防误信息采集规范，可实现调控主站对变电站防误系统的信息交换。防误数据采集主要完成调控主站与变电站防误系统之间的以下数据交换：① 文件传输，调控主站通过防误采集规范召唤变电站防误系统的逻辑防误规则（站内防误的逻辑公式）等相关文件；② 遥控命令，调控主站的防误应用发送唯一权及解闭锁命令至变电站防误系统；③ 状态信息，防误应用采集变电站防误系统有关的设备状态。

4.2 逻辑公式防误校核

4.2.1 概述

在调控主站模拟预演、无票模拟、遥控预置等过程中，加入了防误校核环节，包括调控系统主站一体化防误和子站一体化防误两方面，其中主站一体化防误校核需进行逻辑公式防误校核、网络拓扑防误校核、二次设备防误校核三个校验步骤。逻辑公式防误校核的逻辑公式，是由主站通过防误链路总召上来，由变电站防误系统提供，当子站逻辑公式改变时主动将最新的逻辑公式上送到主站。子站逻辑公式上送到主站后，主站根据逻辑公式中的调度编号及相关子站信息，自动匹配成主站的逻辑公式，需要校验时，调出逻辑公式，查找相关设备状态，给出判断结果。

4.2.2 逻辑公式防误校核技术原则

逻辑公式防误校核是防止电气误操作的关键环节，其校核结果的正确性和可靠性影响重大。逻辑公式防误校核结果的正确性和可靠性依赖多方面因素，除逻辑公式自身的正确性之外，还要依赖防误系统的运行环境和相关技术条件，包括数据类型、通信要求、信号品质、修改维护等。

防误系统需要满足以下运行条件的要求：

（1）防误系统应具备满足“五防”要求的逻辑公式，具有防止误分、误合断路器，防止带负荷分、合隔离开关，防止带电挂（合）接地线（接地开关），防止带接地线（接地开关）合断路器、隔离开关，防止误入带电间隔等防误规则。

（2）防误系统应支持跨间隔进行逻辑公式条件设置，实现站级操作逻辑公式防误校核。

（3）防误系统应支持单位置遥信、双位置遥信、整数、浮点数的比较运算，支持布尔量的与、或运算以及优先级运算，应支持对数据品质的判别。

（4）防误系统应支持采用一次设备状态、二次设备状态、保护事件、保护投/退、就地/远方切换、装置异常及自检信号等开关量和电气量作为逻辑公式判断条件。

（5）在信号不能有效获取（如装置通信中断等）、具有无效品质和处于不确定状态（包括置检修状态）时，防误系统应判定逻辑公式防误校核不通过，禁止操作并告警。

（6）逻辑公式防误校核应独立于网络拓扑防误校核进行运算，其判断结果应与网络拓扑防误校核结果进行“与”运算。

（7）逻辑公式应支持在线实时查阅和修改，逻辑公式文本应支持导入和导出。

4.2.3　逻辑公式语法及解析

逻辑公式防误校核的关键在于逻辑公式，逻辑公式是一种用于描述发电厂、变电站电气设备操作防误条件的专用语言，它通过一组特殊的语法格式来描述防误系统对倒闸操作正确性进行检查时所依据的逻辑条件。逻辑公式的语法格式较为简单，有利于工程人员快速掌握和使用，下面结合变电站现场常见的一种逻辑公式语法格式进行举例说明。

逻辑公式常见语法格式：

设备编号　操作代号/操作码：表达式

（1）设备编号。设备编号是运行的电气设备的实际编号，在系统中具有唯一的身份标识。

（2）操作代号/操作码。

1）操作代号/操作码可以是一种描述操作类型的代号，根据现场主要涉及的操作类型。将操作代号/操作码定义如下：

L：分操作（如拉开隔离开关，拉开断路器，挂地线，打开网门）；

H：合操作（如合上隔离开关、断路器，拆地线，关闭网门）；

JX：检修逻辑；

DW：对位逻辑；

YX：小车转运行位置操作逻辑；

JX：小车转检修逻辑操作逻辑；

SY：小车转试验逻辑操作逻辑；

PM：旁母充电逻辑。

2）操作代号/操作码也可以是操作后的状态码，表示多态公式，具体如下：

0：操作到 0 状态逻辑；

1：操作到 1 状态逻辑；

2：操作到 2 状态逻辑；

……

N：操作到 N 状态的逻辑。

（3）表达式。表达式是用来描述一项操作所必须具备的逻辑条件，例如：224－5=0，224=0，（224－1=1+224－2=1）!

表达式各项含义如下：

1）“=0”：等号前面的设备必须在断开的位置；“=1”：等号前面的设备必须在合闸的位置。

如操作的设备是临时接地线，则“=0”表示地线已拆除，“=1”表示地线已装设。

关系运算符除“=”外还包括：“＞”（大于）、“＞=”（大于等于）、“＜”（小于）、“＜=”（小于等于）、“＜＞”不等于。

2）“，”：逗号两边的逻辑条件之间的逻辑关系为逻辑与，也就是说必须所有条件都满足才能进行操作。

3）“+”：加号两边的逻辑条件之间的逻辑关系为逻辑或，也就是说两个条件只要有一个满足就可以进行操作。

4）“()”：括号中间的逻辑关系应该优先进行判别。

5）“!”：整个表达式的结束标志。

在一行表达式中经常会同时出现“，”“+”和“()”，这时应注意运算的顺序为“()”→“，”→“+”。

根据上文的逻辑公式语法格式说明，可对以下具体的逻辑公式语句进行解析：

224－3 H：224－5=0，224=0，（224－1=1+224－2=1）!

该逻辑公式表示合隔离开关224－3时所必须满足的防误逻辑条件为：临时接地线224－5在拆除位置，断路器224在断开位置，隔离开关224－1或224－2有一个在合闸位置。

4.3 网络拓扑防误校核

4.3.1 网络拓扑防误概述

随着调度系统管理范围扩大，电网结构的复杂度升高，且需要管理的站点与设备的增加，调度人员不论是实际操作还是模拟操作，都需要更加仔细检查与核对，才可以规避可能的安全隐患。常规逻辑公式防误校核往往只针对站内，缺少站间及全网的逻辑判断，此外，常规的逻辑公式防误校核基于静态计算，无法完全消除上述隐患，为了解决上述问题，实现操作时的动态智能防误校验，需要引入网络拓扑防误校核。

在调控主站模拟预演、无票模拟、遥控预置等过程中，加入防误校核环节，包括调控系统主站一体化防误和子站一体化防误两方面，其中主站一体化防误校核需进行逻辑公式防误校核、网络拓扑防误校核、二次设备防误校核三个校验步骤。

网络拓扑防误校核是应用在调控一体化平台上，基于IEC 61970标准，以电网通用模型描述CIM/E（模型）规范和电力系统图形描述CIM/G（图形）规范为基础。通过对调度电网模型的动态、静态分析，建立网络拓扑防误模型。同时根据电网运行规范、调度运行知识和经验，建立拓扑防误规则库。当模拟操作票、执行调控操作时，网络拓扑防误系统会根据被操作设备的网络拓扑防误模型以及所适配的拓扑规则，对该操作进行自动校核，从而辅助调控人员发现并解决操作中可能存在的安全隐患。

网络拓扑防误校核支持以下规则：

（1）电气“五防”操作：防止误拉合断路器；防止误带电合接地开关或挂接地线；防止误带接地合隔离开关；防止误带负荷拉合隔离开关；防止误入带电间隔。违反“五防”操作，会造成极其严重的恶性事故。

（2）常规电气操作：电气操作引起潮流、负荷的转移，造成线路过载和变压器等过负载；违反变压器之间的解列并列操作顺序，并列运行条件不满足、错误的并列/解列操作、非同期合闸；非等电位情况下倒母线操作；没有通过断路器进行解环、合环操作等。违反这类操作，可能影响电网的安全稳定运行。

（3）特殊运行方式操作：误拉开运行的母线TV隔离开关，导致母线TV失压；两个或多个站之间通过变压器和线路形成电磁合环；常规线路停、送电时，电源侧与负荷侧隔离开关的操作顺序等。

（4）特殊接线形式操作：涉及旁路母线相关操作，如旁代操作时，旁路母线上其他旁路隔离开关必须断开，必须由旁路断路器进行旁代操作等；桥接线的主变压器充电操作；主变压器间不能共用相同的中性点接地等。

（5）误操作设备：误停保电设备、双回线并列等。

4.3.2　网络拓扑防误建模

网络拓扑防误建模是对调控系统一体化电网CIM模型进行二次建模，通过对其动态的解构、筛选和静态的扩充计算，最终汇总形成网络拓扑防误校核使用的模型。

一、动态建模

调控系统一体化电网 CIM 模型遵循 IEC 61970 标准，它有严格的层级结构，由多个对象组成，每个对象都包含多个属性。在 CIM 模型中，对象包含“厂站”“电压等级”“间隔”“线路”“母线”“断路器”等。

动态建模就是对 CIM 模型的筛选和计算，主要包括设备模型建模、设备状态建模、设备操作建模。

（1）设备模型建模。设备模型包括设备集合 $\boldsymbol{D}$ 和连接端子集合 $\boldsymbol{T}$。从调控一体化平台系统中获取 CIM 后，以 mRID 为主键，通过筛选设备名称、设备类型以及所属厂站，得到一个设备集合 $\boldsymbol{D}$。通过筛选该设备的连接端子（Terminal），可以形成一个集合 $\boldsymbol{T}$。

例如：如图 4-5 中，线路 181 在模型中，可以抽象为一个设备集合 $\boldsymbol{D}$

$$\boldsymbol{D}=\begin{bmatrix} \text{110kV Ⅰ 母} & \text{母线} & \text{××厂站} \\ 181 & \text{断路器} & \text{××厂站} \\ 1811 & \text{隔离开关} & \text{××厂站} \\ 1813 & \text{隔离开关} & \text{××厂站} \\ \text{FH1} & \text{负荷} & \text{××厂站} \\ \vdots & & \vdots \end{bmatrix}$$

它的连接关系模型可以表示为母线端子集合 T 母线 $=\{T_d\}$、$T_{181}=\{T_b, T_c\}$、$T_{1811}=\{T_c, T_d\}$、$T_{1813}=\{T_a, T_b\}$、T 负荷 $=\{T_a\}$

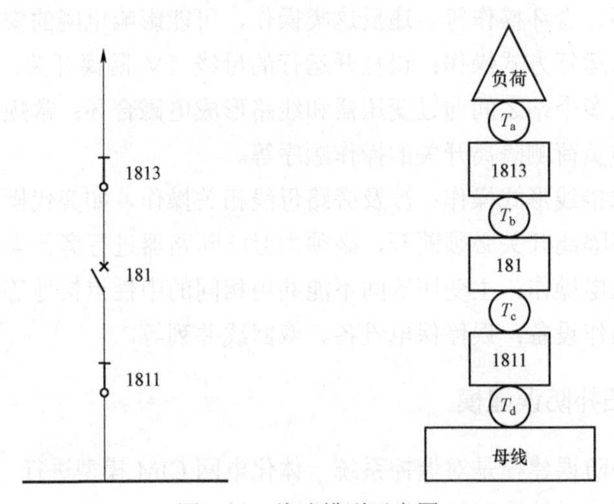

图 4-5　线路模型示意图

（2）设备状态建模。设备状态模型包括设备遥信集合 $\boldsymbol{S}$ 与设备状态集合 $\boldsymbol{O}$。

设备的位置信号主要由两个路径获取：一是在实时系统中获取断路器、隔离开关、接地开关、手车等状态；二是通过主子站防误链路获取子站上送的临时接地线、网（柜）门等设备状态，每个设备当前的设备状态只能有一种。这些位置信号组成了设备的遥信状态集合 $\boldsymbol{S}$，例如：$S_{181}=\{1\}$，$S_{1811}=\{1\}$，$S_{1813}=\{1\}$。

设备基本状态见表 4-2。

表 4-2　　设备基本状态

设备	0	1	2	-1
断路器	分位	合位	—	不确定/无信号
隔离开关	分位	合位	—	不确定/无信号
接地开关	分位	合位	—	不确定/无信号
手车	检修位置	工作位置	试验位置	不确定/无信号
接地线	拆除位置	挂上位置	—	不确定/无信号
网门	关闭	打开	—	不确定/无信号

同时，应用图论基础知识，通过对断路器、线路、负荷、变压器等主设备连接关系和状态的计算，可以获得综合工作状态，包括运行、热备用、冷备用、检修，形成一个集合 $\boldsymbol{O}$，例如：$O_{181}=\{运行\}$。设备综合状态见表 4-3。

表 4-3　　设备综合状态

类型	设备	状态
综合工作状态	断路器	运行
		热备用
		冷备用
		检修
	变压器	运行
		热备用
		冷备用
		检修
	线路	运行
		热备用
		冷备用
		检修

续表

类型	设备	状态
综合工作状态	电容器（组）、电抗器（组）	运行
		热备用
		冷备用
		检修
	电压互感器	运行
		检修
	母线	运行
		检修
	其他（发电机、负荷等）	相关状态

（3）设备操作建模。在设备模型和设备状态的基础上，预设设备可能所具有的操作任务，对其进行整理和归纳，形成各类条件下的综合操作模型，例如运行转热备用、热备用转冷备用、冷备用转热备用、旁路母线充电、旁代操作、热倒母线操作、冷倒母线操作、同期合闸、合环/解环操作，并列/解列操作等，形成集合 $\boldsymbol{H}$，例如：H_{181}={运行转换热备用，运行转冷备用，运行转检修}。

二、静态建模

获得设备、状态、操作的模型后，仍然需要补充完善模型设备中的静态接线特征。这些特征是在调控一体化平台的 CIM 模型所没有的，例如线路断路器、分段断路器、母线侧隔离开关、负荷侧隔离开关等。

静态接线特征的建模，需要通过图论理论对电网主接线图进行分析。根据图论理论，使用节点和支路的概念来建立网络模型。为了使用拓扑计算方法，按照以下方法建立节点和支路：

（1）每一个端子 T 作为一个节点。

（2）每个包含有两个以上端子的设备 D 作为一个支路。根据该设定原则，断路器、隔离开关等可作为一个开关性支路；电抗器、电容器等可作为导电性支路；母线、负荷等可作为汇流性支路。因此在上述建立的电网连接关系的 CIM 模型数据基础上，可以使用拓扑计算方法来识别开关电气单元：

1）以任意开关性设备的一个节点所在的连接点为起点，以开关性支路为可达路径（即不经过导电性设备支路），使用深度优先算法遍历搜索。其结果是一个节点和支路的集合。

2）对该集合中的每一个节点，根据连接点上各个节点的类型，标记出节点类型。节点有内部节点和终节点两类，终节点类型有接地型和设备型两种。

通过搜索出的节点与支路以及设定好的静态模型进行比对，从而可以获得该节点的静态接线特征。例如：图 4−6 所示单母线接线的模型包括 3 个开关支路（断路器、母线侧隔离开关、负荷侧隔离开关）、2 个汇流性支路（母线、负荷）以及 4 个节点。181 间隔属于单母接线，因为它包括 3 个开关支路（181、1811、1813）、2 个汇流性支路（母线、负荷）以及 4 个节点（T_a、T_b、T_c、T_d）。同理可以推导出单母线接线、单母线带旁接线、双母线接线、双母线带旁接线、3/2 接线、桥接线、分断/母联等。

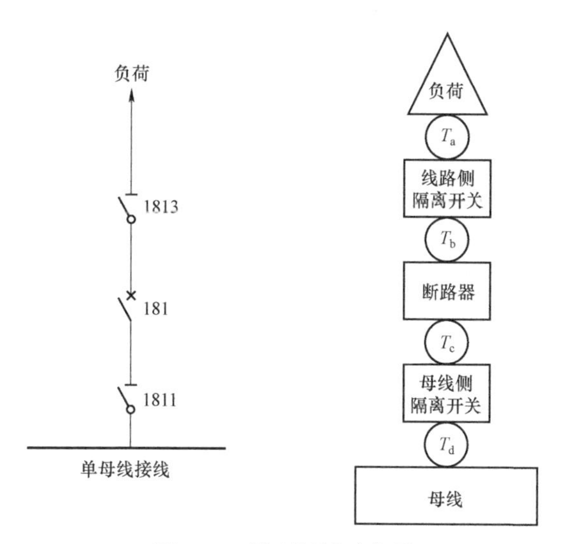

图 4−6　模型解析示意图

根据不同的接线类型，结合设备的连接关系可以对设备的静态接线特征进行设置，形成集合 $\boldsymbol{P}$，包括单母线断路器、双母线断路器、分段断路器、母联断路器、桥断路器、3/2 断路器、旁路断路器、母线侧隔离开关、线路侧隔离开关、双母线隔离开关、分断隔离开关、电容器本体侧隔离开关等，例如：P_{1811}= ｛母线侧隔离开关｝。

三、模型汇总

动态建模和静态建模完成以后，要把获得的设备集合 $\boldsymbol{D}$、端子集合 $\boldsymbol{T}$、遥

信集合 $\boldsymbol{S}$、状态集合 $\boldsymbol{O}$、操作集合 $\boldsymbol{H}$ 以及属性集合 $\boldsymbol{P}$ 汇总组成电网拓扑集合 $\boldsymbol{C}$，即 $\boldsymbol{C}=\{\boldsymbol{D},\boldsymbol{T},\boldsymbol{S},\boldsymbol{O},\boldsymbol{H},\boldsymbol{P}\}$。该集合是一个完整的网络拓扑防误模型，它包括了设备的名称、类型、厂站、遥信、状态、属性等重要信息，为网络拓扑防误提供了分析所必备的基本信息，即

$\boldsymbol{C}$ ={设备名称，设备类型，厂站名称，连接端子 1，连接端子 2，…，设备状态，设备综合状态，设备操作状态，设备静态接线特征}

例如：181 间隔的电网拓扑模型为

$\boldsymbol{C}$ ={181，断路器，××厂站，T_b，T_c，1，运行，运行转热备用/运行转冷备用，单母断路器}

$$\boldsymbol{C}=\begin{bmatrix} 181 & \text{断路器} & \text{××厂站} & T_b & T_c & 1 & \text{运行} & \text{运行转热备用} & \text{单母线断路器} \\ 1811 & \text{隔离开关} & \text{××厂站} & T_c & T_d & 1 & 0 & 0 & \text{母线侧隔离开关} \\ 1813 & \text{隔离开关} & \text{××厂站} & T_a & T_b & 1 & 0 & 0 & \text{负荷侧隔离开关} \\ \text{110kV I 母线} & \text{母线} & \text{××厂站} & T_d & 0 & 0 & \text{运行} & \text{运行转热备用} & \text{单母母线} \\ \text{FH} & \text{负荷} & \text{××厂站} & T_a & 0 & 0 & \text{运行} & \text{运行转热备用} & \text{单母负荷} \end{bmatrix}$$

4.3.3 防误规则分析与判断

模型建好后，需要根据各类常见隐患总结归纳防误规则，并制定一套合理的机制利用模型来实现拓扑防误自动、准确地判断。

规则的制定，是基于《国家电网公司电力安全工作规程》（简称《安规》），综合运用电力系统本体知识以及设备特有状态特征及属性、电网自身的特殊结构和关系，依托于专家的经验，进行系统化整理和归纳。

其次根据整定出的规则，利用建立好的模型，采用特定的算法实现调控操作时，拓扑防误规则的自动判断。

一、网络拓扑防误规则库制定

（1）基于《安规》要求。调控操作不论在任何情况、任何时间下操作，都不能跨越《安规》所约束的范围。《安规》中明确提出的防止恶性误操作必须抽象整理为规则，如：禁止带接地合隔离开关；禁止带电合接地开关；禁止带电挂接地线等。

（2）基于电力系统本体知识。重用电力系统领域基础本体知识库，防误规则将在基础知识库中应用其各种方法、模型和属性等，以此为基础构建上层的防误规则库。

（3）基于电网自身的特殊结构。根据电网自身复杂的网络构造，以及电源、

潮流、负荷、设备之间的关系，综合分析来制定动态的防误规则。例如：不同电源之间合环时，要提示是否为同期；误用非断路器设备进行合环操作；转移潮流和负荷时，误造成设备的过负载等；合某些主变压器断路器时，误造成电磁合环；分某些桥断路器时，误造成电网解列。

（4）基于特殊接线形式的要求。特殊的接线形式一般会有特殊的操作要求，例如：旁路母线旁代相关操作要求；主变压器中性点消弧线圈隔离开关的操作要求；主变压器低压侧带两段母线等。

（5）基于特殊运行方式的要求。特定的运行方式下，对设备的操作要求也不同，例如：倒母线操作时的热倒母线、冷倒母线；双母线双分段倒母线，双母线单分段倒母线；线路停、送电时隔离开关操作顺序等。

（6）专家经验总结。针对常规情况容易引起的，或非常规情况下某些设备的操作要求，需要通过专家的经验总结来进行判断。例如：强制甩负荷；特殊接线下设备的操作等。

二、网络拓扑防误算法实现

网络拓扑防误算法即综合分析防误规则库，得出防误规则本质。防误规则由对网络拓扑模型集合 C 基本的搜索与判断组成，搜索就是应用深度优先和广度优先的搜索方法，过滤与筛选出满足条件的集合 C 的子集 C_1，而判断是对集合 C_1 进行综合分析以后的二次判断。例如禁止带接地合隔离开关的规则为：① 在集合 C 中，以隔离开关为起点，在母线、负荷、线路、主变压器、隔离开关等设备为边界的范围内，搜索出合位的接地开关、接地线的集合 C_1；② 如果 C_1 集合不为空，则禁止操作。其中①为计算指定条件的设备集合，②为对此集合进行判断。

深度优先遍历算法流程如图4-7所示。

拓扑搜索的过程，主要是研究电气设备的通断性，过程如下：

（1）设置拓扑状态，每个间隔包括通断性设备、导电性设备、汇流性设备。通断性设备包括断路器、隔离开关、接地开关、手车、熔断器等，导电性设备包括变压器、线路、电容器、电抗器、电压互感器等，汇流性设备包括母线、发电机、负荷、接地设备等。拓扑主要就是研究电气设备的通断性。

（2）设置拓扑起点，拓扑起点一般指触发规则的设备，或者操作设备，也可是任务触发设备，拓扑要从起点开始搜索。

（3）设置拓扑目标。拓扑目标是拓扑需要搜寻的设备，或拓扑需要排除的设备，这个设备决定了操作是否会触发拓扑规则异常。

例如，图 4-5 中，从 1811 开始搜索，搜寻与它相关的主设备断路器，即 181；或从 1813 开始搜索，排除与它关联的接地设备集合。

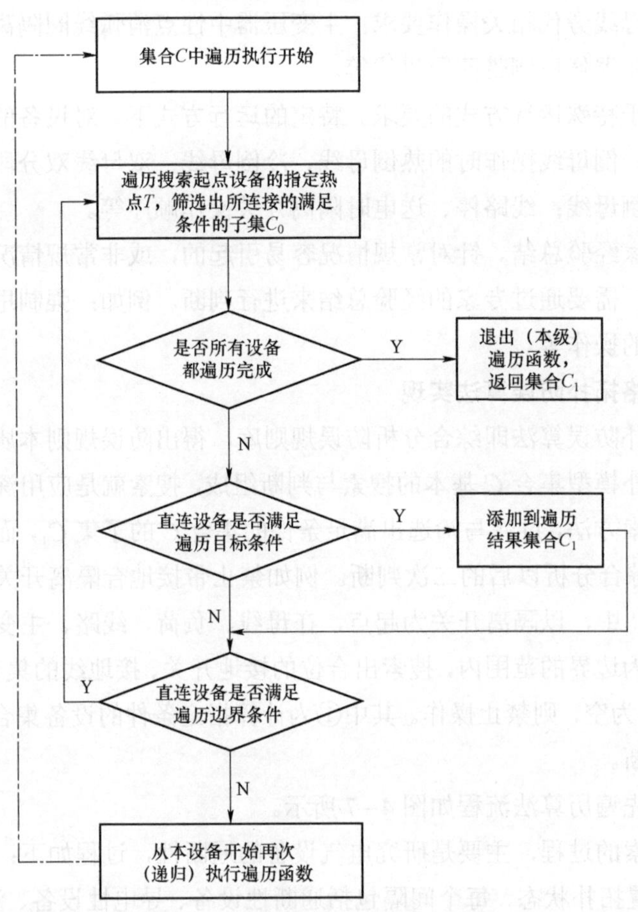

图 4-7　深度优先遍历算法流程图

三、防误规则判断

将防误规则分解为多个“与”关系的、独立的规则，各个独立的规则可以是具有“禁止”性质、“警告”性质或“提示”性质的规则。例如，合隔离开关的条件，包括没有接地（禁止）、没有带负荷（禁止）、电源侧先合闸（警告）等。

对将要进行的操作进行计算，当结果没有违反所有需要“禁止”的规则时，系统判断操作合法，给予通过。深入分析各个规则，发现绝大部分的判断为对待操作设备的，特定关联关系的设备集合的判断，尤其是对集合是否为空的判断。例如，线路隔离开关左侧直连设备集合 {线路，线路 TV 隔离开关……}，线路隔离开关右侧直连设备集合 {断路器，接地开关……}。

应用拓扑路径搜索算法，对带负荷分合隔离开关规则的实现流程如图 4-8 所示。

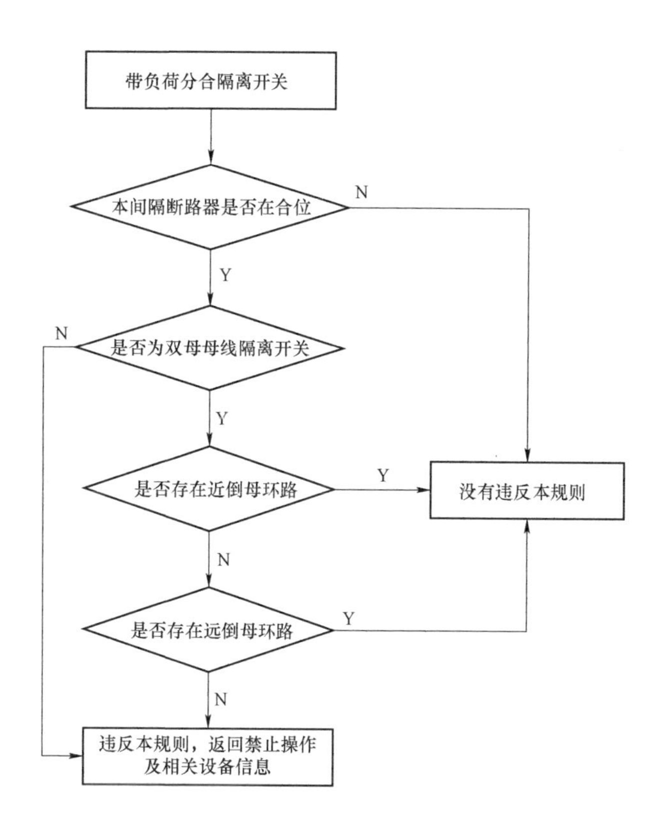

图 4-8　规则流程图

四、基本防误规则实例

根据对规则的分析与判断，可以结合拓扑防误模型建立了一些基本的防误规则实例，见表 4-4。

表 4-4 基本防误规则实例

编号	实例	实例描述	示意图	规则依据	规则说明
1	带负荷拉合隔离开关	拉开 112-2 和 112-4 隔离开关为带负荷拉隔离开关，合上 145-5 隔离开关即为带负荷合隔离开关	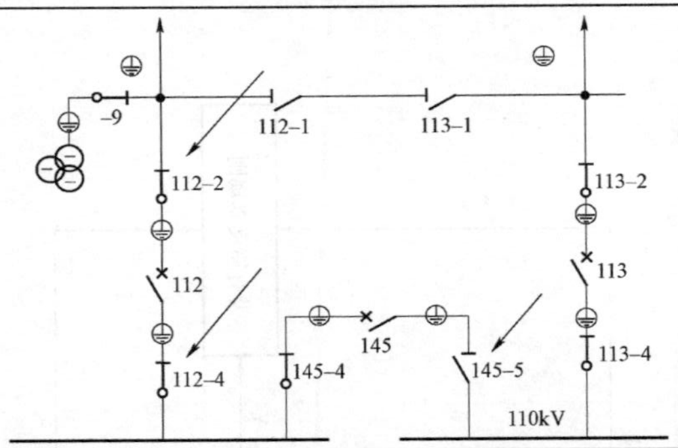 -9 112-1 113-1 112-2 113-2 112 113 145 112-4 145-4 145-5 113-4 110kV	Q/GDW 1799.1—2013《国家电网公司电力安全工作规程 变电部分》 5.3.6.1 停电拉闸操作应按照断路器（开关）—负荷侧隔离开关（刀闸）—电源侧隔离开关（刀闸）的顺序依次进行，送电合闸操作应按与上述相反的顺序进行。禁止带负荷拉合隔离开关（刀闸）	隔离开关的作用是作为电气回路的明确断开点，在试验和检修工作中会经常使用，但隔离开关本身不具备灭弧能力，所以禁止通过隔离开关来完成电气回路的接通和分断
2	带电挂接地线	34 断路器间隔在运行，此时挂上 34-1，34-2 接地线会出现此异常操作告警	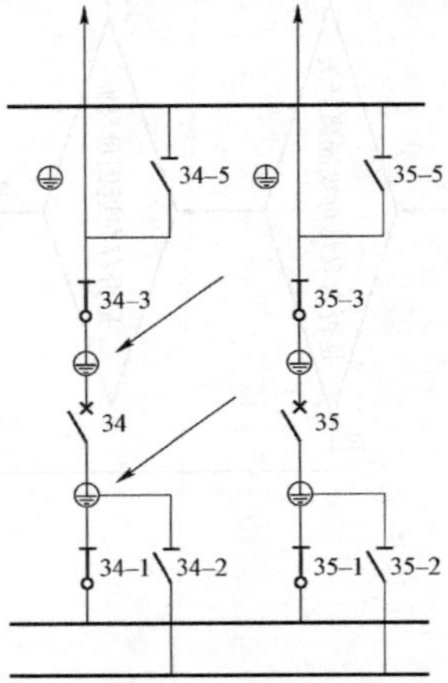 34-5 35-5 34-3 35-3 34 35 34-1 34-2 35-1 35-2	Q/GDW 1799.1—2013《国家电网公司电力安全工作规程 变电部分》 7.2.2 检修设备停电，应把各方面的电源完全断开（任何运行中的星形接线设备的中性点，应视为带电设备）。禁止在只经断路器（开关）断开电源或只经换流器闭锁隔离电源的设备上工作。应拉开隔离开关（刀闸），手车开关应拉至试验或检修位置，应使各方面有一个明显的断开点，若无法观察到停电设备的断开点，应有能够反映设备运行状态的电气和机械等指示。与停电设备有关的变压器和电压互感器，应将设备各侧断开，防止向停电检修设备反送电	挂地线前，要确保接地点各方向上都有明确的断开点，以防出现线路接地短路的恶性操作事故

续表

编号	实例	实例描述	示意图	规则依据	规则说明
3	带电合接地隔离开关	231断路器间隔在运行，此时挂上231－7接地开关会出现此异常操作告警	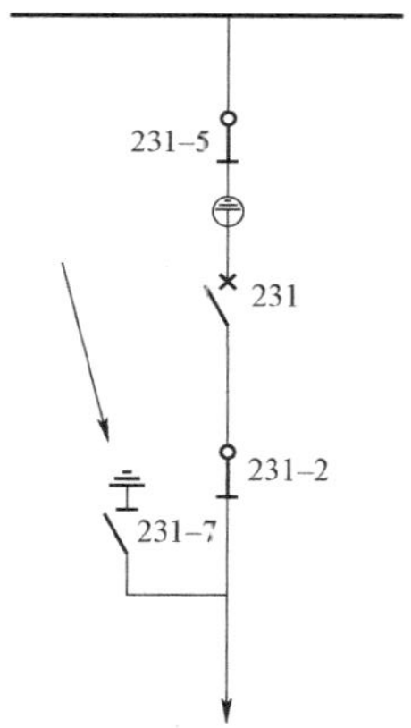 231-5 231 231-2 231-7	Q/GDW 1799.1—2013《国家电网公司电力安全工作规程　变电部分》 7.2.2　检修设备停电，应把各方面的电源完全断开（任何运行中的星形接线设备的中性点，应视为带电设备）。禁止在只经断路器（开关）断开电源或只经换流器闭锁隔离电源的设备上工作。应拉开隔离开关（刀闸），手车开关应拉至试验或检修位置，应使各方面有一个明显的断开点，若无法观察到停电设备的断开点，应有能够反映设备运行状态的电气和机械等指示。与停电设备有关的变压器和电压互感器，应将设备各侧断开，防止向停电检修设备反送电	合上接地开关之前，要确保接地点各方向上都有明确的断开点，以防出现线路接地短路的恶性操作事故
4	带接地合隔离开关	合上3011和3033隔离开关将导致带接地合隔离开关	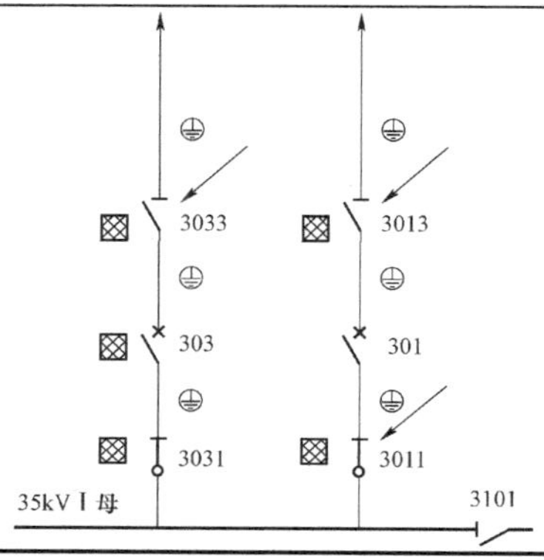 3033　3013 303　301 3031　3011 35kV Ⅰ母　3101	Q/GDW 1799.1—2013《国家电网公司电力安全工作规程　变电部分》 7.2.3　检修设备和可能来电侧的断路器（开关）、隔离开关（刀闸）应断开控制电源和合闸电源，隔离开关（刀闸）操作把手应锁住，确保不会误送电	当线路存在接地时合上隔离开关，将可能带来严重的线路接地短路事故，会导致设备损毁甚至发生人身伤亡事故，所以严禁出现带接地合隔离开关的操作

续表

编号	实例	实例描述	示意图	规则依据	规则说明
5	带电打开电气隔离网门	31 断路器间隔在运行，此时打开 31-1 和 31-2 网柜门会出现此异常操作告警	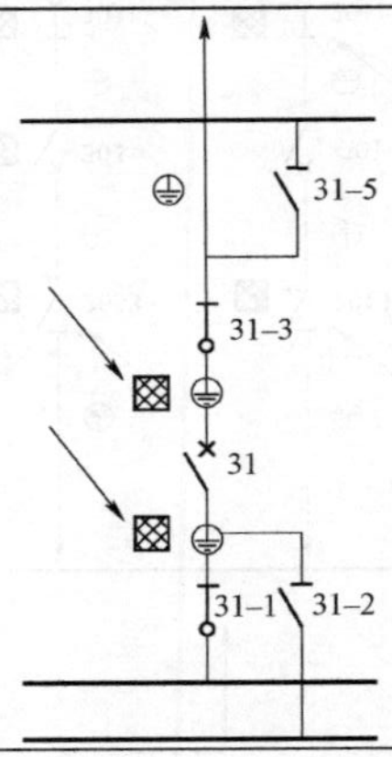 31-5 31-3 31 31-1 31-2	Q/GDW 1799.1—2013《国家电网公司电力安全工作规程　变电部分》 5.3.6.12　电气设备停电后（包括事故停电），在未拉开有关隔离开关（刀闸）和做好安全措施前，不得触及设备或进入遮栏，以防突然来电	电气网门的主要作用是将一次设备和工作区域隔离开来，一般只有在设备检修时才会打开。在未拉开有关隔离开关和做好安全措施以前，不得打开网门触及设备或进入遮栏，以防突然来电
6	网门未关闭停送电	网门在打开状态，合上 0011 和 0013 隔离开关时会出现该异常告警	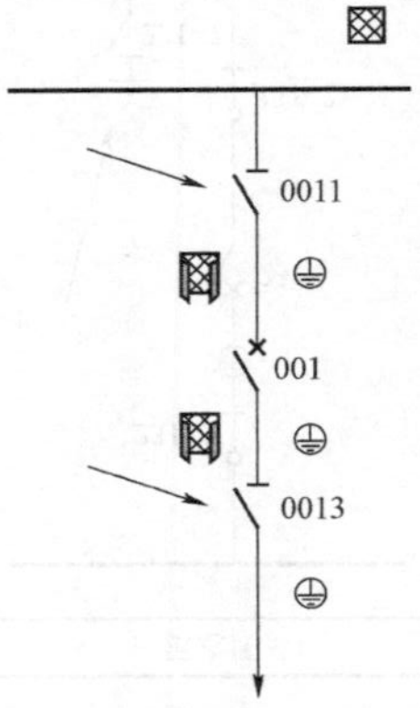 0011 001 0013	Q/GDW 1799.1—2013《国家电网公司电力安全工作规程　变电部分》 7.2.3　检修设备和可能来电侧的断路器（开关）、隔离开关（刀闸）应断开控制电源和合闸电源，隔离开关（刀闸）操作把手应锁住，确保不会误送电	电气网门的主要作用是将一次设备和工作区域隔离开来，一般只有在设备检修时才会打开。当电气网门在打开时，意味着该区域的工作可能尚未结束，或者工作人员还会经过此处并能接触到一次设备本体，此时合上隔离开关送电将可能产生严重人身伤亡事故，故严禁网门未关闭时停送电

续表

编号	实例	实例描述	示意图	规则依据	规则说明
7	非同期合闸	112和113分别为不同电源的进线断路器，此时合上145断路器将出现同期合闸提醒	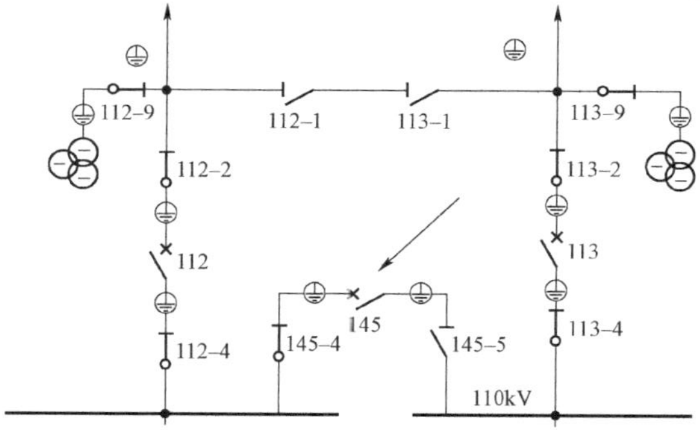	《国家电网调度控制管理规程》（国家电网调〔2014〕1045号） 11.4.2 系统并列操作必须使用同期装置。 11.4.3 系统解列操作前，原则上应将解列点的有功功率调至零，无功功率调至最小，使解列后的两个系统频率、电压均在允许范围内	断路器两侧电源系统的电压差、频差、相角差均在允许的范围内的并列，此时断路器合闸，不会产生电压、电流和相角的差值冲击而导致系统振荡
8	断路器保护TV失压	Ⅰ、Ⅱ母线均带线路运行，Ⅰ母线TV运行，Ⅱ母线TV停运，此时拉开分段110断路器将出现该异常告警	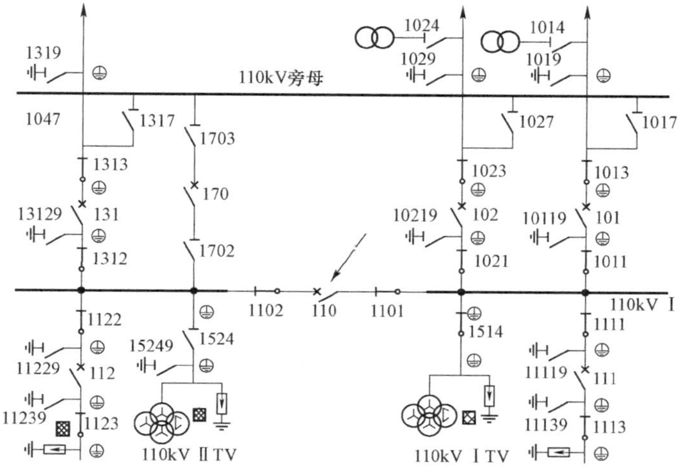	DL/T 306.2—2010《1000kV变电站运行规程 第2部分：运行方式和运行规定》 9.1.1 保护及自动装置 a）保护装置应按规定投运。一次设备不允许无主保护运行	将导致TV保护失压，出现异常状况需要跳闸或者重合闸的时候保护将不起作用

续表

编号	实例	实例描述	示意图	规则依据	规则说明
9	电磁合环	合上010断路器将导致线路通过两台主变压器形成电磁环路运行	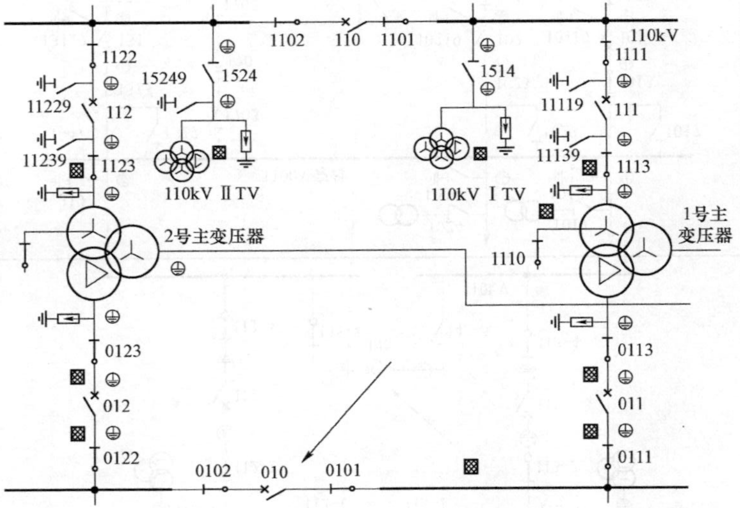 110kV 1102 110 1101 1122 11229 112 11239 1123 15249 1524 110kV ⅡTV 1514 110kV ⅠTV 1111 11119 111 11139 1113 2号主变压器 1号主变压器 1110 0123 012 0122 0113 011 0111 0102 010 0101	《国家电网调度控制管理规程》（国家电网调〔2014〕1045号） 11.4.4 系统解、合环操作必须保证操作后潮流不超过继电保护、电网稳定和设备内容等方面限额，电压在正常范围内。具备条件时合环操作应使用同期装置	成熟的电网一般都采用开环运行，开环运行方式简单可靠，有利于系统稳定运行。但电网在社会发展中免不了升级改造，这个过程中为了满足负载平衡，减少设备欠载运行，充分发挥设备经济性等原因而采用电磁环路运行。此运行方式要求条件苛刻，因此当出现该操作时，应该特别注意

续表

编号	实例	实例描述	示意图	规则依据	规则说明
10	电磁解环	断开110、010、111、112、011、012任一断路器将断开电磁环路运行	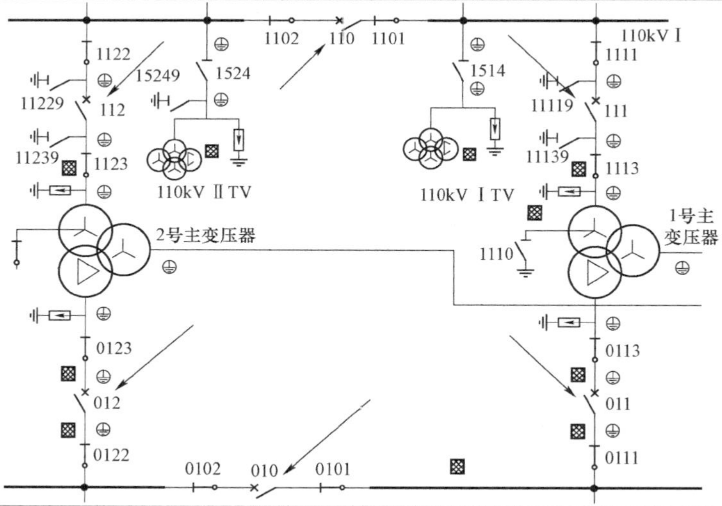 110kV Ⅰ 1102 110 1101 1122 15249 1524 1514 1111 11229 112 11119 111 11239 1123 11139 1113 110kV Ⅱ TV 110kV Ⅰ TV 2号主变压器 1号主变压器 1110 0123 0113 012 011 0122 0111 0102 010 0101	《国家电网调度控制管理规程》（国家电网调〔2014〕1045号） 11.4.4　系统解、合环操作必须保证操作后潮流不超过继电保护、电网稳定和设备内容等方面限额，电压在正常范围内。具备条件时，合环操作应使用同期装置	解环操作会导致潮流负载重新分配，有可能会导致某些联络断路器出现过载跳闸进而发生系统振荡等严重事故，需要特别注意
11	中性点未接地投切主变压器	主变压器高压侧1110中性点接地在分位，此时合上或者断开111断路器将出现该异常操作告警	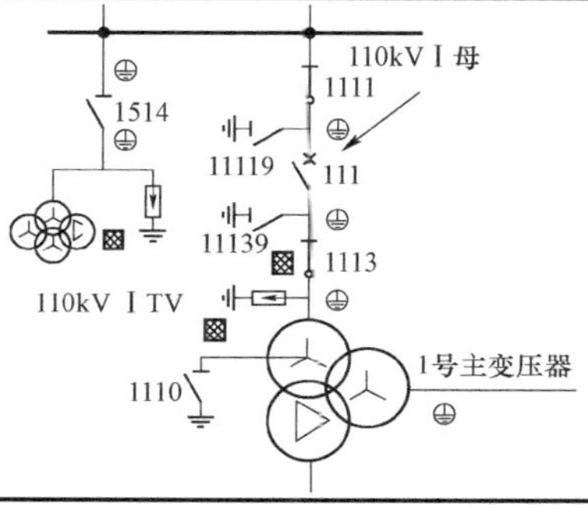 110kV Ⅰ母 1111 1514 11119 111 11139 1113 110kV Ⅰ TV 1号主变压器 1110	DL/T 969—2005《变电站运行导则》 4.2.2.3　在有效接地系统中，对于中性点不接地运行的变压器，在投入或退出操作前，应将主变压器中性点接地并考虑中性点保护的投入、退出。 4.2.2.4　有效接地系统中，装有自投装置的备用变压器，应将其隔离开关中性点合上	规程明确要求

续表

编号	实例	实例描述	示意图	规则依据	规则说明
12	多路旁代	旁路隔离开关1047已经合上，此时再合上1317旁路隔离开关则出现该异常告警	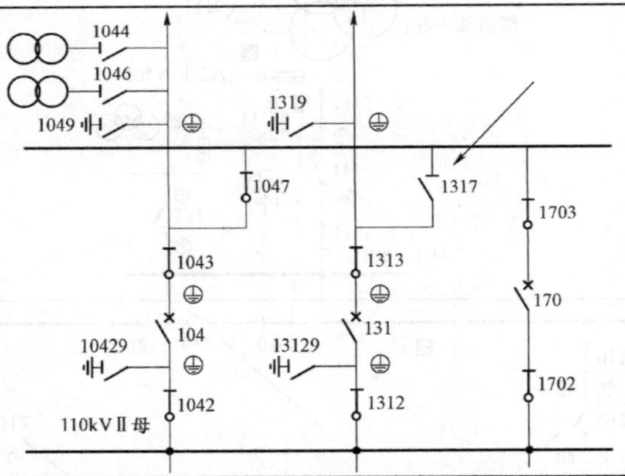 1044 1046 1049 1319 1047 1317 1703 1043 1313 170 104 131 10429 13129 1042 1312 1702 110kVⅡ母	Q/GDW 1799.1—2013《国家电网公司电力安全工作规程　变电部分》 5.3.6.11　断路器（开关）遮断容量应满足电网要求。如遮断容量不够，应将操动机构（操作机构）用墙或金属板与该断路器（开关）隔开，应进行远方操作，重合闸装置应停用	多路旁代可能会导致旁路断路器运行电流超过额定容量，同时旁路代路后，原有线路的主保护退出，如果此时多路旁代，则旁路保护与多条线路的对侧保护将无法配合来完成全线速动的要求，从而无法保证系统安全运行
13	隔离开关死连接母线	倒母线过程中，在需倒换掉的母线隔离开关未拉开之前就断开母联310断路器，则进行该异常告警	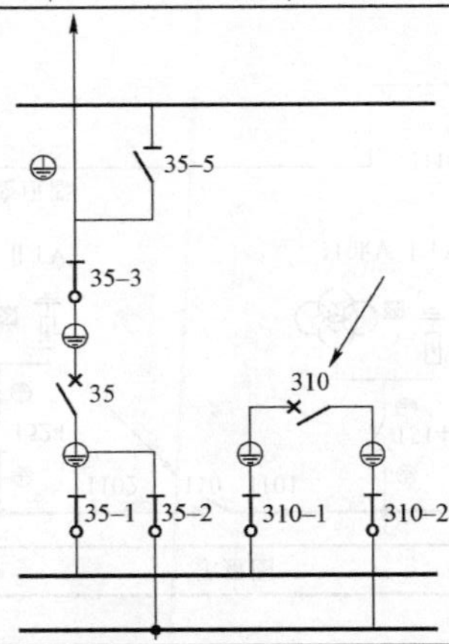 35–5 35–3 35 310 35–1 35–2 310–1 310–2	DL/T 969—2005《变电站运行导则》 5.2.5　倒母线时，母联断路器应在合闸位置，拉开母联断路器控制电源，然后按“先合上、后拉开”的原则进行操作	规程明确要求。除非母线间无断路器可以连接，否则不会使用隔离开关进行连接

续表

编号	实例	实例描述	示意图	规则依据	规则说明
14	高压电抗器未投送电	高压并联电抗L231 隔离开关在分位，此时合上5822、5823 断路器将会对该异常操作进行告警	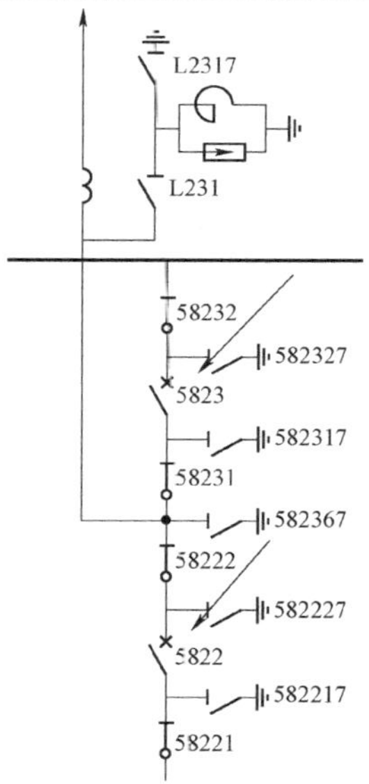 L2317 L231 58232 582327 5823 582317 58231 582367 58222 582227 5822 582217 58221	Q/GDW 1799.1—2013《国家电网公司电力安全工作规程　变电部分》 11.5.4　线路高抗（无专用开关）投停操作必须在线路冷备用或检修状态下进行	高压并联电抗器可以补偿线路电容，降低工频电压升高，同时可以降低操作过电压，还可以避免发电机带空载长线出现自励过电压，以及降低线路的有功损耗
15	主变压器共用消弧线圈	此时合上 12 消弧线圈隔离开关将导致主变压器共用消弧线圈	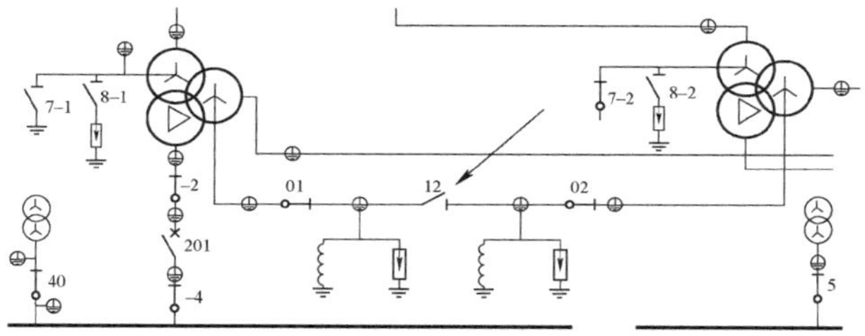 7–1 8–1 –2 201 –4 40 01 12 02 7–2 8–2 5	DL/T 969—2005《变电站运行导则》 4.2.2.1　主变压器中性点接地方式应根据调度要求确定，主变压器中性点接地的操作必须按照调度指令进行。 4.2.2.2　主变压器中性点保护的配置必须满足变压器中性点接地方式的要求，操作时应核对变压器零序保护投运情况	规程明确要求

4.4 二次设备防误校核

4.4.1 二次设备防误背景

传统的一次设备“五防”功能在防止电气误操作、保障现场作业人身安全以及电网安全起到了显著作用。从原理上看，“五防”技术是考虑一次设备操作的安全性，实现断路器、隔离开关、接地开关等一次设备之间的操作防误闭锁。随着“调控一体化”运行模式的广泛推广，一次设备、二次设备远方操作的范围越来越广，保护连接片的漏、误投/退或未按规定顺序投退等误操作时有发生，从而造成的电网事故屡见不鲜，严重影响电网的安全稳定运行。

现有调度控制系统较难满足“调控一体化”的快速发展，存在的主要不足有：① 防误信息不齐全、不完善，缺少空气开关、连接片、把手等二次设备防误信息采集，无法满足运行与冷备用互转遥控操作的防误需求；② 二次设备的状态没有参与到防误逻辑判断中，存在漏、误投/退安全隐患；③ 主子站缺少“源端维护”和逻辑校核机制，存在图模不一致、逻辑不一致的风险。因此，亟待采集并扩展二次设备模型，增加二次设备防误校核功能，以满足当前“调控一体化”的防误要求，提高电网设备操作的安全性。

综上，在调度控制系统实现二次设备采集、模型扩展和防误规则建立，构建一次设备与二次设备、二次设备与二次设备、站与站之间的防误逻辑，涵盖电网设备运行、热备用、冷备用互转的一、二次设备操作防误，提升调控系统远方操作防误风险管控能力，保障电网设备操作安全。

4.4.2 二次设备建模

在现有调度控制系统以及变电站防误系统图模基础上，扩展防误一、二次防误模型、模型拼接及模型校核方法，实现调控一体化图模的完整性和统一性，如图 4-9 所示。

通过调度控制系统与变电站防误系统图模差异化分析，结合调度控制系统远方操作防误业务需求，在调度控制系统一次设备模型基础上，拼接二次设备模型。防误二次设备模型根据变电站的设备类型划分，主要包括二次装置、空气开关、连接片、把手、信号等。一体化模型关系如图 4-10 所示。

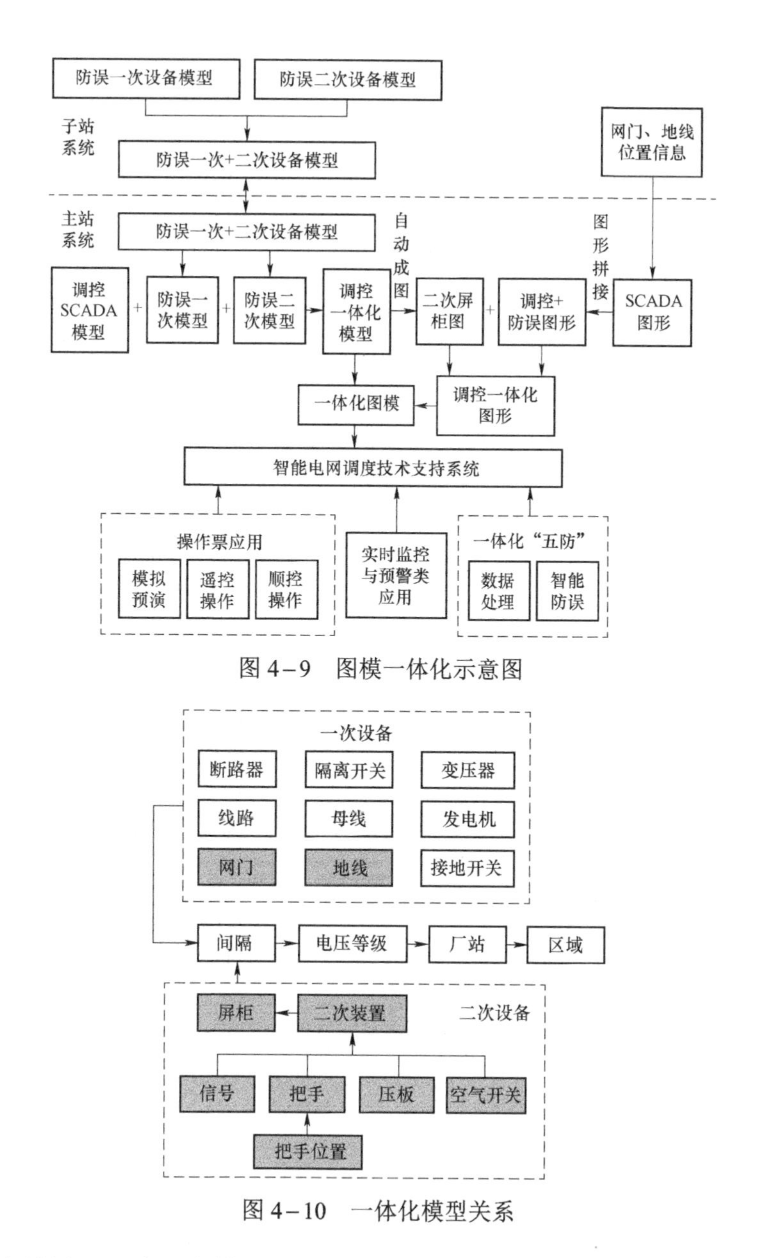

图 4-9　图模一体化示意图

图 4-10　一体化模型关系

调度端导出一次设备模型文件下发给变电站防误系统，变电站防误系统根据标准模型规范与逻辑规则的编写规范，进行防误模型的转换，以间隔为单位进行隔离网门、地线防误图模拼接，通过文件方式上送调度端。在调度端依据变电站上送的防误图模文件，在调度控制系统中进行图形绘制和图模关联。

变电站端基于调度端导出的一次设备模型，扩展满足 CIM-E 模型规范的屏柜、连接片、把手、空气开关等二次防误设备模型，形成二次设备防误信息表上送调度端。调度端以二次装置、屏柜为单元，在间隔模型对二次防误模型进行拼接，对其中涉及的一次设备信息，包括厂站、电压等级、间隔等信息进行模型校核，在确保其与现有一次设备描述一致的前提下，将一次设备的唯一标志作为外键，完成防误二次设备与一次设备的拼接。

变电站防误系统在上送调度和防误一体化模型到主站的过程中，嵌入主、子站模型互校核功能，作为调度端拼接模型入库前的关键防线。对变电站端上送的模型进行规范性、正确性校验，确保模型符合规范、正确无误，以保证调度端和站端数据的一致性和准确性，消除因子站数据模型不符合规范而导致图模不一致的系统运行风险。图模互校核框架如图 4-11 所示。

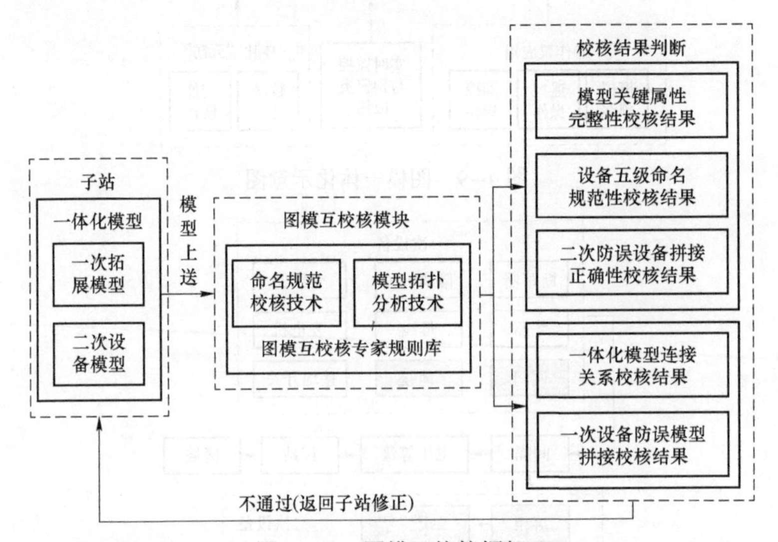

图 4-11　图模互校核框架

4.4.3　二次设备防误规则

依据调度规程和继电保护运行规定，总结常规变电站、智能变电站不同电压等级、不同主接线方式、不同设备类型等二次应用情况，制定了二次设备防误原则，作为二次设备防误规则制定的主要依据。主要的二次设备防误原则包含禁止一次设备无保护运行、禁止二次设备违反顺序操作规定、电网运行方式变化时自适应调整二次设备防误策略、禁止双套保护装置只投一套保护装置的主保护和另一套保护装置的后备保护等。依据二次设备防误原则，制定二次约束一次、二次约束二次、一次约束二次共 3 种类型的二次设备防误规则。

二次约束一次规则：一次设备转运行或热备用状态时，应保证至少有一套完整的保护投入运行。

二次约束二次规则：二次设备违反规定顺序操作而对正常运行的设备造成误动或拒动风险。例如：运行间隔的母差保护采样值（SV）连接片未退出，禁止投入该间隔合并单元检修连接片，防止母差保护被闭锁。

一次约束二次规则：一次设备处于运行或热备用状态时，防止二次设备操作导致一次设备失去完整保护。

4.4.4　二次设备防误校核

一、二次设备状态采集

调控主站利用主子站防误链路，扩展 IEC 60870-5-104 规约应用服务数据单元（ASDU），将规约中原有的 ASDU3 扩展为 ASDU179，用于传输站端防误系统采集到的空气开关、连接片、把手、异常信号等二次设备的状态信息，见表 4-1。

二、二次设备防误算法

二次设备防误算法的核心基于如下三部分：① 电力系统一次设备关系的间隔类型识别模型；② 二次设备防误的专家知识库；③ 一次及二次设备数据模型约束关系的数据提取技术。对于每一次设备操作对象，计算机可通过数据提取技术识别它所处的间隔及其间隔类型；分析每一次设备操作的操作类型，并结合识别的间隔类型匹配专家知识库的二次设备防误规则；根据匹配的二次设备防误规则及间隔提取该次操作的特定二次设备约束集合，从而动态地形成每一次操作的实例化的二次设备防误算法。

电力系统间隔类型的分类基于特定的若干数量及若干种类的一次设备连接关系组成。如双母线线路：断路器线路侧带一把线路侧隔离开关，线路隔离开关连接线路；断路器母线侧带两把母线隔离开关，母线隔离开关分别连接到母线上；通过对一次设备设备关联关系的区域分析和总结，可形成间隔类型的动态识别的数据模型。

二次设备防误规则以知识库的形式进行描述，其本质是一个基于逻辑规则表示知识的知识库系统，将设备操作、间隔类型、间隔状态、二次设备及其与一次设备的约束关系形成有机知识表达规则的一种基本模式，由静态规则库和动态数据库两部分组成。静态规则库是防误规则的集合，规则形式为：间隔类型 A 下的设备类型 B，其操作类型 C 在操作时的防误规则 D，防误规则的二次设备约束关系 E。用集合的方式进行知识表达，形成静态稳定的规则库。一次及二次设备数据模型约束关系的提取技术基于二次设备建模，该模型已包含间隔与二次装置、二次装置与一次设备、二次设备与一次设备、二次设备与二次装置的综合数据关系网络，采用诸如等于、不等于、包含、不包含、模糊匹配、强匹配等特定的约束规则，在变电站的二次设备模型中提取指定需要的二次设备组合。

例如，合 258 断路器，识别 258 断路器的设备类型为线路断路器 A5，操作类型是线路断路器合操作 B7，间隔类型为 220kV 电压等级双母线间隔 C12，提取知识库中的防误规则为双母线断路器合操作规则 D9，并匹配该规则对应的二次设备约束 E3，通过 E3 从变电站二次设备模型中提取既定的二次设备集合。

二次设备防误校核通过二次设备防误算法引擎获取判别所需的设备类型、间隔类型、设备状态等属性，预先加载变电站一、二次模型信息数据和二次设备防误规则，通过系统传递而来的操作指令信息，自动匹配设备对应的规则并识别设备所处间隔，同步识别设备拓扑特征，获取相关二次设备状态信息，利用预置的二次设备防误规则对操作内容进行防误判断，最后将防误校核结果返回系统，从而完成二次设备操作防误判断。防误算法引擎为一种知识推理算法，算法启用后，执行步骤或应执行何种规则，由当前的一次设备和间隔的实时状态所决定。根据当前操作，从规则库选择规则进行计算，直至无新结果产生。最终汇总所有违反防误规则的结果，输出至人机系统，如果无违反防误规则的情况，则返回人机系统操作允许，开放操作权限。二次设备防误操作流程如图 4-12 所示。

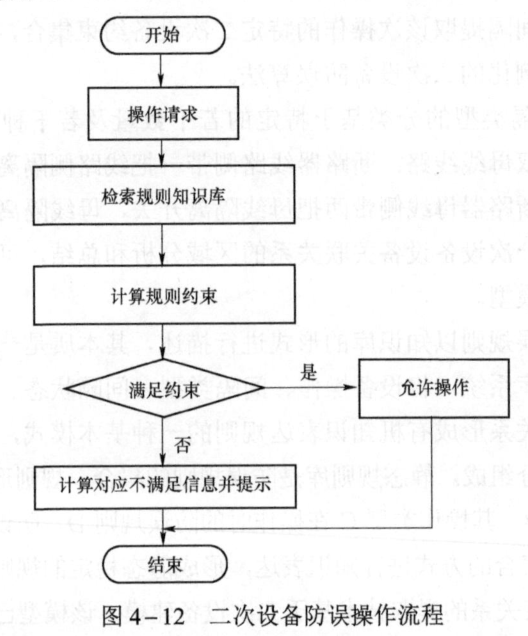

图 4-12　二次设备防误操作流程

三、设备可遥控状态自动判别

为避免变电站端因二次设备状态异常导致调度一次设备操作失败，如断路器/隔离开关远方就地切换把手处于就地状态，需要通过技术手段来实现提前预警，在操作前提醒待操作的设备满足可遥控操作的相关条件。该功能由变电站防误系统通过各二次设备状态，计算出各间隔断路器/隔离开关的调度可遥控合分操作状态，而后将计算出的可遥控状态实时上送至调度主站系统，供调度人员操作断路器、隔离开关前进行参考，增加调度遥控的成功率和安全性。

变电站防误系统可根据间隔各二次设备状态计算出间隔内多个装置工作状态，如第一套保护功能投入、第二套保护功能投入、重合闸功能投入、测控装置功能投入、断路器可遥控状态、隔离开关可遥控状态、无异常信号等。断路器、隔离开关可遥控状态由这些装置工作状态汇总计算得出。

下面以一个双母线接线形式常规变电站的 220kV 线路为例，分别说明断路器、隔离开关可遥控合分状态的详细逻辑，见表 4－5。

表 4－5　　调度召唤可遥控状态逻辑表

可遥控状态	逻辑
可遥控隔离开关合状态（冷备用转热备用）	((“第一套线路保护功能投入”&“第一套线路保护通信接口装置功能投入”&“第一套线路保护无闭锁信号”&“操作箱跳闸线圈 1 功能投入”&“第一套母线保护该线路间隔功能投入”)‖(“第二套线路保护功能投入”&“第二套线路保护通信接口装置功能投入”&“第二套线路保护无闭锁信号”&“操作箱跳闸线圈 2 功能投入”&“第二套母线保护该线路间隔功能投入”))&(“非全相保护 1 功能投入”‖“非全相保护 2 功能投入”)&“无保护动作信号”&“无间隔闭锁信号”&“测控装置功能投入”&“1 母隔离开关可遥控状态”&“2 母隔离开关可遥控状态”&“线路隔离开关可遥控状态”
可遥控隔离开关分状态（热备用转冷备用）	“测控装置功能投入”&“1 母隔离开关可遥控状态”&“2 母隔离开关可遥控状态”&“线路隔离开关可遥控状态”
可遥控断路器合状态（热备用转运行）	((“第一套线路保护功能投入”&“第一套线路保护通信接口装置功能投入”&“第一套线路保护无闭锁信号”&“第一套线路保护无告警信号”&“操作箱跳闸线圈 1 功能投入”&“第一套母线保护该线路间隔功能投入”)‖(“第二套线路保护功能投入”&“第二套线路保护通信接口装置功能投入”&“第二套线路保护无闭锁信号”&“第二套线路保护无告警信号”&“操作箱跳闸线圈 2 功能投入”&“第二套母线保护该线路间隔功能投入”))&(“非全相保护 1 功能投入”‖“非全相保护 2 功能投入”)&“无保护动作信号”&“无间隔闭锁信号”&“测控装置功能投入”&“断路器可遥控状态”
可遥控断路器分状态（运行转热备用）	“测控装置功能投入”&“断路器可遥控状态”

注：对于线路，当重合闸功能未投入时进行告警提示。

四、运行方式变化下的自适应防误逻辑调整

在某些特殊情况下，调度按规定下令退出保护，造成与一次设备禁止无保

护运行的二次设备防误原则相冲突，如主变压器呼吸器硅胶更换工作需要将重瓦斯投信号、启动送电过程时母联或母分断路器需投入充电连接片等，此类情况需要建立自动适应不同运行方式的防误逻辑。

调度控制系统在获取调度指令后，解析调度指令中的相应任务，获取待操作间隔及设备信息、操作信息，进而根据调度指令信息对二次设备防误逻辑进行适应性调整。以 220kV 双母线接线的母联断路器为例，正常情况下，合母联断路器无需判别母联保护的充电保护功能和跳闸出口连接片投入，如果调度指令下达母联断路器对母线充电运行时，此时若母联保护的充电保护功能和跳闸出口连接片未投入，则进行警告提示。

4.4.5 二次设备防误校核应用

一、站内二次防误校核

二次设备防误校核适用于运行人员对线路、主变压器、母联等间隔进行冷备用、热备用和运行状态及其互转的操作防误。调控主站开票模拟预演操作合隔离隔离开关或断路器时，如双套保护功能均不完整，禁止模拟预演操作，并提示不满足保护功能完整状态的相关二次设备，如图 4-13 所示。如只有单套保护功能完整，允许模拟操作，并告警提示另一套不满足保护功能完整状态的相关二次设备。

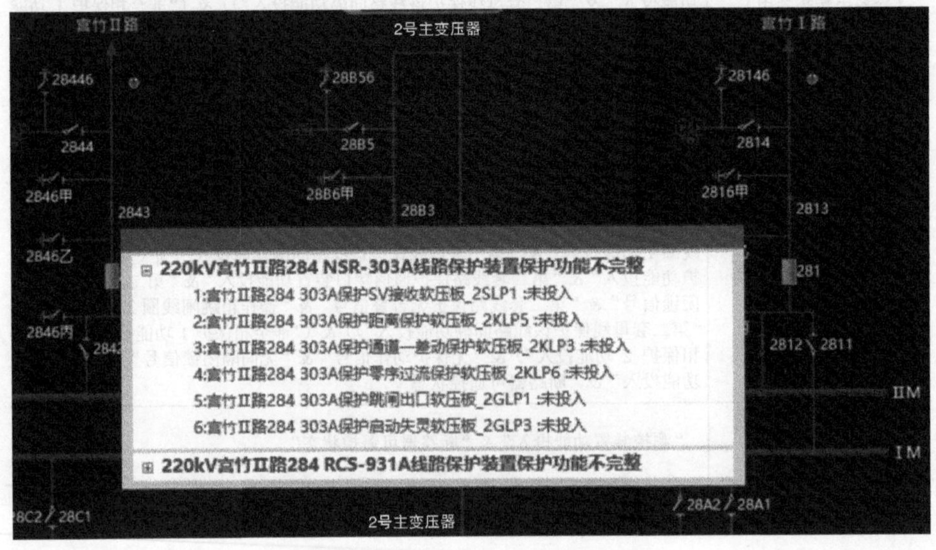

图 4-13 二次约束一次校核示例

二、跨站二次防误校核

调度控制系统端二次防误原则主要解决一次设备操作时对二次设备状态的要求，其次是二次设备操作时对一次设备和二次设备状态的要求，并覆盖系统级跨站逻辑。调度控制系统涉及单个变电站的二次防误逻辑和变电站端一致，此处不再赘述。

调度控制系统具备跨站链接的条件，可以实现跨站逻辑。具体逻辑为：跨站线路两端保护装置要求同套功能完整投入，跨站线路两端保护装置要求重合闸方式一致。

跨站逻辑校核示例如图 4-14 所示，线路两侧差动保护情况不一致时，禁止线路进行送电操作。

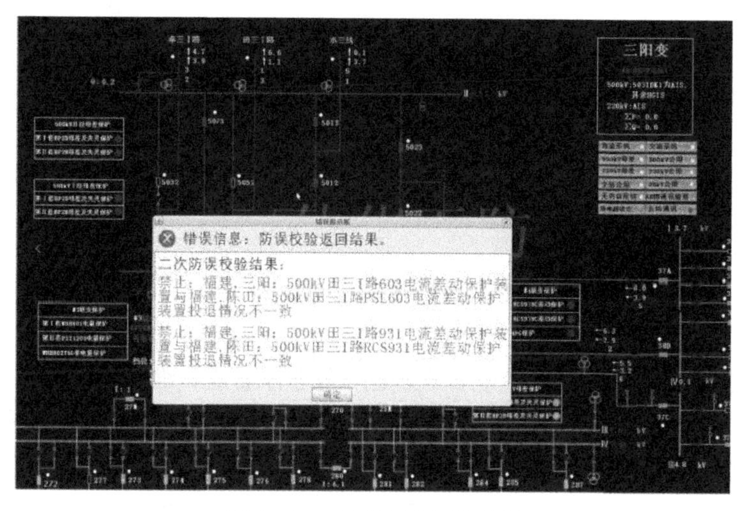

图 4-14　跨站逻辑校核示例

三、设备可遥控状态自动判别

为避免变电站因二次设备状态异常导致调度远方操作失败，变电站防误系统根据相关的二次设备状态，计算出各间隔断路器、隔离开关的调度可遥控合分操作状态，而后将计算出的状态实时上送至调度主站系统，供调控人员倒闸操作前进行判别，增加调度端遥控的成功率和操作安全性，同时改变现场检修后电话汇报调度是否具备送电的传统模式。

如图 4-15 所示，可遥控状态自动判别功能由变电站防误系统通过各二次设备状态，计算出各间隔断路器、隔离开关的调度可遥控合分操作状态，而后将计算出的状态实时上送至调度主站系统，替代现场工作终结后电话汇报，供调度人员操作断路器、隔离开关前进行判别，增加调度遥控的成功率。

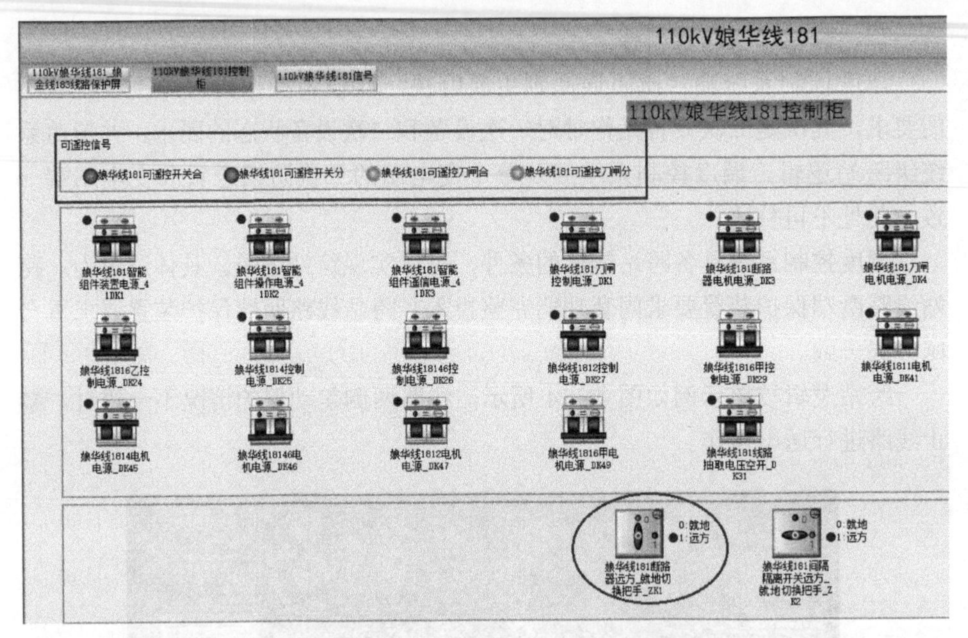

图 4-15　可遥控状态自动判别结果

4.5　防误数据“源端维护”

源端维护的意义在于只需要在变电站端进行配置和维护，调控中心不需要重复建立数据模型，而是共享站端的数据模型，减少维护工作量。更重要的是，这种机制保证了调控中心和子站的数据一致性，消除了因两端数据模型不一致导致系统运行带来的潜在风险，提高了系统运行的可靠性。

利用主、子站之间的防误链路及通信规约，主站具备召唤子站防误模型文件及防误逻辑文件的功能，并采用文件自动匹配入库技术，实现防误模型和逻辑公式的源端维护。

防误模型源端维护流程如图 4-16 所示，通过主、子站防误链路，子站一次、二次防误模型以文件的形式由子站向主站传输。在调控主站采用主、子站模型互校核技术，作为主站拼接模型入库前的关键防线，对子站的防误模型进行规范性、正确性校验，以保证主、子站数据的一致性和准确性。调控主站基于语义解析技术，依托 CIM-E 扩展防误模型规范，校核防误模型关键属性完整性、设备五级命名规范性以及二次防误设备拼接正确性。并基于模型拓扑分析技术，校核调控和防误一体化模型连接关系，保证扩展的防误模型与调控设备模型成功拼接。模型校核通过后，将子站模型自动导入主站数据库，并通过服务总线调用各应用节点上的下装服务，将完整模型信息动态发布到各应用节点的实时库。

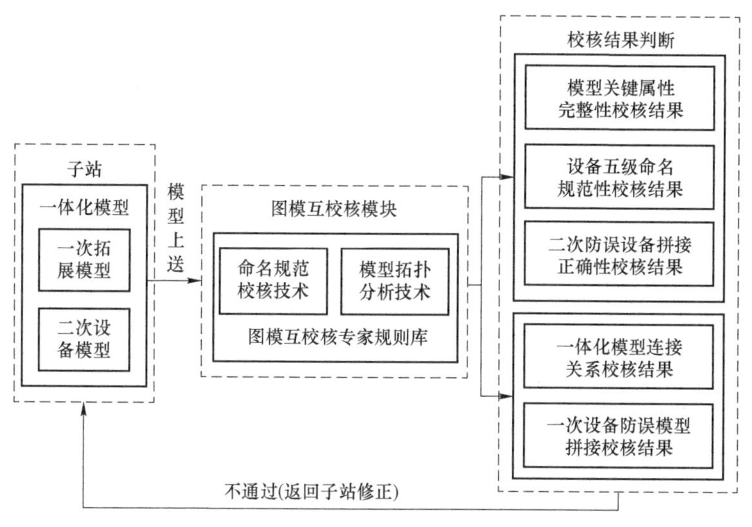

图 4–16　防误模型源端维护流程

逻辑公式源端维护流程如图 4–17 所示，主站可召唤子站逻辑公式，也可由子站主动上送更新的逻辑公式。通过主子站防误链路，逻辑公式以文件的形式由子站向主站传输。当逻辑公式传送至主站时，主站启动防误逻辑互校核功能，实现语义解析校核和拓扑逻辑校核。调控主站基于语义解析校核技术，遵循逻辑公式语言编程规范，识别校核防误逻辑公式中的语法、格式错误。基于拓扑逻辑校核技术，分析调控与防误设备拓扑连接关系，校核子站逻辑公式。校核通过，将子站逻辑公式自动导入主站数据库，并自动完成各应用实时库的同步下装。

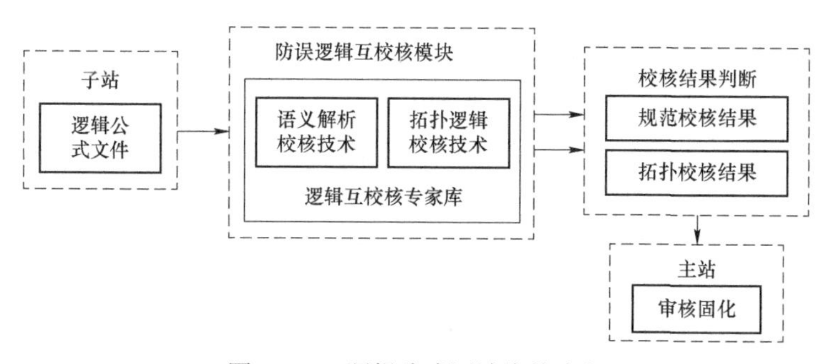

图 4–17　逻辑公式源端维护流程

第5章 变电站远方操作适应性改造

5.1 改造范围

为满足智能调控远方操作的要求，从技术上保证运行、热备用、冷备用互转远方操作的安全性，需要对变电站远方操作回路、防误系统进行适应性改造。

变电站远方操作回路改造范围主要包括断路器和隔离开关的分合、有载调压分接头的升降、保护测控连接片的投退，以及保护测控装置复归等。目前，新建的变电站基本满足上述遥控条件，但是早期投运的变电站无法满足遥控要求，需要进行远方操作适应性改造。主要存在的问题有：① 部分变电站断路器和隔离开关采用单位置遥信，可靠性相对低下，不满足双位置遥信判据要求；② 部分变电站断路器和隔离开关上送总位置遥信，分相位置未上送；③ 部分保护装置不具备软连接片、重合闸方式远方控制功能，需要进行软件升级；④ 部分保护装置不具远方复归功能，需要进行软件升级或者进行硬复归二次回路改造；⑤ 大部分闭锁式高频保护装置缺少远方通道测试功能，需要进行通道测试二次回路改造；⑥ 部分断路器、隔离开关缺少遥控回路，需要进行遥控功能改造。

变电站防误系统改造范围主要包括通信链路、设备唯一操作权管控、二次设备状态采集、防误主机冗余四个方面改造。其中，二次设备状态采集改造是为了实现调控主站二次设备防误功能，该功能可进一步提升调控主站远方操作防误水平，并非智能调控远方操作必备技术；变电站防误主机冗余改造可以进一步提升调控主站远方操作可靠性，也并非智能调控远方操作必备技术。

随着“调控一体化”模式的推广和“一键顺控”的深化应用，对调控远方操作的安全性提出了更高的要求。为确保遥控设备唯一、正确，调控主站与远动机双校核技术被广泛应用于智能调控远方操作系统，需要对远动遥控点表和主、子站 IEC 60870－5－104 规约进行适应性扩展。

5.2 远方操作回路改造

5.2.1 远方遥控实现方式

变电站二次设备远方遥控实现方式如图 5－1 所示。调控远方操作应严格按照《电力监控系统安全防护规定》（国家发展改革委〔2014〕14 号令）要求，部署于安全Ⅰ区。断路器和隔离开关远方操作通过自动化系统实现，如方式 1 所示；保护装置远方操作通过自动化系统实现，如方式 2 所示；由于保护装置不支持软遥控等原因，原采用硬触点开关量输入保护装置实现远方遥控，如方式 3 所示。

方式 1：调控自动化系统主站→Ⅰ区数据通信网关机→测控装置→断路器和隔离开关。调控自动化系统主站与变电站内Ⅰ区数据通信网关机通过 104 规约通信。

方式 2：调控自动化系统主站→Ⅰ区数据通信网关机→管理机（如有）→保护装置。调控自动化系统主站与变电站内Ⅰ区数据通信网关机通过 104 规约通信，站内Ⅰ区数据通信网关机与不同厂家的保护装置经管理机进行规约转换，以软报文的形式开入保护装置，实现对二次设备的软遥控。

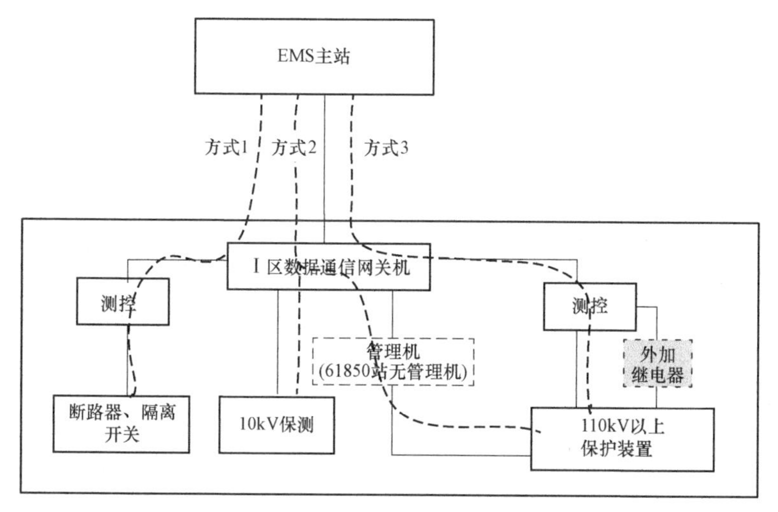

图 5－1　变电站二次设备远方遥控实现方式

方式 3：调控自动化系统主站→Ⅰ区数据通信网关机→测控装置→（外接继电器）→保护装置硬触点开关量输入。调控自动化系统主站与变电站内Ⅰ区数据通信网关机通过 104 规约通信，站内通过测控装置从保护装置的硬触点开关量输入，实现对二次设备的硬遥控。

5.2.2 断路器、隔离开关（手车式除外）遥信回路改造

断路器应采用双位置遥信作为判据，GIS 隔离开关应采用双位置遥信作为判据，敞开式隔离开关可采用单位置遥信作为判据（并辅以视频判据）。

一、断路器和 GIS 隔离开关

（1）所有机械联动的断路器、隔离开关应将合位、分位双位置触点接入测控装置上传调控自动化系统。

（2）新建或改扩建变电站非机械联动的断路器、隔离开关应将分相的双位置触点接入测控装置，Ⅰ区数据通信网关机上送“三相合位串联”“三相分位串联”及“分相双位置”信号给调控自动化系统，如图 5-2 所示。

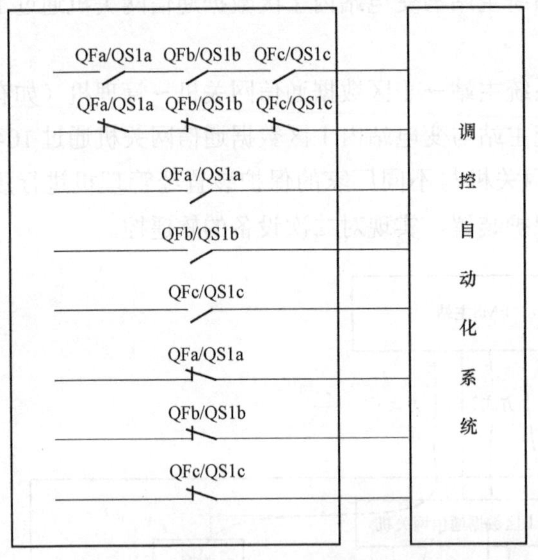

图 5-2 新建或改扩建变电站断路器/GIS 隔离开关位置信号要求

（3）传统变电站 500kV 非机械联动的断路器、隔离开关采用分相的双位置触点接入测控装置，Ⅰ区数据通信网关机上送“三相合位串联”“三相分位串联”及“分相合位”信号给调控自动化系统的，仍可保留使用，如图 5-3 所示。

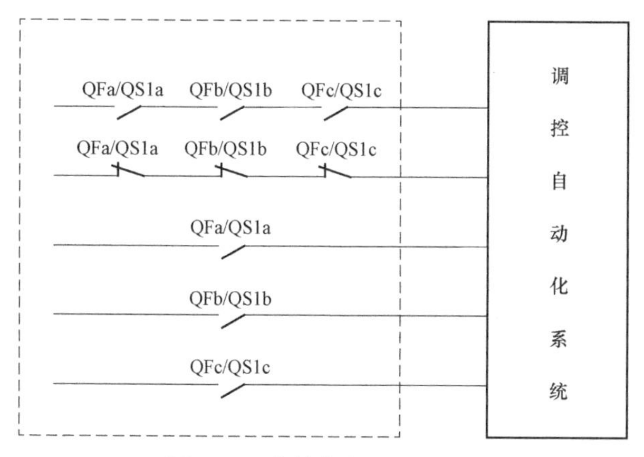

图5-3 传统变电站500kV断路器/GIS隔离开关位置信号要求

（4）传统变电站220kV及以下非机械联动的断路器及GIS隔离开关采用“三相合位串联”和“三相分位串联”的双位置触点接入测控装置上传调控自动化系统的，仍可保留使用，如图5-4所示。要求调控自动化系统调控模块同时采集“保护重合闸动作”“断路器不一致保护动作”及保护动作相别信号，共同组成判断断路器跳闸类型和相别的依据。

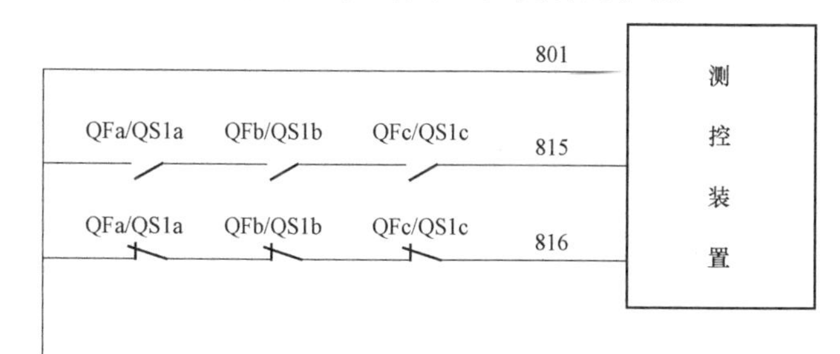

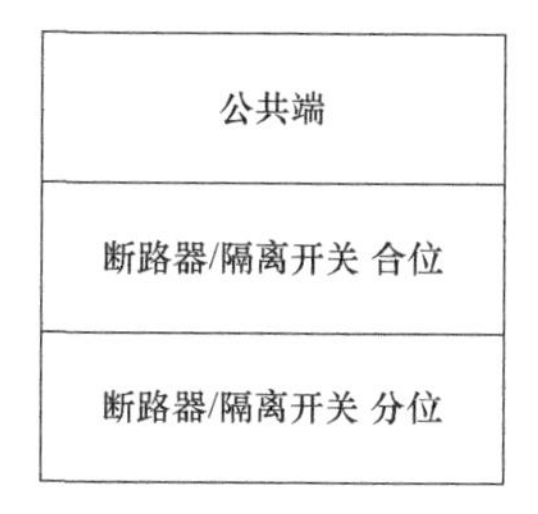

图5-4 传统变电站220kV级以下断路器/GIS隔离开关位置信号要求

二、敞开式隔离开关

新建及改扩建敞开式非机械联动隔离开关要求参照断路器的标准上送分相双位置信号给调控自动化系统，原敞开式隔离开关只将合位（或分位）单触点接入测控装置上传调控自动化系统的仍可保留使用。敞开式隔离开关要求以辅助视屏作为隔离开关位置的另一个判据。

5.2.3 遥控回路改造

一、保护动作（状态）信号遥控复归

110kV及以上保护装置接入调控自动化系统均为非保持触点，35kV及以下

保测一体化装置接入调控自动化系统均为非保持软报文信号。满足上述要求的保护装置不需远方复归。不满足上述要求（即现场信号带自保持功能）的保护装置应实现远方复归。

调控主站按照 IEC 60870-5-104 规约下发遥控命令，由站内Ⅰ区数据通信网关机（或Ⅰ区数据通信网关机及保护管理机）通过软报文开关量输入保护装置实现各电压等级保护装置（含母差保护、主变压器保护、线路保护）的软复归。要求保护装置具备软复归的功能，站内监控系统具备按设备软复归功能。

对于个别无法通过升级实现软复归的保护装置（如 LFP900 系列线路保护装置等），原采用“方式 2”通过测控装置由硬触点开关量输入保护装置进行硬复归（见图 5-5），在调控自动化系统监控模块用设置虚拟遥控点（置动合状态）方式实现遥控复归功能的，仍可保留使用，直至改造完成。

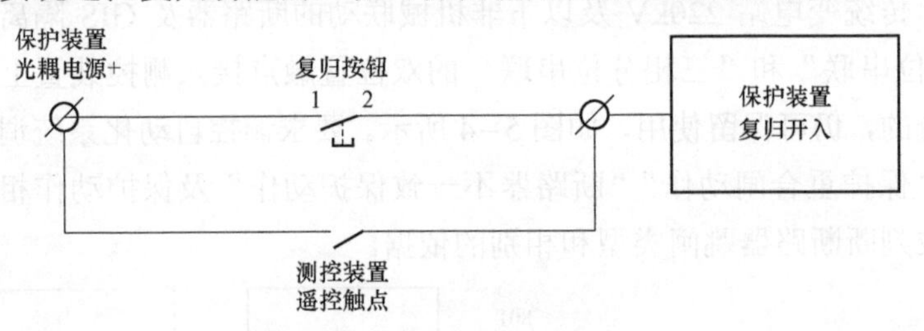

图 5-5　保护装置远方硬复归

二、远方投退保护重合闸及线路主保护、后备保护功能

原则要求：相关保护均应实现重合闸、主保护、后备保护软连接片的远方投退及双确认。以保护装置重合闸充电完成状态信号（变电站内就地取反）作为重合闸功能软连接片远方投退的第二个确认信号，以保护功能投入状态信号作为相关主保护、后备保护等功能软连接片远方投退的第二个确认信号。

10kV 线路保护应实现重合闸功能远方投退，逐步实现双确认。

35kV 线路无带电作业需求，线路保护不进行重合闸远方遥控改造。

110、220kV 线路保护应实现重合闸功能远方投退及双确认；实现主保护、后备功能连接片远方投退，逐步实现双确认。

500kV 线路保护应实现主保护、后备保护功能连接片远方投退及双确认，500kV 断路器保护应实现重合闸功能软连接片远方投退及双确认。

调控主站经 IEC 60870-5-104 规约下发遥控命令，由站内Ⅰ区数据通信网关机（或Ⅰ区数据通信网关机及保护管理机）实现对各电压等级保护装置远方操作。

对于个别无法通过调控自动化系统遥控保护装置软连接片实现远方投退重合闸功能的 10kV 线路保护，原经一体化保信通过改定值方式实现远方投退重合闸功能的仍可保留使用，直至改造完成。

对于个别无法通过升级实现软连接片远方遥控的 110kV 及以上线路保护（如 LFP900 系列线路保护装置等），由方式 2 经外接双位置继电器实现闭锁重合闸功能远方遥控的，仍可保留使用，直至改造完成。经外接双位置继电器实现闭锁重合闸如图 5-6 所示。

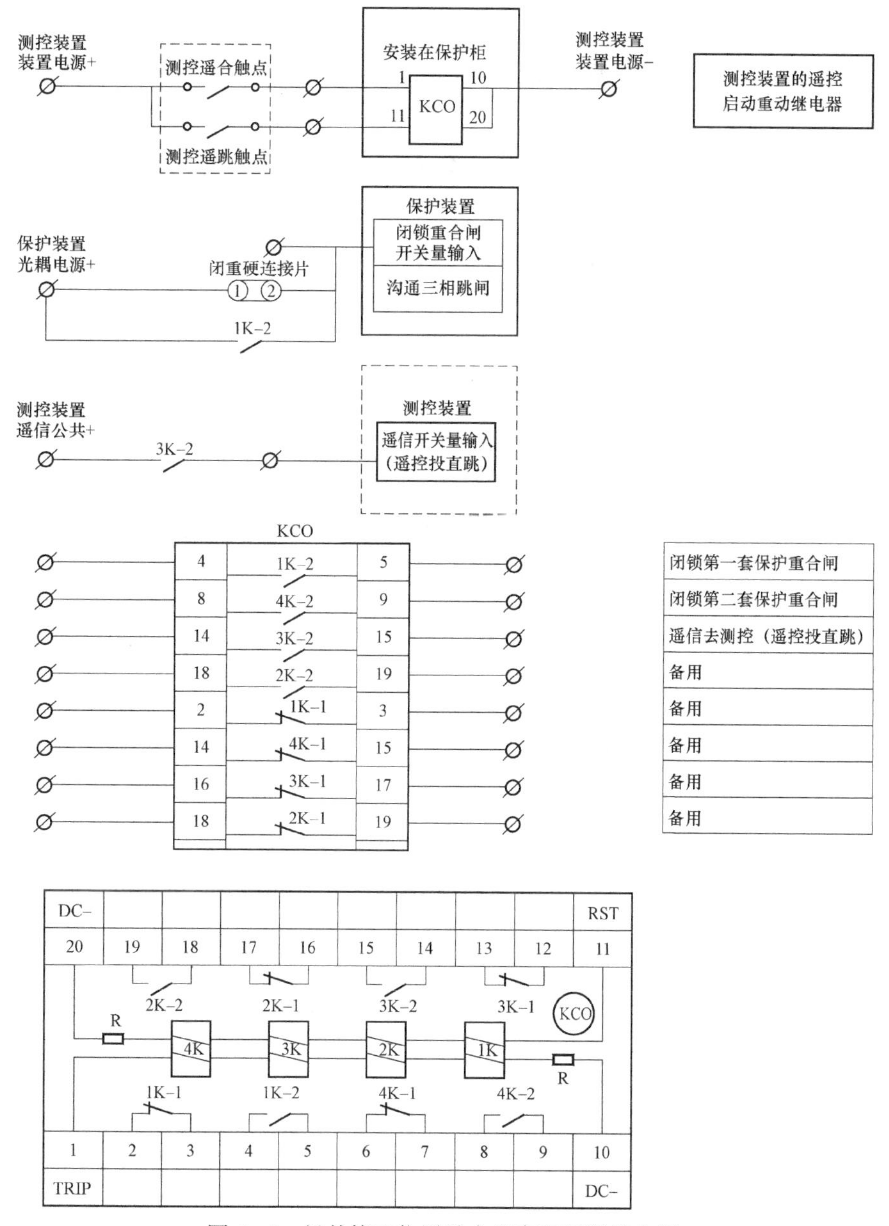

图 5-6　经外接双位置继电器实现闭锁重合闸

经外接双位置继电器实现闭锁重合闸方案：各间隔新增的一个双位置继电器（KCO）和测控装置两副遥控触点，KCO 触点接入保护装置“闭锁重合闸沟通三相跳闸”回路，触点位置信号上传调控自动化系统做成重合闸位置连接片。调控自动化系统监控模块以控合方式实现线路重合闸投直跳，以控分方式实现线路重合闸投正常方式；同时采集保护“闭锁重合闸开关量输入”软报文做成光字牌，实现重合闸投退双确认。

三、远方切换断路器测控装置的同期/无压功能

具有双端电源的线路（旁路）、母联（母分）断路器遥控合闸时必须具备检同期/无压切换选择远方遥控功能（不允许不装设 TV 运行或投“不检定”连接片运行）。

由方式 2 实现间隔测控装置的检同期/无压切换选择远方遥控。调控自动化系统监控模块设置“检同期”“检无压”软连接片（3/2 断路器接线及角形接线视需求增设“同期接点××方式”软连接片）。

对于因测控装置不支持“检同期”“检无压”方式远方遥控而采用同期方式自动切换的，仍可保留使用，直至改造完成。

四、闭锁式高频保护远方通道测试

对于闭锁式载波保护，应实现自动通道测试。对不具备通道自动定时测试功能的，进行远方遥控通道测试改造。

由方式 2 在间隔测控装置新增一副遥控触点，触点接入高频通道试验回路（见图 5-7）。

调控自动化系统监控模块应采用设置虚拟遥控触点（置动合状态）方式实现通道测试遥控功能。同时采集“收发信机异常”“3dB 告警”信号（并监视“收发信机启信信号”）实现通道测试功能。

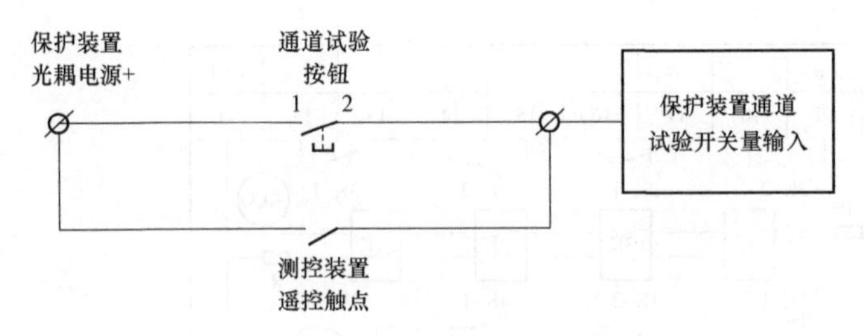

图 5-7　闭锁式高频保护远方通道测试

5.3 防误系统改造

5.3.1 系统架构

现有变电站防误系统存在两种架构：

（1）第一种是变电站防误系统与监控系统独立配置。变电站防误系统主要由主机、电脑钥匙、机械编码锁、电气编码锁等功能元件组成，具备防误闭锁、图形可视化、模型维护、数据采集和上送等功能，其中变电站防误系统接收监控系统转发的实遥信（包括断路器、隔离开关、接地开关等一次设备遥信，软连接片、告警信号等二次设备遥信）。

（2）第二种是“五防”嵌入监控系统，由监控系统实现防误闭锁。该系统将“五防”嵌入监控系统，作为监控系统的一项功能，利用基于监控网络的防误闭锁技术，实现站控层遥控操作的防误闭锁功能。

调控主站远方操作防误系统结构如图 5-8 所示，其防误系统改造方案类似，目的是满足智能调控远方操作的要求。下面以变电站独立防误系统为例，详细介绍变电站适应远方操作的防误系统改造方法。

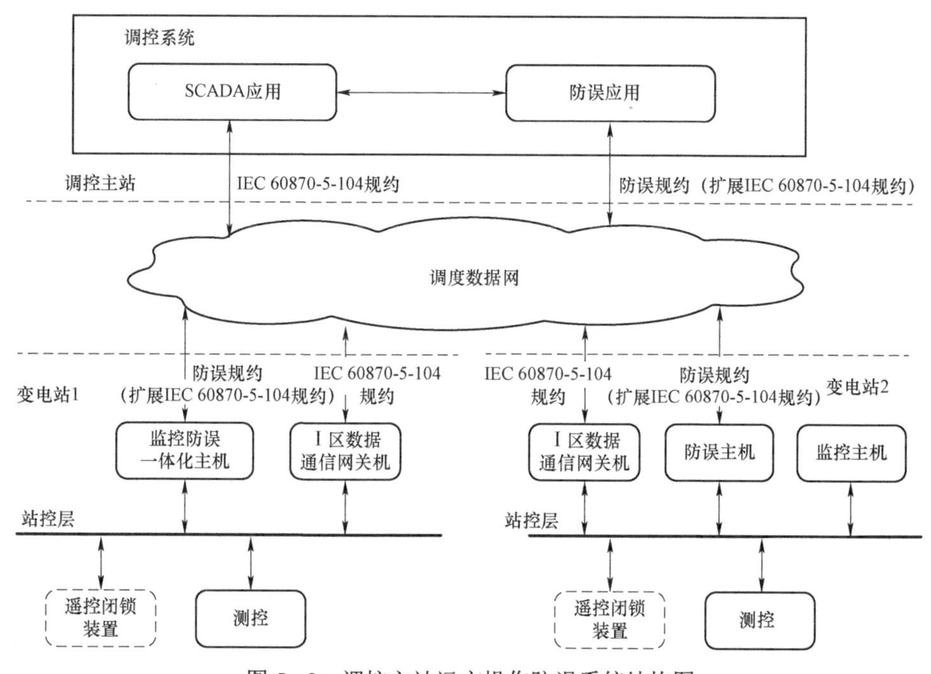

图 5-8　调控主站远方操作防误系统结构图

5.3.2 通信链路改造

变电站防误系统能够提供调控主站远方操作所需的电网运行和控制信息，为保证远方操作防误的实时性、可靠性，在变电站防误主机上新建与调控主站系统的通信链路，采用统一的基于 IEC 60870-5-104 扩展的防误主子站信息通信规范，实现调控主站系统与变电站防误系统的实时信息交换：

（1）文件传输，防误主机通过防误采集规范向调控主站系统上送防误逻辑规则（站内防误的逻辑公式）等相关文件。

（2）遥控命令，防误主机响应调控主站系统防误应用的唯一权及解闭锁命令请求。

（3）状态信息，防误主机以变化上送/定时总召上送的方式向调控主站系统防误应用上送变电站防误系统采集的一次设备状态、二次设备状态、可遥控状态。

5.3.3 唯一操作权管控

为适应调控远方操作，在变电站防误系统实现唯一操作权管控功能，通过技术手段防止调控主站与变电站监控系统同时操作同一设备（或存在防误闭锁关系的设备）。唯一操作权管理示意如图 5-9 所示。

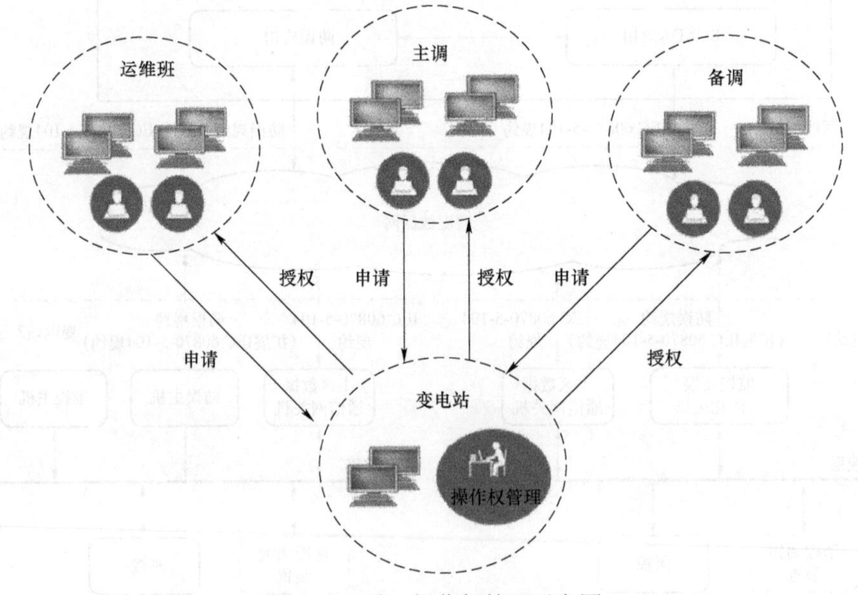

图 5-9 唯一操作权管理示意图

在远方操作过程中，引入主、子站联合防误的操作交互机制，实现调控中心远方与变电站的协同操作，确保在调控主站系统、变电站监控系统进行设备操作的安全性。远方操作过程以设备为单位进行权限设置，任何设备在任意时刻确保只有唯一的人员可以取得该设备操作权，同时闭锁与该设备逻辑相关的设备。只有该工作人员工作结束，释放操作权，或主动将该操作权转移，其他人员才能对该设备及相关设备进行操作，确保操作人员和被操作设备的安全。

通过建立主子站交互机制，实现主子站设备唯一操作权管控，设备的唯一操作权由变电站防误系统统一管理。默认情况下，遥控设备操作权限在变电站端，调控中心需向变电站申请相关遥控设备的操作权限，如未被变电站端的任务锁定，则调控中心即可获得相关设备操作权限。一旦调控中心获取设备的操作权限，则其设备本身以及相关联设备的遥控操作则被禁止，只有调控中心释放权限后，变电站才能获取相关设备的操作权限。反之，变电站在执行操作时，调控中心也禁止对相关设备进行操作。

主、子站之间唯一操作权的交互通过主站遥控操作流程实现，如图 5-10

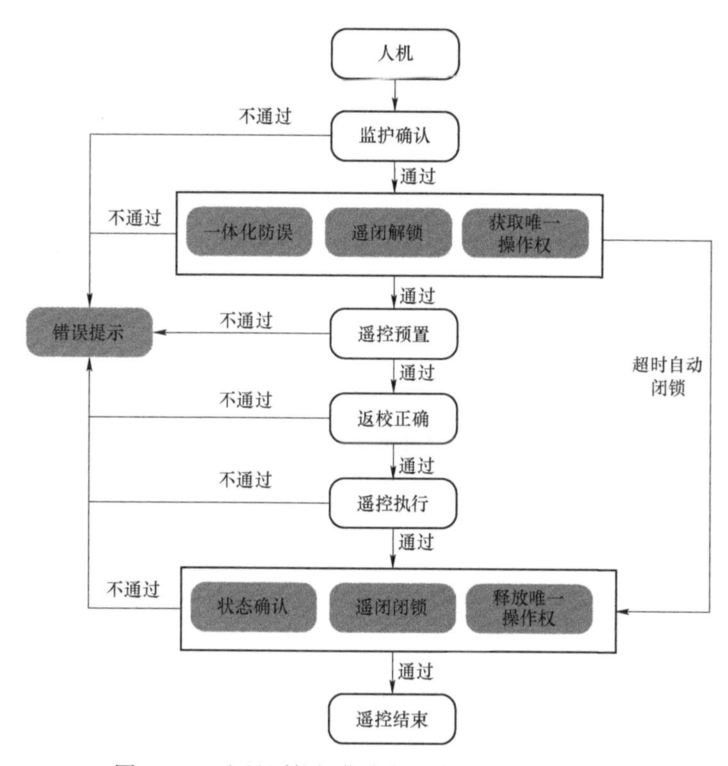

图 5-10　主站遥控操作流程（含防误信息交互）

所示。主站遥控操作人员通过人机界面启动遥控操作流程，遥控信息经监护人员确认后执行下一环节。遥控预置前，进行一体化防误校核，通过防误校核后，发送解锁命令至防误子站，并获取设备唯一操作权，下发遥控预置命令。遥控完成后，防误应用自动校核设备状态，状态确认后，发送闭锁命令至防误子站，释放设备唯一操作权。

5.3.4 二次设备状态采集改造

变电站防误系统采集的信息包括实遥信和虚遥信两种类型。实遥信指实时采集的信息，一般由监控系统转发至变电站防误系统，包括断路器、隔离开关、接地开关等一次设备状态，以及软连接片、告警信号、把手等二次设备状态。虚遥信指通过电脑钥匙回传方式采集的信息，一般包括地线、网门等未实时采集的一次设备状态，以及硬连接片、空气开关、把手等未实时采集的二次设备状态。近年来，随着电网的快速发展，遥控操作次数大幅度增加，对防误系统的实时性和可靠性提出了更高的要求，而现有变电站的大量二次设备状态未实时采集，不利于防误系统的进一步发展，需研究二次设备状态实时采集技术。

为确保二次设备状态采集改造工作不影响在运设备，实现防误系统的不停电改造，采用一种基于霍尔感应原理的二次设备状态非电量实时采集技术。下面以连接片为例说明非电量采集原理：连接片传感器根据连接片投退时的位置变化进行设计，在连接片本体可转动部位设计一磁钢附件，随着连接片本体位置的改变，感应附件通过磁感应激发传感器模块，传感器模块将设备状态的变化转换为开关量信号输出，通过 RS-485 传输给状态采集器，如图 5-11 所示。

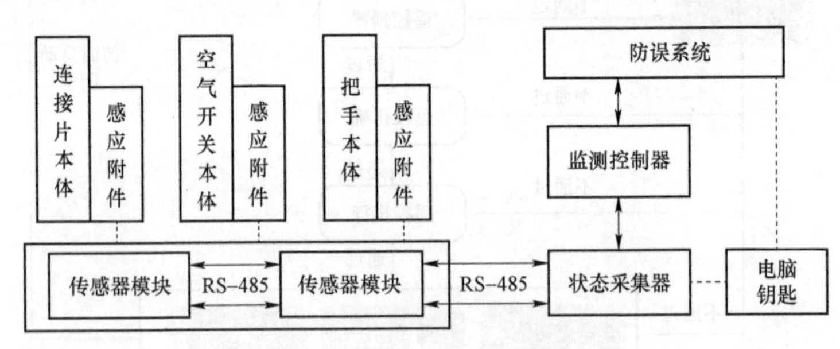

图 5-11 非电量采集原理

状态采集器实现一面屏柜上连接片、空气开关和把手状态的集中采集，通过单总线的方式与连接片传感器通信，并通过 RS-485 通信将状态信息上送至监测控制器，监测控制器汇总所有状态后，转发至变电站防误系统。状态采集器含有一电脑钥匙接口，可与电脑钥匙通信，读取电脑钥匙的操作序列，下发操作提示信息给导轨式传感器。采用非电量实时采集技术不仅可解决二次设备状态无法实时采集与监测问题，而且当连接片、空气开关和把手出现异常变位操作时，状态采集器会有声光告警提示。

5.3.5　防误主机冗余改造

从操作安全的视角来看，调控防误和变电站防误系统组成的协同防误体系可为远方操作提供有力的技术保障。在当前调控防误和变电站防误系统互联情况下，调控系统为双机配置，调度信息网络为双网配置，为变电站端防误主机提供设备状态信息及接收防误校核结果的监控系统为双机配置，但与之相对的为变电站端防误主机仅为单机配置。双机配置的设备如果进行主、备切换，将可能导致防误主机与之通信异常。防误主机本身故障或主机升级退出运行时，会影响整个防误系统校核功能的正常运行。

一、双机冗余改造的应用架构

为进一步提升变电站防误系统的可靠性，减少子站防误主机因故障造成对调控主站远方操作的影响，对变电站防误主机进行双机冗余改造，即在站内部署两台防误主机，互为备份，两机之间可以相互切换、互相建立数据同步机制。两台主机同时和主站调度系统、站端后台系统、站端遥控闭锁装置通信，任一防误主机均可处理调度及后台数据，并可向遥控闭锁装置发送解闭锁命令，增加防误操作的可靠性。变电站防误主机冗余模式应用架构如图 5–12 所示。

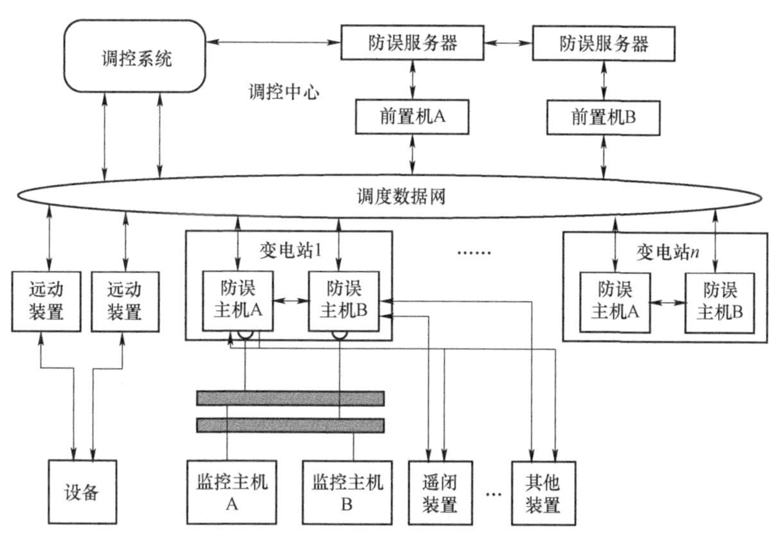

图 5–12　防误主机冗余模式应用架构示意图

双机配置后，变电站防误主机与相关系统通信链路连接也会发生相应的变化，需要额外处理。防误和调控系统通信采用的是双机双网模式，通信架构见图 5-12，通过调度数据网实现调控主站两台防误前置机、变电站两台防误主机之间的数据交互。以调控中心和变电站 1 数据交互为例，同时存在前置机 A 到防误主机 A（简称 AA 链路）、前置机 B 到防误主机 A（简称 BA 链路）、前置机 A 到防误主机 B（简称 AB 链路）、前置机 B 到防误主机 B（简称 BB 链路）这四条链路。

上行数据：最终线路运行方式，AA、BA、AB、BB 四条链路同时启用，主站根据运行情况自动选择最优的一条链路作为主链路，其余作为备用链路。

下行数据：对于下发遥控操作命令时，其中四条链路只允许选择其中一条链路下发命令，不允许四条链路同时下发命令。即主站通过规则自动锁定最优链路方式来控制操作唯一性。

防误系统双机配置并非简单增加物理设备，需要进行数据同步、数据备份还原、唯一操作权把控、通信异常处理等软件配套处理。双主机与调控系统建立可靠数据通道、保持双主机之间的运行数据实时同步、保持双主机配置数据的一致、保证紧急情况下双机间的设备解锁操作、双机之间的票号连续性等一系列关键技术。

二、双机冗余改造的主要功能

防误主机采用双主机模式来进行双机备份，两台防误主机同时工作，双机备份系统及应用程序各自独立，均独立对外提供接口和服务，两机之间仅仅是数据库相互备份。双机之间通过数据同步软件，保证数据一致性。两台主机同时和主站调度系统、站端后台系统、站端遥控闭锁装置通信，正常运行时，任意一台防误主机均可接收调度中心下发的遥控闭锁操作命令、判断防误逻辑、解锁/闭锁遥控闭锁装置、接收后台变位信号。在一防误主机出现故障时，另一主机仍能够保证系统的正常稳定运行。双主机模式基本功能结构图如图 5-13 所示。

双机配置后，首先通过数据备份还原方式将数据同步至两台防误主机。正常情况下，双机均应处于运行状态，互为冗余。双机之间通过网络通信方式进行实时信息交互，信息交互的内容主要包括虚遥信同步、闭锁信息同步、设备唯一操作权控制、双机监测心跳报文等。

（1）虚遥信同步。当一台防误主机进行遥控操作或就地操作完成，设备发生变位后，防误主机系统将变位后的设备状态信息发送至另一主机，自动实现设备状态的同步。虚遥信同步处理过程如图 5-14 所示。

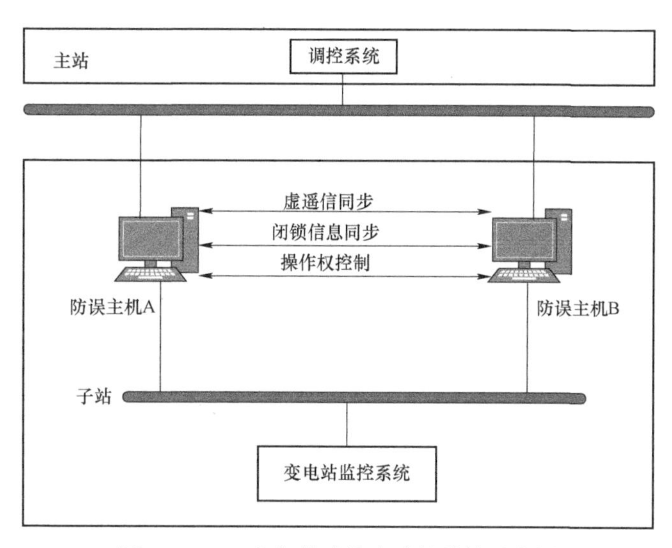

图 5－13　双主机模式基本功能结构示意图

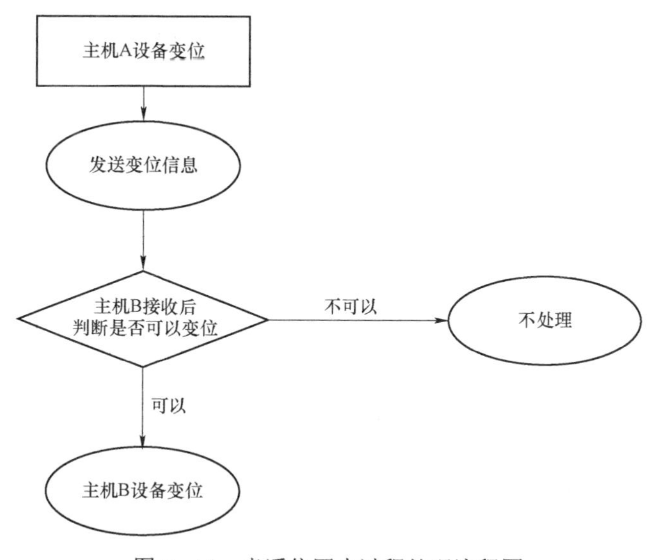

图 5－14　虚遥信同步过程处理流程图

（2）闭锁信息同步。当调控主站下发操作指令或在站端防误主机 A 上进行开票操作时，需要闭锁相关的设备，禁止主机 B 再对相应设备进行操作。此时防误系统自动将需要闭锁的设备信息发送给主机 B，主机 B 接收到后，将这些设备设置为被闭锁标志，确保无法在主机 B 上再操作此类设备，以确保设备操作的安全性。闭锁信息（设备操作权）同步处理过程如图 5-15 所示。

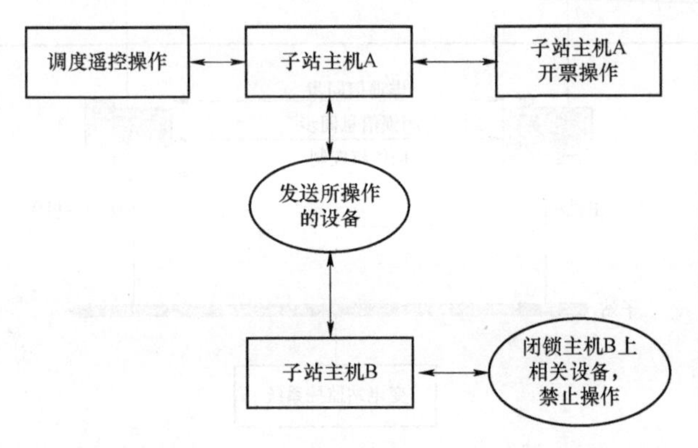

图 5-15　闭锁信息（设备操作权）同步过程处理流程图

(3) 设备唯一操作权控制。唯一操作权分为两种情况：

1）两台站内防误主机之间的唯一操作权。两台防误主机之间的唯一操作权所指为一台防误主机进行就地操作开票时，另一防误主机禁止进行开票操作。在防误主机同步信号中加入开票操作信息，一旦一台主机进入开票状态，另一主机自动进入操作权锁定状态，此后获得操作权的防误主机一直拥有就地操作权限，另一主机一直无就地操作权限。当拥有就地操作权限的主机出现故障时，同步机制将操作权转移到另一主机，使另一主机获取就地操作权。

2）防误子站和调度主站之间的唯一操作权。防误子站和调度主站之间的唯一操作权是指同一时间对同一设备或逻辑相关设备只有一方能够操作，此功能是由防误子站来保障。主、子站唯一操作权控制流程如图 5-16 所示。

从图 5-16 可以看出，每次操作在子站防误系统均会进行相关性远方操作和就地操作判断。当有相关的远方操作或就地操作时，子站防误系统会发送无法操作的信号至调度主站，调度主站此时无法操作；当子站防误系统判断无相关的远方操作和就地操作时，才会解锁遥控闭锁，并将遥控闭锁解锁结果上送至调度主站，此时主站方能遥控操作。因此，主、子站之间的唯一操作权最终是通过子站防误系统进行判断，在子站双主机备份情况下，因双机之间进行了操作权同步，所以任何一台防误主机均可以进行判断，而且判断结果一致。子站唯一操作控制流程如图 5－17 所示。

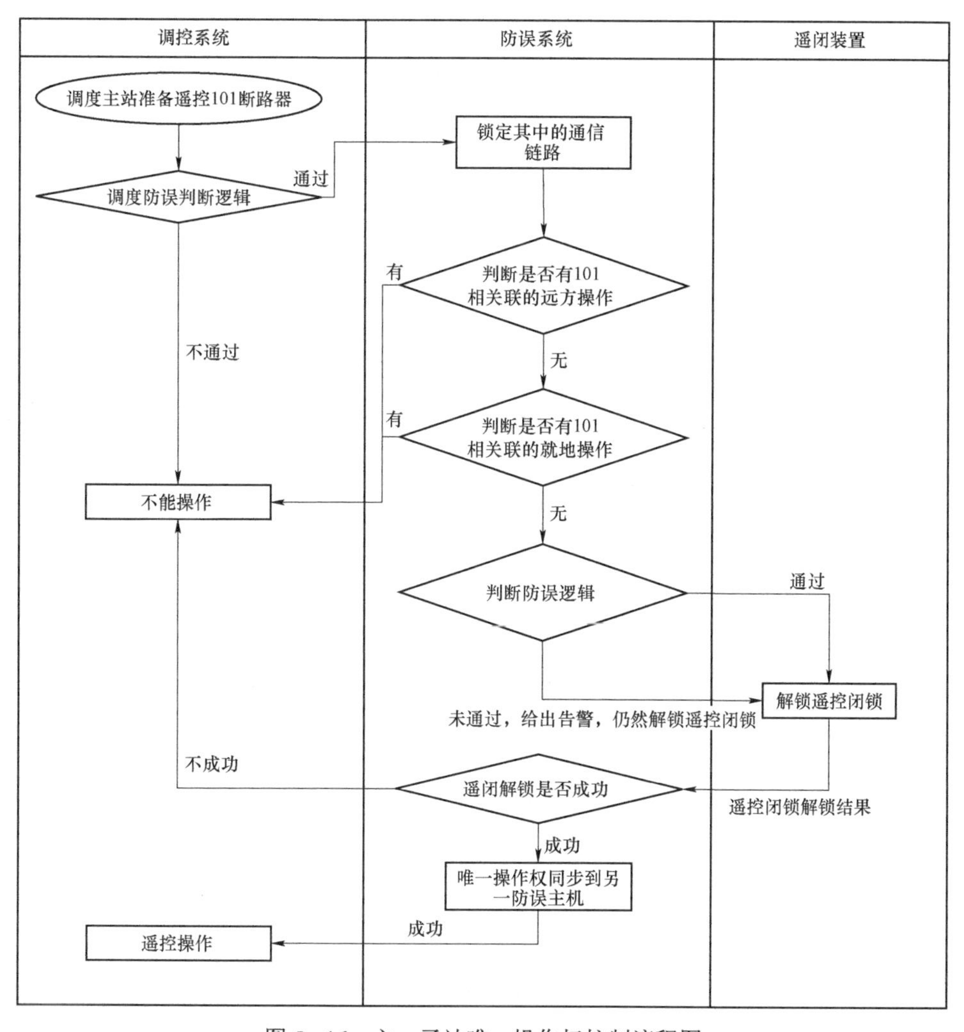

图 5－16　主、子站唯一操作权控制流程图

（4）主机异常监测。正常情况下，防误双机通过互发心跳报文进行异常监测，如在设定的时间范围内，没有收到对方的心跳报文应答，则认为对方机处于异常状态，系统将进行相应的信息提示。如是主机 B，该机将自动拥有临时操作权，此时可以进行相关的操作。如需切换到主机 B 进行操作，并且当前有未操作完成的操作票，可先清除该操作票，再重新开票进行操作。

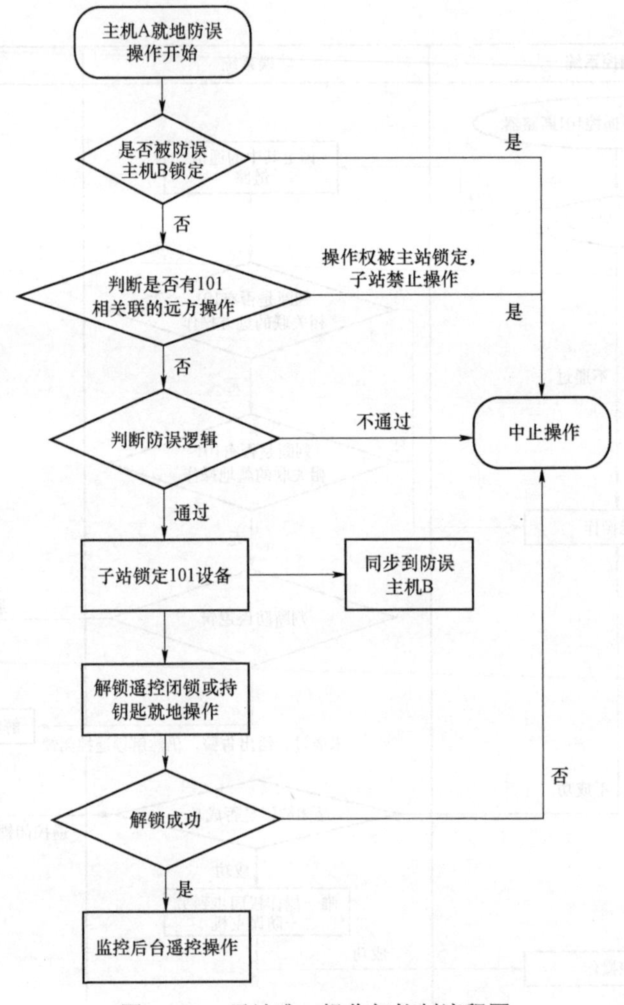

图 5-17 子站唯一操作权控制流程图

5.4 远动机操作双重校核改造

随着调控一体化模式的推广和一键顺控的深化应用，对远方操作的安全性与可靠性都提出了更高的要求。当前，远方操作模式在通信协议及安全校核方面存在以下不足：① 原有通信协议仅采用通信点号来描述操作对象，易存在操作对象描述不准确的问题；② 在变电站调试投运、改造升级乃至实际运行中缺乏安全校核方法，存在人为因素导致在配置主站远动遥控点表时出现失误，造成遥控误动的风险；③ 存在因子站配置信息变更且未与主站同步，造成遥控误动的风险。

基于智能电网调度控制系统，提出了远方操作主、子站双重校验、遥控配置表召唤等方案，有效解决了调控远方遥控点表分散维护、难以共享、缺乏校核等问题，有效推进了变电站无人值守工作的深化。

5.4.1　远动遥控配置现状

主站端和厂站端都是依据远动遥控点表来配置的，并且每个控点在各自的数据库中都存在着对应关系。远动遥控点表中仅包含控点的描述信息，以及通信用的 IEC 60870－5－104 信息体地址（以前简称为远动规约 ID）。主站端、厂站端配置如图 5－18 所示。

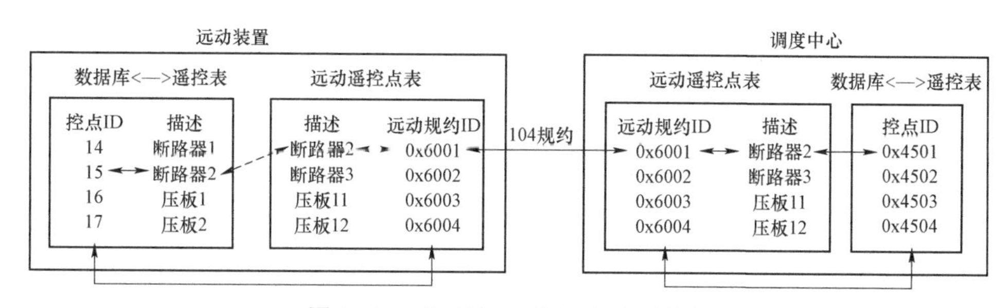

图 5－18　主站端、厂站端配置示意图

工程人员的配置过程，实质是通过控点描述信息，建立内部数据库控点 ID 与远动规约控点 ID 的对应关系（简称内部控点关系）。控点的描述信息是为方便工程人员配置而存在的，实际运行过程中，系统是借助控点 ID 来完成遥控过程的。如果工程人员将原有正确的内部控点关系误改，就会发生误遥控事故。因此，保证内部控点关系是保证遥控准确率的关键。

5.4.2　遥控双校验

内部控点关系属于远动装置以及调度主站的输入配置，是远动装置和调度主站的运行依据。该配置改动后，远动装置和调度主站通过自身无法区分本次配置修改的部分是否与工程要求的改动内容相符。因此，内部控点关系的变化需要借助对端进行校验，将调度主站的内部控点关系存储在远动装置中，将远动装置的内部控点关系存储在调度端。在远动装置和调度主站进行通信时，校核对端的内部控点关系是否一致，如有不一致现象，远动装置或调度主站会发出提示。校核过程如图 5-19 所示。

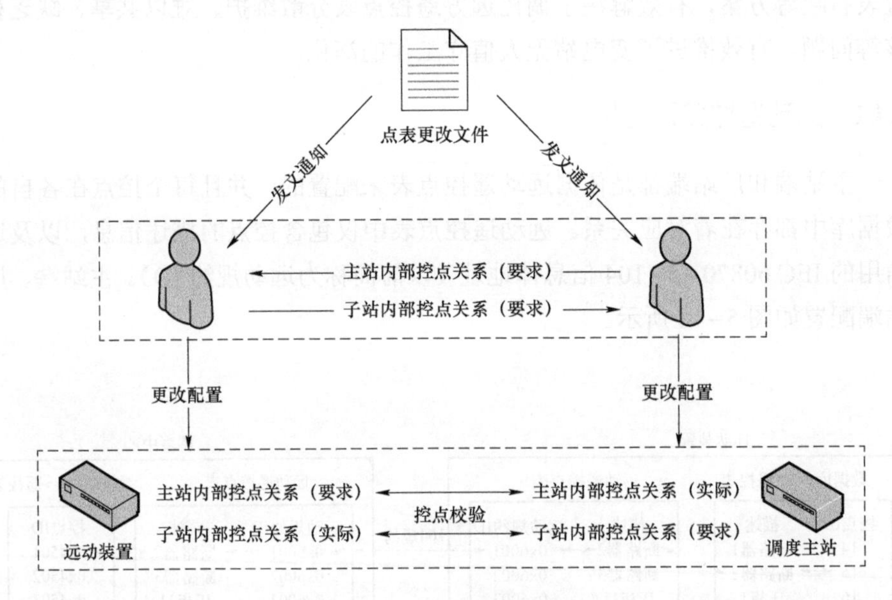

图 5-19　校核过程示意图

假设需要增加一个控点——311 断路器，操作如下：将该通知分别下发到厂站端和主站端，厂站端和主站端协商好新控点的遥控点号，然后分别进行配置。在主站端，工程人员在调度主站的数据库中，新增“311 断路器”的控点 ID，然后将新控点配置上对应的 IEC 60870-5-104 控点号，再将自身（调度主站）数据库中新增控点 ID，告知厂站端工程人员。在厂站端，工程人员从远动装置的数据库中，将“311 断路器”控点 ID 调选到调度的点表中，然后将新控点配置上对应的 IEC 60870-5-104 控点号，然后再将自身（远动装置）数据库中新增控点 ID。主站和厂站端将新增控点的 IEC 60870-5-104 点号以及对端数据库新增控点 ID 下载到机器当中。这样，在传动过程中，厂站端就会通过已配置的控制点号和控点 ID 双重关系，来判断调度主站的遥控是否出现误修改的情况。由于各个厂家的数据库控点 ID 都不相同，扩展报文的校验信息采用通用的 ASCII 编码，并固定字节长度为 12。主、子站校验信息配置流程如图 5-20 所示。

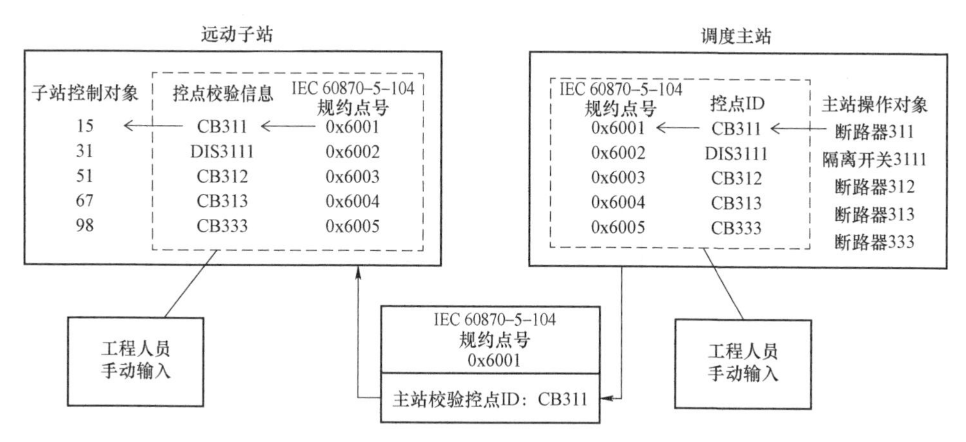

图 5-20　主、子站校验信息配置流程图

校验信息由主站校验信息和子站校验信息组成，主、子站各自的校验信息是自动生成的，对方的校验信息需要手动配置。主、子站校验信息的引用意图在于主站和子站应用层遥控 ID 和远动 IEC 60870-5-104 规约遥控点号的对应关系，所以主站、子站校验信息建议使用应用层自定义的 ID。遥控过程时通过检验信息检查后执行遥控命令，或者主站召唤遥控的校验信息配置表，供主站检查入库减少双重录入产生的错误。

5.4.3　IEC 60870-5-104 规约扩展

扩展 IEC 60870-5-104 规约下行报文，实现点号及扩展双校验信息字符串时，只有双重校验都满足条件，才能遥控操作。

双校验遥控过程成功示意如图 5-21 所示。

增加遥控校验信息分为主站校验信息和子站校验信息，主站校验信息来自工程人员的手动输入，子站校验信息为内部遥控 ID，自动生成。如果校验正确，进行遥控选择或遥控执行；如果校验失败，返回扩展传输原因为“＜50＞：=控点校验信息错误”的否定报文。双校验遥控过程失败如图 5-22 所示。

在配置输入时，远动遥控点表需要添加主站校验信息配置项。IEC 60870-5-104 规约在启动时读入每个遥控点的主站校验信息，并增加带遥控校验的报文类型，在单点和双点遥控处理函数中增加相应的校验信息监察。校验正确时按照原有处理方式继续进行，校验错误时直接返回遥控校验错误报文，处理流程如图 5-23 所示。

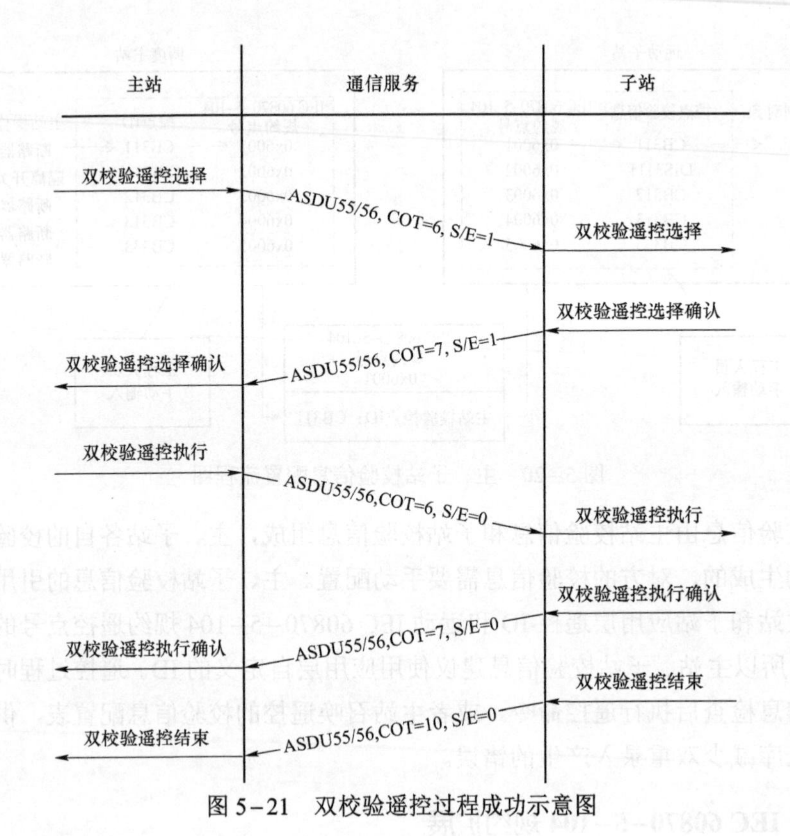

图 5-21　双校验遥控过程成功示意图

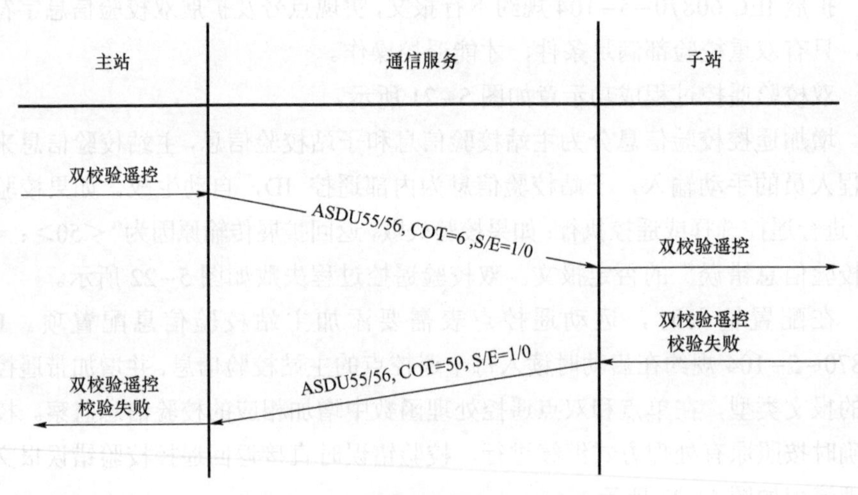

图 5-22　双校验遥控过程失败示意图

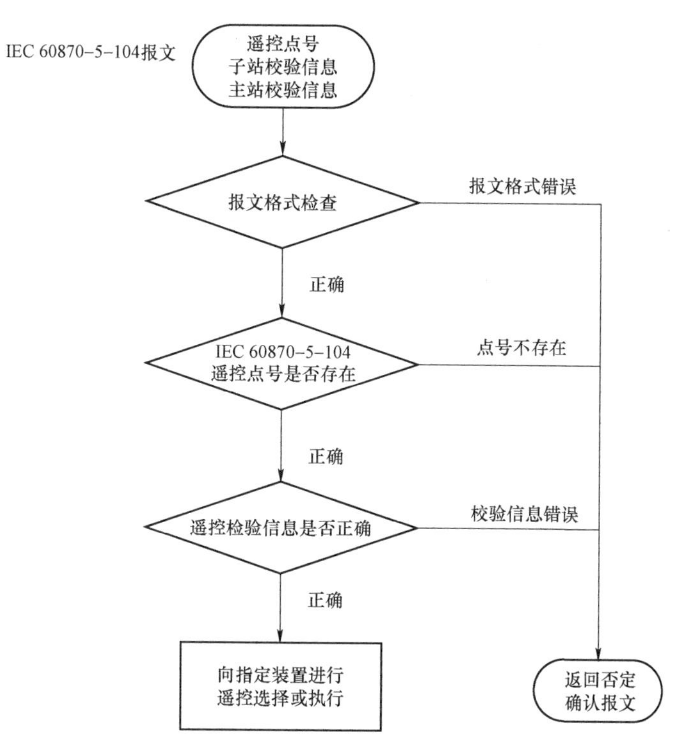

图 5-23　双校验处理流程图

第6章 视频辅助监控系统

变电站所处地域环境复杂，在变电站运行执行无人值守模式后，对远程操作及巡检等生产运维工作提出了更高的要求。一、二次常态遥控操作、故障抢送、异常查找和隔离等工作均需运行人员到现场确认，运行人员还需要定期到站进行各种常规巡检，由于路途较远、山区道路不便、运维人员数量不足等原因，运维效率有待提高。传统变电站视频监控平台的主要功能定位在安防上，通过视频查看设备情况，耗时较长且存在安全隐患，影响故障处置效率。视频摄像机具有实时性高、调用方便等优势，因此将视频进行高级应用，配合一、二次常态遥控操作、故障抢送、替代人员巡检具有现实意义。

视频辅助监控系统采用视频图像组合与 SCADA 系统信息关联的模式，实现对电力一次设备及变电站各类辅助系统的全方位远程实时监控、实现对变电站一次设备的远程自动巡检、与 SCADA 系统联动、视频智能分析及远程报警等功能，支持全景鸟瞰、作业区监视、视频智能分析、就地巡视等功能要求，实现电网的可视化调控，提高变电站运行及维护的安全性和可靠性，为电力系统的安全稳定运行和提高电网自动化管理水平奠定坚实的基础。

6.1 视频辅助监控系统概述

6.1.1 系统架构

变电站视频辅助监控系统采用分级/多级部署与管理方案，调控视频系统架构如图 6-1 所示。

视频辅助监控系统主站与站端间通过电力数据内网进行数据通信，完成视频辅助主站与站端视频系统各项业务数据交互以及联动，实现主站对变电站视频的管理、运行、维护等工作。

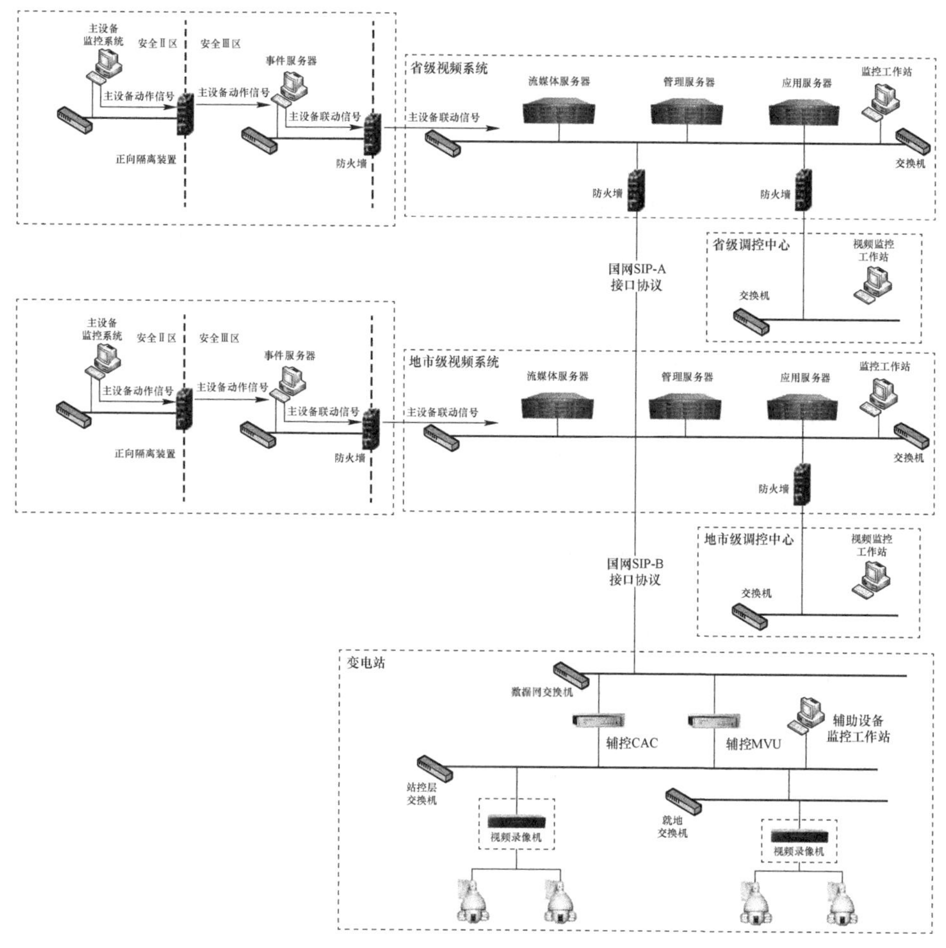

图 6–1　调控视频系统架构

6.1.2　视频辅助主站系统

主站系统主要由应用服务器、管理服务器、流媒体服务器组成。应用服务器具有主设备联动、业务处理等功能，是整个远方遥控视频主站系统的核心。管理服务器具有数据处理、权限管理等功能。管理服务器通过双机热备技术保证管理模块正常运行。

流媒体服务器负责视频流媒体转发，信令采用标准 SIPINVITE+SDP 模式，媒体传输采用 RTP/RTCP 协议。视频采用 H.265 编码，并可向下兼容。流媒体服务部署在两台流媒体服务器，通过负载均衡技术实现集群部署。

视频辅助监控系统与主设备监控系统采用 CIM/E 数据交互格式通信。

6.1.3 站端视频系统

站端视频系统硬件设备主要包括辅助综合监控主机、硬盘录像机、站控层交换机、就地交换机、高清云台摄像机、高清球型摄像机。

站端视频系统功能主要有：实时监视功能；远程巡视功能；SCADA 联动功能；云台控制功能；报警管理功能日志管理功能；图像关联性显示、电子地图功能；一次电气设备接线图功能。

站端辅助综合监控主机是站端视频系统的核心硬件设备，运行站端各类软件服务。软件服务主要包含流媒体服务、管理服务、SIP－B 接口服务、站端巡视服务、联动服务、配置服务等。

站端辅助综合监控主机向视频辅助主站系统传送主站所需的各种视频、数据、信息、信号、报警，并接收、执行地区主站下发的各种指令、数据，实现各个系统的联动功能。主机与地区主站视频信息传输的通信协议采用 SIP－B 协议。

视频辅助监控系统的视频联动信号、视频流推送隔离开关由地区主站系统向辅助设备监控主机发起。调度操作采用主站模式实现隔离开关遥控操作联动及视频双确认。

利用站端系统可进行管理、配置、运行、维护以及与主站对接等工作。站端系统的任何异常不会对地区主站系统的稳定运行带来风险。

6.2 数 据 传 输

6.2.1 视频数据通信

视频辅助监控系统网络采用分层组网模式，数据流采用边缘采集、中心汇聚、实时转发与分发。站端视频系统站内采用独立组网模式，视频辅助主站系统与站端系统采用数据专网（100MB）。站端采集实时视频后进行统一汇聚，通过电力数据通信网络上送至地区主站，主站采用流媒体技术将实时视频流进行转发和分发，实现多路复用减轻网络带宽负载。

调控视频系统数据流如图 6－2 所示。

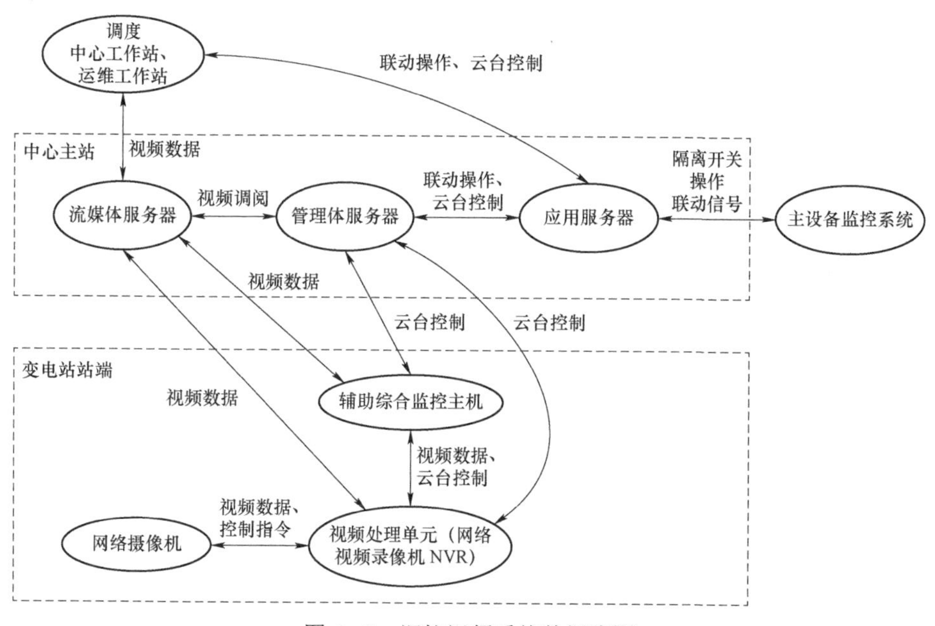

图 6-2　调控视频系统数据流图

视频辅助监控系统要求采用《电网视频监控系统及接口　第1部分：技术要求》（Q/GDW 1517.1—2014）SIP 协议作为视频部分的通信接口协议，并根据遥控操作监控特点进行拓展，视频类数据都接入变电站的辅助综合监控主机。视频类数据通过辅助综合监控主机与地区中心主站进行视频类数据传输，接收和执行地区主站的命令，通信信令采用标准 SIP INVITE+SDP 模式，媒体传输采用 RTP/RTCP 协议。云镜控制和预置位调用，采用 SIP 的 MESSAGE 方法，消息体应采用 XML 封装。前端设备支持对云镜的锁定、解锁及自动解锁行为，满足调控操作的权限及实时监控要求，可以无缝接入国家电网统一视频监控平台。

6.2.2　联动操作信号通信

视频辅助监控系统与 SCADA 系统的三区事项服务器之间对接采用基于文本格式的 UPD 通信协议，文本格式应按照 CIM/E 语言格式规范，遥控操作联动流程按顺控操作票流程执行。

联动操作通信流程如图 6-3 所示。

通信流程说明如下：

（1）Ⅰ、Ⅱ区调度的断路器、隔离开关遥控选择操作，产生事项。调度人员在调度机器上的人机界面上做断路器、隔离开关的遥控选择命令时，SCADA

系统产生通知事项。

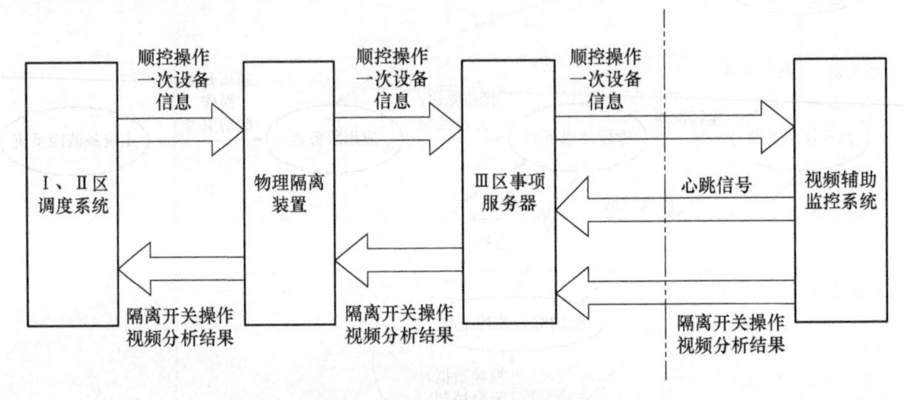

图 6-3　联动操作通信流程

（2）遥控事项转发到Ⅲ区。SCADA 系统将Ⅰ、Ⅱ区产生的通知命令通过物理隔离装置转到Ⅲ区事项服务器当中。

（3）Ⅲ区事项转发服务接收遥控事项。Ⅲ区事项服务器上运行 SCADA 系统数据转发服务，作为事项接收客户端接收事项，并过滤其他无关事项。

（4）Ⅲ区事项转发服务转发数据至主站视频系统。Ⅲ区 SCADA 系统数据转发服务作为客户端，主动连接视频辅助监控系统。若连接成功，SCADA 系统数据转发服务将接收到的通知事项发送给视频辅助监控系统。

6.3　视频辅助监控系统关键技术

6.3.1　视频调控操作联动技术

EMS 系统与视频辅助监控系统间建立一条链路，当 EMS 系统远程操作断路器或隔离开关时，EMS 系统除下发遥控执行令至变电站综合自动化设备外，也将向视频系统下发遥控对象信息，对比视频系统内的带预置位信息的列表，进行站名与设备名称的全匹配查询。根据预先设置好的隔离开关视频监控监视策略，调出对应隔离开关的视频画面，监视隔离开关的执行情况，供操作人员监视隔离开关的分/合闸以及断路器的合上/分开的情况，为操作人员执行下一步的操作提供依据。同时，对监控画面进行录像，记录 SCADA 系统控制隔离开关的分/合闸以及断路器的合上/分开情况，供事后事件追溯。

视频辅助监控系统根据操作信息中 EventType 参数，通过变电站名称和设备名称匹配获取对应的联动画面信息，并根据操作用户权限推送至对应的监控客户端。视频辅助监控系统采用高清视频传输实时监控隔离开关对应的操作画面。

调控主站下发遥控预置信令经正向隔离装置和Ⅲ区的 SCADA 事项服务器传送至顺控视频主站系统，顺控视频主站系统调取站端对应的一次设备视频监控数据，并启动视频智能分析功能，顺控视频主站系统全程监控隔离开关操作画面并将对应的隔离开关分合闸状态信号经 SCADA 事项服务器传输至调度主站，支撑调度完成一键顺控操作。

6.3.2 关联显示技术

视频辅助监控系统客户端以图形化方式展示电气设备一次接线图，并结合摄像机预置位技术，快速定位电气设备各运行场景的实时视频。

常规组态软件主要采用 graphics 画布进行开发，无法支持视频播放。视频辅助监控系统中的特色组态工具，实现将视频以及预置位技术应用于电气设备一次接线图上。其采用视频控件 ActiveX 以及动态封装技术，将图元与视频控件关联，实现每一个图元不仅能展示现场设备的工况信息，并且当被点击时还可以快速定位、展示到该图元的现场实时视频。

视频关联“全景+三相”如图 6-4 所示。

图 6-4 视频关联“全景+三相”

6.3.3 视频预置位纠偏技术

顺控操作过程中，需对隔离开关监控画面进行检测，对出现预置位偏移的点号进行自动校准。预置位偏移流程如图 6-5 所示。在对隔离开关监控画面进行预置位纠偏时，为了提高系统的可靠性，首先要验证偏移量检测结果的可信度，将摄像机从预置位置上下左右分别移动 100 个像素点，获取移动后的四张图像，分别记作 *top*(*x*,*y*)、*bottom*(*x*,*y*)、*left*(*x*,*y*)及 *right*(*x*,*y*)，这四张图像用于验证该系统使用的算法，以提高系统稳定性。

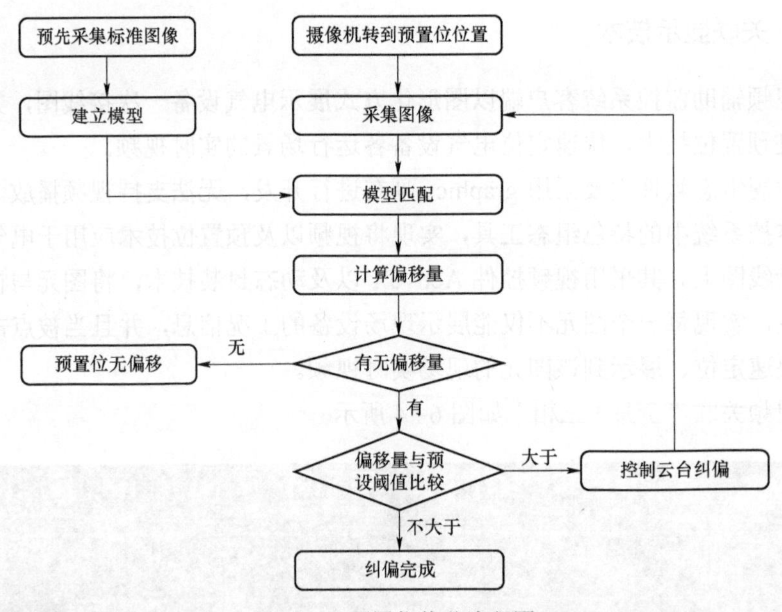

图 6-5　预置位偏移流程图

设待检测图像相较于标准图像在 x 和 y 方向的偏移量分别为 X_{offset} 和 Y_{offset}，为了验证算法可信度，将摄像机移动后采集到的四张图像 *top*(*x*,*y*)、*bottom*(*x*,*y*)、*left*(*x*,*y*)及 *right*(*x*,*y*)分别与待检测图像进行比较，计算偏移量。由于这四张图像与标准图像间的偏移量是人为设定的，所以理论上这四张图像与待检测图像间的偏移量分别为 X_{offset} 和 $Y_{\text{offset}}-100$、X_{offset} 和 $Y_{\text{offset}}+100$、$X_{\text{offset}}-100$ 和 Y_{offset} 以及 $X_{\text{offset}}+100$ 和 Y_{offset}。计算四张图像与待检测图像间的偏移量，同时给定误差阈值：如果四组验证图像中有三组偏移量小于给定的误差阈值，则认为该次检测可信度较高，可以进行校正；如果四组验证图像中有两组或两组以上出现偏移量大于误差阈值，则该次检测可信度较低，此时会传输到系统并提示预置位异常。

在完成算法验证后自动开始进行纠偏，根据摄像头配置信息获取其在 x 和 y 方向可选择的不同的转动速度（单位为 pixel/ms），设置 x 方向的转动速度为 v_x，y 方向的转动速度为 v_y，采用多次移动相机的方式实现摄像头预置位校正，所以设定每次转动的时间为 t，此处的时间设定可根据实际情况根据或实际实验数据获得，则 x 和 y 方向一次移动后偏移量分别为 X'_{offset} 和 Y'_{offset}，则

$$\begin{cases} X'_{\text{offset}} = X_{\text{offset}} - v_x t \\ Y'_{\text{offset}}(new) = Y_{\text{offset}} - v_y t \end{cases} \tag{6-1}$$

将 X'_{offset} 和 Y'_{offset} 分别与 X_{offset1} 和 Y_{offset} 进行比较，若 $|X'_{\text{offset}}| < |X_{\text{offset}}|$ 且 $|Y'_{\text{offset}}| < |Y_{\text{offset}}|$，则表明第一次的移动为正确移动，根据给定的转动速度和转动时间对摄像机进行移动，直到移动后的检测图像与标准图像间的偏移量小于给定偏移量阈值，否则根据新的偏移量结果进行纠偏。

6.3.4 隔离开关视频确认技术

在调控远方操作时，对隔离开关分/合闸位置的判断，用两个或两个以上非同样原理或非同源的状态指示同时发生对应变化，来判断隔离开关已分闸或合闸到位。隔离开关分/合闸位置双确认中辅助开关触点信号，通过视频智能研判信号作为第二判据，共同实现一键顺控双确认操作。

基于机器视觉的隔离开关合闸操作到位的判断方法，其特征在于：将深度学习与经典机器视觉方法相结合，实现隔离开关的精确定位和隔离开关角度实时分析。

如图 6-6 所示，隔离开关状态识别过程分为三步：第一步，隔离开关检测，完成隔离开关区域、角度计算相关辅助坐标的目标检测；第二步，角度计算，根据检测的结果，筛选出主隔离开关即本次检测角度的隔离开关，以及该隔离开关检测相应的辅助目标；第三步，根据计算的角度来判断隔离开关的状态。

一、隔离开关检测

隔离开关检测采用 Pytorch 搭建目标检测神经网络——RepPoints 网络，该网络主要由骨干网络 backbone、瓶颈网络 neck、目标框输出网络 bbox_head 组成。

（1）骨干网络采用 resnet 网络，该网络由残差块构成残差组，由残差组构成网络。残差块结构如图 6-7 所示。

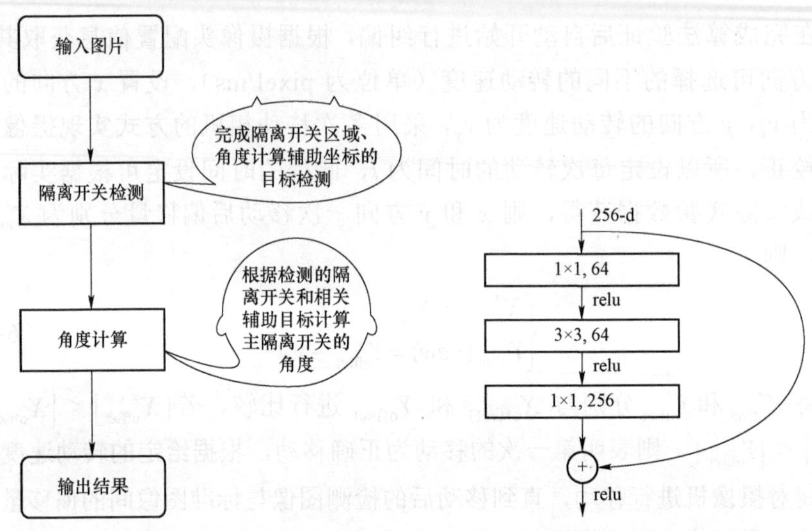

图 6-6　隔离开关状态识别过程图　　　　图 6-7　残差块结构图

resnet 网络由 4 个残差组构成，根据层数不同，每一组的残差块数量不一样，见表 6-1，每经过一层 feature map，长宽减半，深度翻倍。

表 6-1　　　　残差块数量变化表

layer name	output size	18-layer	34-layer	50-layer	101-layer	152-layer
conv1	112×112	7×7,64,stride 2				
		3×3 max pool,stride 2				
conv2_x	56×56	$\begin{bmatrix}3\times3, 64\\3\times3, 64\end{bmatrix}\times2$	$\begin{bmatrix}3\times3, 64\\3\times3, 64\end{bmatrix}\times3$	$\begin{bmatrix}1\times1, 64\\3\times3, 64\\1\times1, 256\end{bmatrix}\times3$	$\begin{bmatrix}1\times1, 64\\3\times3, 64\\1\times1, 256\end{bmatrix}\times3$	$\begin{bmatrix}1\times1, 64\\3\times3, 64\\1\times1, 256\end{bmatrix}\times3$
conv3_x	28×28	$\begin{bmatrix}3\times3, 128\\3\times3, 128\end{bmatrix}\times2$	$\begin{bmatrix}3\times3, 128\\3\times3, 128\end{bmatrix}\times4$	$\begin{bmatrix}1\times1, 128\\3\times3, 128\\1\times1, 512\end{bmatrix}\times4$	$\begin{bmatrix}1\times1, 128\\3\times3, 128\\1\times1, 512\end{bmatrix}\times4$	$\begin{bmatrix}1\times1, 128\\3\times3, 128\\1\times1, 512\end{bmatrix}\times8$
conv4_x	14×14	$\begin{bmatrix}3\times3, 256\\3\times3, 256\end{bmatrix}\times2$	$\begin{bmatrix}3\times3, 256\\3\times3, 256\end{bmatrix}\times6$	$\begin{bmatrix}1\times1, 256\\3\times3, 256\\1\times1, 1024\end{bmatrix}\times6$	$\begin{bmatrix}1\times1, 256\\3\times3, 256\\1\times1, 1024\end{bmatrix}\times23$	$\begin{bmatrix}1\times1, 256\\3\times3, 256\\1\times1, 1024\end{bmatrix}\times36$
conv5_x	7×7	$\begin{bmatrix}3\times3, 512\\3\times3, 512\end{bmatrix}\times2$	$\begin{bmatrix}3\times3, 512\\3\times3, 512\end{bmatrix}\times3$	$\begin{bmatrix}1\times1, 512\\3\times3, 512\\1\times1, 2048\end{bmatrix}\times3$	$\begin{bmatrix}1\times1, 512\\3\times3, 512\\1\times1, 2048\end{bmatrix}\times3$	$\begin{bmatrix}1\times1, 512\\3\times3, 512\\1\times1, 2048\end{bmatrix}\times3$

目前隔离开关检测模型中最常见的是 101 层 resnet 网络，其初始权重采用 coco 数据集上预训练权重，相比于 ImageNet 数据集上预训练权重，收敛

效果更好。

（2）瓶颈网络采用 FPN 网络，网络结构如图 6-8 所示。其中 C2、C3、C4、C5 分别由骨干网络每一组残差组输出构成自底向上提取特征的网络结构，C6 由骨干网络最后一层输出经过 stride=2 的 maxpool 获得，P6 由 C6 经过 1*1 卷积获取，P5 同样由 C5 经过 1*1 卷积获取，P4 由 C4 经过 1*1 卷积然后通过 P5 上采样之后的输出相加获取，同样 P3、P2 分别由 C3、C2 经过 1*1 卷积然后通过 P4、P3 上采样获取，因此 P5、P4、P3、P2 构成了一组自顶向下的网络结构，该结构相比于单纯的自底向上网络，能够让底层网络拥有更强的语义新型，从而提升对小目标检测效果。瓶颈网络中，权重由 kaiming_init 初始化而来。

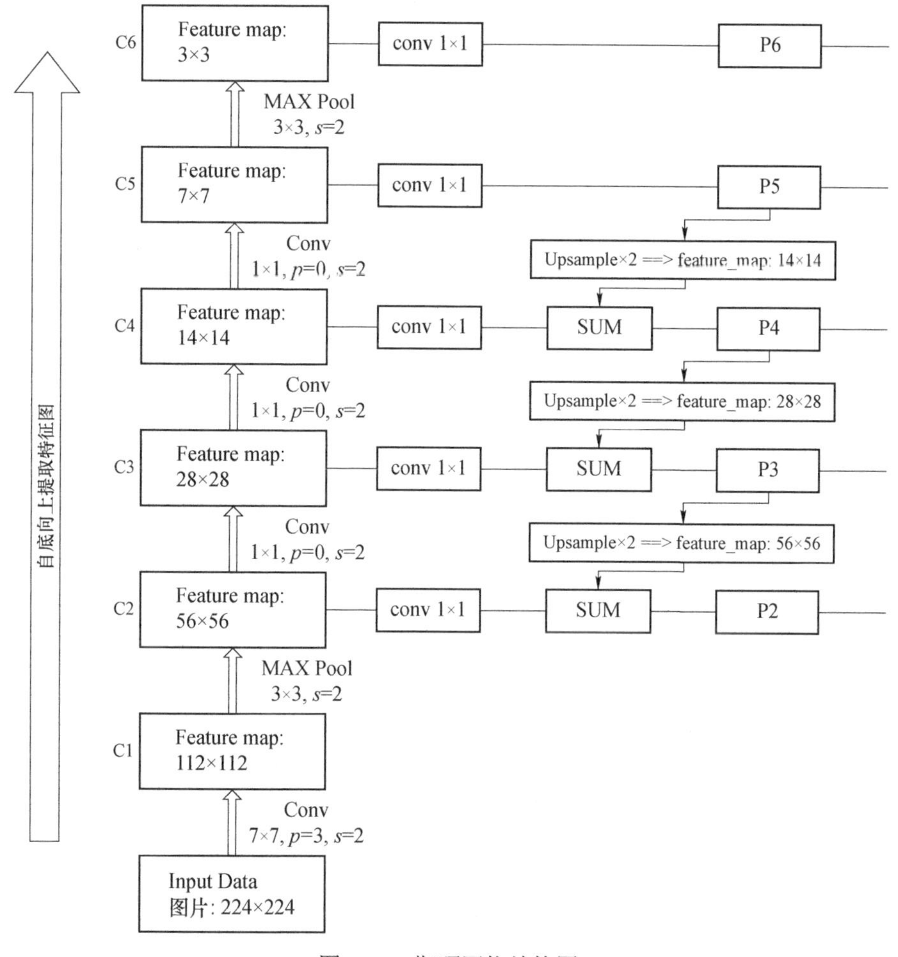

图 6-8　瓶颈网络结构图

（3）目标框输出网络采用基于特征点的 anchor-free 网络 RepPoints，其初始权重同样由 kaiming_init 初始化而来。

RepPoints 的训练由目标定位和目标识别共同驱动，因此，RepPoints 与 ground-truth 的边界框紧密相关，并引导检测器正确地分类目标。这种自适应、可微的表示可以在现代目标检测器的不同阶段连贯使用，并且不需要使用 anchors 来对边界框空间进行采样。

RepPoints 不同于用于目标检测现有的非矩形表示，它们以自底向上的方式构建。这些自底向上的表示方法会识别单个的点（例如，边界框角或对象的末端）。此外，它们的表示要么像边界框那样仍然是轴对齐的，要么需要 ground truth 对象掩码作为额外的监督。

相反，RepPoints 通过自顶向下的方式从输入图像/对象特征中学习，允许端到端训练和生成细粒度的定位，而无需额外的监督。

对于 RepPoints 网络，anchor-free 检测系统在对目标进行精确定位的同时，具有较强的分类能力。RepPoints 目标表示如图 6-9 所示。

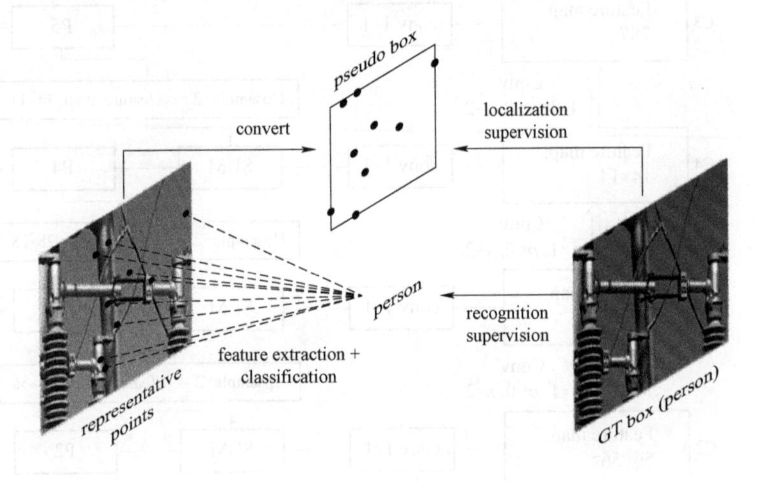

图 6-9 RepPoints 目标表示图

RepPoints 整体网络结构如图 6-10 所示，RepPoints 充当整个检测系统的基本对象表示。从中心点开始，通过回归中心点的偏移量可以获得第一组 RepPoints。这些 RepPoints 的学习由两个目标驱动：诱导伪框和 ground-truth 边界框之间的左上和右下点距离损失；后续阶段的目标识别损失。

第二组 RepPoints 代表最终的目标回归，它由从第一组 RepPoints 从公式中细化。仅由点距离损失（points distance loss）驱动，第二组 RepPoints 旨在学习更好的对象定位。

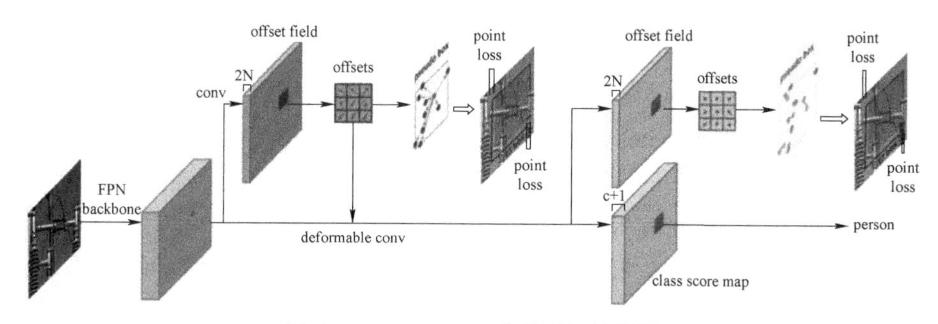

图 6－10　RepPoints 整体网络结构图

RepPoints 的体系结构如图 6－11 所示。RepPoints 有两个非共享子网，分别针对回归（生成 RepPoints）和分类。回归子网首先应用三个 256－d 3×3 转换层，然后再应用两个连续的小型网络来计算两组 RepPoints 的偏移量。分类

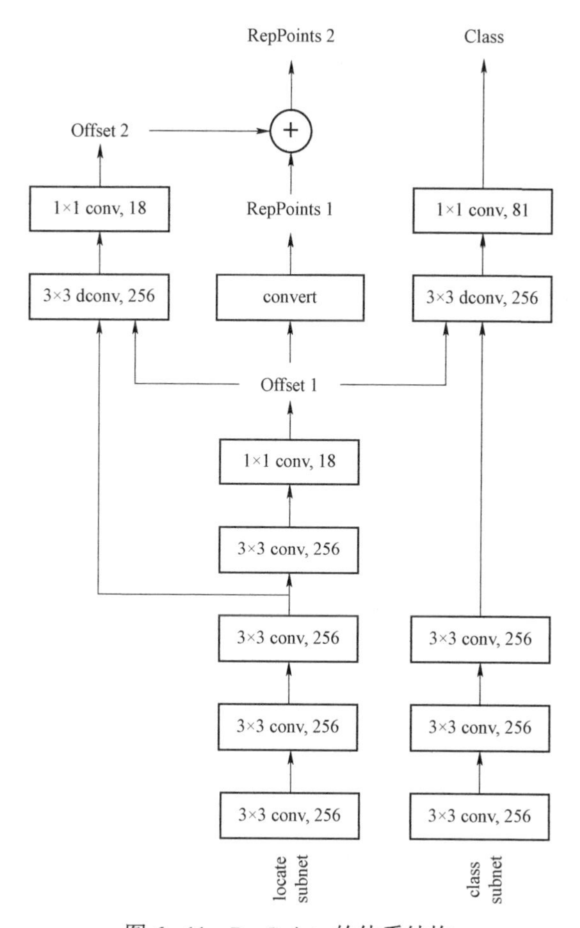

图 6－11　RepPoints 的体系结构

子网还应用了三个 256-d 3×3 的 conv 层，然后是 256-d 3×3 的可变形 conv 层，其输入偏移字段与回归子网络中的第一个可变形 conv 层共享。在两个子网中的前三个 256-d 3×3 conv 层中的每一个之后，应用组归一化层。

隔离开关检测模型的应用场景主要在户外，因此要求模型能在较复杂的背景条件下实现精准的目标检测。室外环境复杂、光线变化大，在对检测模型带来更高挑战的同时，也使得训练的模型更具稳定性。模型测试的所有的实验场景都选在了户外。采用 Pytorch 来搭建网络对模型进行训练。

二、隔离开关角度计算

隔离开关目标识别如图 6-12 所示，第一步中的隔离开关检测目标包括：整个隔离开关、刀臂、刀头，其中刀臂 cz_1、cz_2，刀头 1、2、3 均作为角度计算的辅助目标。

图 6-12　隔离开关目标识别图

角度计算具体步骤如下：

（1）目标隔离开关确认：根据隔离开关中心点和图片中心点的距离筛选中心隔离开关，即目标隔离开关，单张图中将隔离开关中心点到图片中心点距离最近的隔离开关定义为目标隔离开关。

（2）隔离开关有效性确认：通过 IOF（两目标的交集面积/较小目标的面积）确定中心隔离开关中是否包含刀臂 cz_1、cz_2 和刀头 1、2、3，若不包含以下标签，该隔离开关状态无法识别，识别结束，识别结果为“未找到有效隔离开关”；若全部包含，则进入下一步（IOF 阈值 0.7）。

（3）刀臂有效性确认：通过 IOF 确定中心隔离开关内的刀臂 cz_1 是否包含

刀头1、2，刀臂 cz_2 是否包含刀头2、3，若其中一类刀臂不满足条件，识别结束，识别结果为“未找到有效刀臂 cz_1/cz_2”；若都包含，则进入下一步（IOF阈值0.7）。

（4）刀臂 cz_1 内直线查找：对于 cz_1 区域，使用霍夫直线检测。当有多条直线时，将刀臂内 1、2 标签中心点到直线的距离之和最小的直线作为刀臂直线 cz_1_line；当未找到直线时，选择 1、2 中心点连线作为刀臂直线 cz_1_line。

（5）刀臂 cz_2 内直线查找：对于 cz_2 区域，使用霍夫直线检测。当有多条直线时，将刀臂内2、3标签中心点到直线的距离之和最小的直线作为刀臂直线 cz_2_line；当未找到直线时，选择2、3中心点连线作为刀臂直线 cz_2_line。

（6）cz_1_line/cz_2_line 向量确认：对于刀臂直线 cz_1_line/cz_2_line，计算直线两端距离刀头2中心点距离，将距离近的作为起点，距离远的作为终点，生成向量 cz_1_vector/cz_2_vector。

（7）角度计算。计算公式为

$$\theta = \arccos\left(\frac{cz_1\_vector \bullet cz_2\_vector}{\|cz_1\_vector\| \bullet \|cz_2\_vector\|}\right) \tag{6-2}$$

三、状态判断

（1）针对敞开式隔离开关，在隔离开关由开到合或由合到开过程中，获取隔离开关两臂的边缘线，计算隔离开关两臂边缘线间的夹角，视频联动系统以采集识别到的隔离开关导电臂夹角数据为依据判断隔离开关状态。设置合闸到位判别阈值为 α，分闸到位判别阈值 β，隔离开关导电臂夹角实际测得角度为 γ，则视频判别原则如下：

1）当 $180° -\alpha<\gamma<180° +\alpha$ 时，系统判别隔离开关位置为合闸到位。

2）当 $0° <\gamma<\beta$ 时，系统判别隔离开关位置为分闸到位。

3）当 $\beta<\gamma<$（$180° -\alpha$）时，系统判别隔离开关位置为分合闸异常。

隔离开关状态判别原则如图6–13所示。

（2）针对组合电器隔离开关，视频联动系统可通过传动机构的角度变化或分合闸指示牌状态来判断隔离开关分合闸状态。具体判断原则如下：

1）当分合闸指示牌状态为“合”时，系统判别隔离开关位置为合闸到位。

2）当分合闸指示牌状态为“分”时，系统判别隔离开关位置为分闸到位。

3）当分合闸指示牌状态处于“分”与“合”之间时，系统判断隔离开关位置为分合闸不到位。

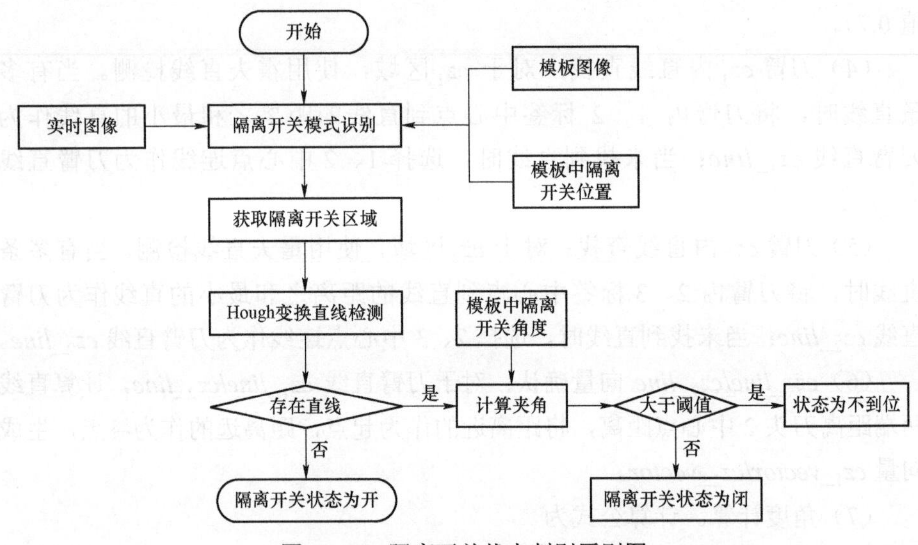

图 6-13　隔离开关状态判别原则图

6.4　视频辅助监控系统在远方遥控中的应用

为确保程序化执行远方操作的正确性及安全性，视频辅助监控系统调度自动化视频联动接口，可对程序化执行操作的设备进行视频联动，实现设备图像跟踪识别，从而保证一次设备操作到位，确保程序化执行无误。

6.4.1　一次设备主接线图应用

以主变压器、断路器、隔离开关、电容器等电力一次设备为线索，采用组合显示技术，实现对电力一次设备全方位的综合监控。

视频辅助监控系统对每个电力一次设备的各种图像信息、相关的仪表读数、红外测温读数、分合状态、相关的工业环境信息等自动组合，用户可以通过变电站主接线图或一次设备树状菜单实时监控一次设备，全面掌握该设备的运行图像和数据，确保工作人员对该电力设备的运营状态进行综合、准确地判断。实现以电力一次设备为线索的综合监控，是变电站视频辅助监控系统与国内其他厂家同类产品的本质区别。

6.4.2　白光灯夜视技术应用

变电站安装的常规视频监控系统，在夜晚或无光照条件下无法获得满意的监控图像时，系统要求变电站安装的户外云台摄像机必须采用 LED 白光灯补光，并且 LED 白光灯可以与摄像机同步上下左右旋转，保证摄像机在夜晚或无光照条件下也能监控到清晰、彩色的现场图像，增强变电站现场监控的实际效果。LED 白光灯能根据现场光线情况自动开启、关闭灯光（光线足够时自动关闭、光线不足时自动开启），同时也可在站端和远方控制 LED 白光灯的开启和关闭，并结合雨刷、除雾等技术保证在全天候远方遥控操作的可监视性。

夜晚白光灯效果如图 6–14 所示。

图 6–14　夜晚白光灯效果图

6.4.3　视频联动应用

视频辅助监控系统对隔离开关操作过程的监控采用三相+全景的关联显示，第一画面显示一次设备的标识牌场景监视视频，待标识牌场景监视视频播放一段时间（默认 10s）后，应能在第一画面自动播放此隔离开关设备的全景监视视频以及多画面的组合监视视频，并进行操作全过程的录像。

调度控制系统向调度视频联动应用模块发送打开视频请求，视频辅助监控系统进行截图并传送保存。主要流程如下：

（1）调度系统发送视频联动信号，顺控智能研判系统弹出相应视频（与原有模式保持一致）。新增操作票票号信息，顺控展示画面为标识牌/隔离开关三相全景（左上）、隔离开关 A 相（右上）、隔离开关 B 相（左下）、隔离开关 C 相（右下）。其中左上画面先显示标识牌，持续 10s（可配置）后自动切换至隔离开关三相全景。

（2）调度系统发送视频截图信号，顺控智能研判系统需根据操作票号、一次设备名称对刚刚操作的一次设备的全景和 A、B、C 相等四幅画面进行截图操作，截图名称按照“操作票号_变电站.一次设备名称_场景名称.jpg”三段式模式进行命名。

（3）顺控智能研判系统截图成功后传送至调控主站，顺控智能研判系统仍然需对截图进行保存，保存周期不小于 3 年。

视频研判结果如图 6–15 所示。

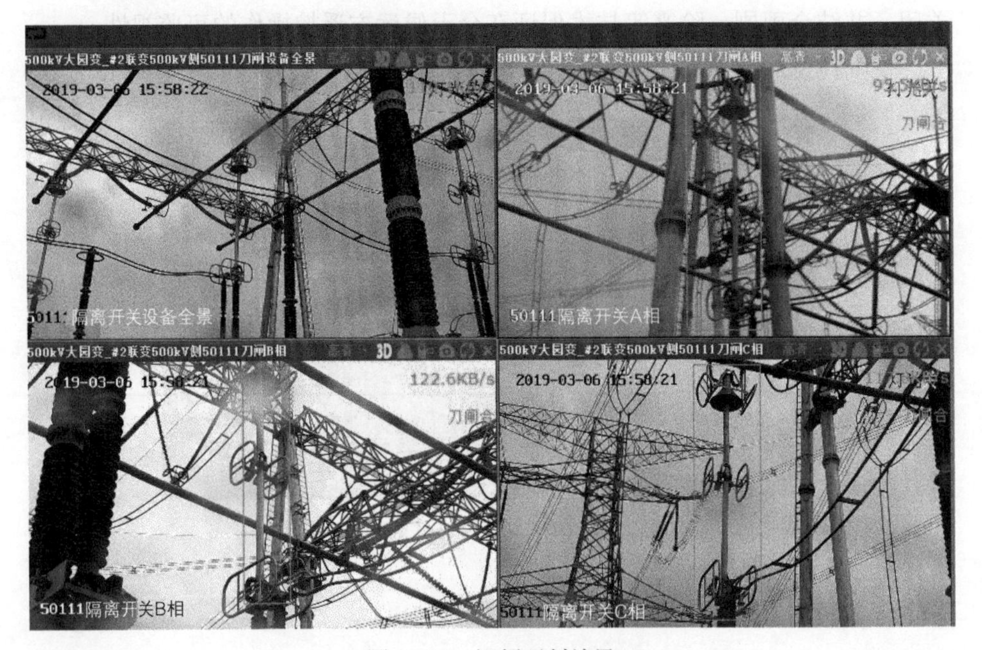

图 6–15　视频研判结果

第7章 调控主站顺控

7.1 概　　述

调度控制系统主站的遥控功能，操作范围涵盖了线路、断路器、主变压器、母线以及主保护、重合闸软连接片远方投退、测控装置同期/无压功能切换、保护装置远方复归等，根据不同的实现方案，可分为遥控和顺控两类。

遥控是主要实现单一控制对象的控制，主要是断路器和隔离开关的分合和连接片信号的投入、退出等。遥控是调度控制系统的必备功能，将主站监控人员执行的人机操作转换为数字指令，通过调度数据网送达厂站端控制单元，实现对断路器和其他设备的远距离控制。

顺控是一种系列控制指令的处理方式，即按照一定时序及闭锁逻辑，自动逐条发出指令、逐条确认，直至执行完成全部控制指令。顺控的实现可提高操作效率，减少误操作风险。目前实现方式主要分为两种：一是站端顺控模式，指在智能变电站内部生成顺控操作的操作序列，调度端通过调阅变电站端顺控操作票，校验后发布顺控操作指令，站端完成具体的序列控制操作；二是调控主站顺控模式，指在主站侧实现顺控票的成票、顺控执行逻辑校验、操作分解等工作，并将每个步骤的操作及时、准确地传输到相应的变电站远动系统，实现单间隔或跨间隔设备的连续操作。

7.1.1 遥控操作流程

遥控操作由调度端发起，遥控前进行远方就地状态、操作权限、设备状态、遥控配置等相关检查；遥控中经过遥控信息校验（厂站、间隔、调度号等）、双机监护、点表比对、防误校验后通过调度数据网下发遥控指令，控制操作步骤主要包含“选择—返校—执行”；遥控后，进行操作痕迹查询管理。遥控操作具体流程如图 7-1 所示。

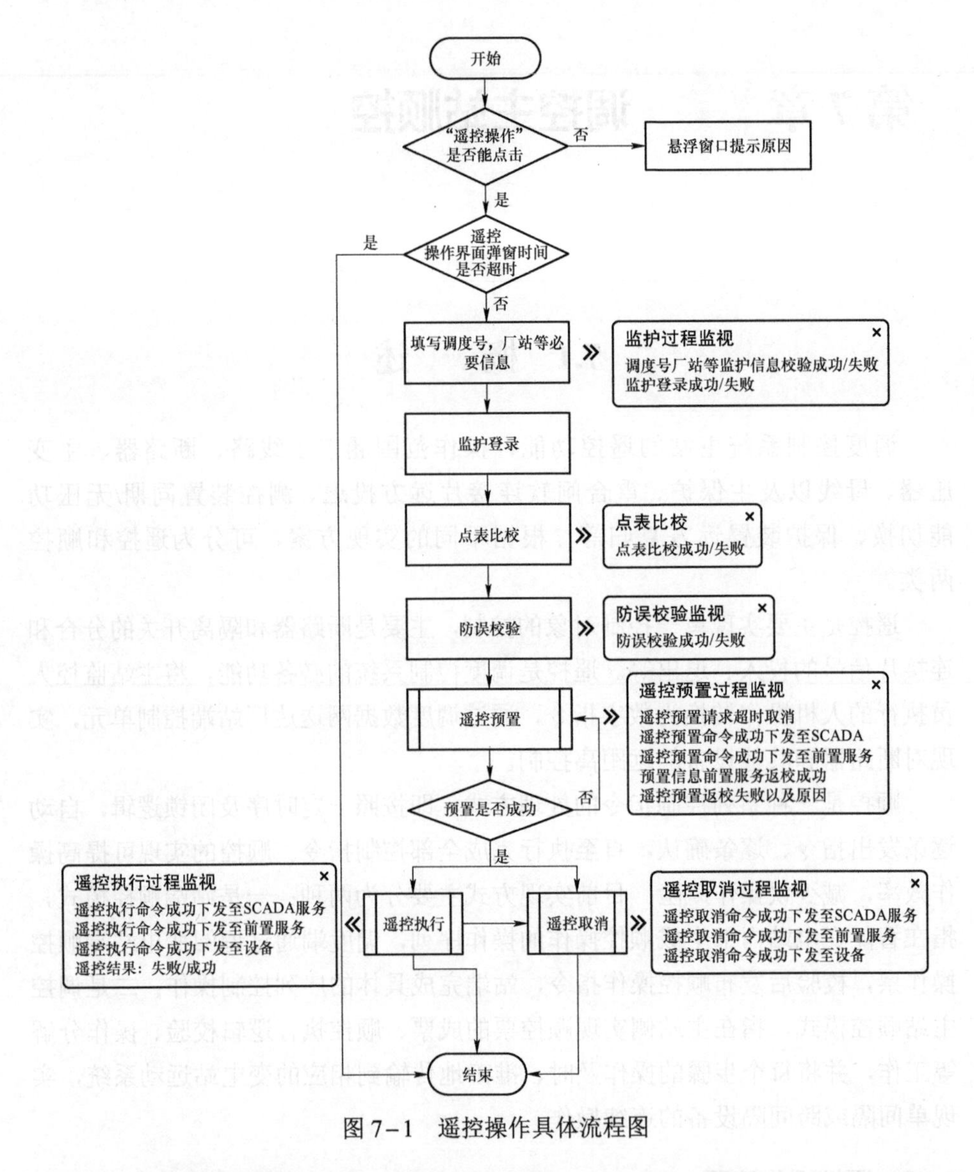

图 7-1　遥控操作具体流程图

（1）人机客户端结合用户和责任区权限以及状态位等信息，判断该控制点是否可以进行遥控操作。

（2）对于允许遥控操作的控制点，右键菜单弹出遥控操作界面。

（3）进行调度号、间隔、厂站等信息的校对。

（4）监护登录，可以根据具体情况，选择双机监护、单机监护、无人监护中的一种模式进行监护登录。

（5）点表比对，点表比对不成功退出遥控操作。

（6）防误校验。

（7）遥控预置，人机客户端将下发预置消息给 SCADA 应用。

（8）SCADA 应用接收人机消息，并转发给前置，等待前置返校。

（9）前置收到遥控预置事件。

（10）前置进行校验，并返回结果。返校成功的控制点可以进行下一步操作，即遥控执行或遥控取消。

（11）点击“遥控执行/遥控取消”按钮，人机客户端将下发消息给 SCADA 应用。

（12）SCADA 应用转发“遥控执行/遥控取消”给前置。

（13）前置收到遥控执行事件，下发给设备。

（14）SCADA 应用等待遥控执行结果，并判断遥控成功/失败。

7.1.2 遥控双校验

当前远方操作模式在通信协议及安全校核方面存在以下不足：① 原有通信协议仅采用通信点号来描述操作对象，易存在操作对象描述不准确的问题；② 在变电站调试投运、改造升级乃至实际运行中时缺乏安全校核方法，存在人为因素导致在配置主站信息点表时出现失误，造成遥控误动的风险；③ 存在因子站配置信息变更且未与主站同步造成遥控误动的风险。

遥控双校验模块是对原有的远方操作流程进行分析，通过对电力系统的 IEC 60870-5-104 通信规约进行解读和扩展，进行远动安全校核的遥控双校验，实现点号及扩展双校验信息字符串，只有双重校验都满足条件，才能遥控操作，可有效避免误遥控事故。

7.1.3 远方操作双确认

远方操作双确认是指在进行控制操作执行过程中，采用两个非同样原理指示同时变化作为确认条件。具体设备确认条件如下：

（1）断路器远方操作采用分合闸位置和相应设备有功、无功、电流、电压等两个非同原理指示同时变化作为双确认条件。

（2）隔离开关远方操作采用隔离开关双位置，辅助视频、姿态传感器或压力传感器等两个非同原理指示同时变化作为双确认条件。

（3）重合闸（备自投）软连接片的远方操作，根据重合闸（备自投）功能软连接片及对应的第二个确认信号“重合闸（备自投）充电完成”信号的当前状态判断远方操作执行结果。

（4）除重合闸、备用电源自动投入外的功能软连接片的远方操作，应根据软连接片及对应的第二个确认信号的当前状态判断远方操作执行结果，软连接片具备“投入”和“退出”两种状态，第二个确认信号具备“功能投入”和“功能退出”两种状态。

系统宜与视频联动系统进行交互，对远方操作的设备进行视频联动，实现设备图像跟踪识别，从而保证一次设备操作到位，提高远方操作执行的正确性及安全性。

7.1.4 遥控全过程监视

遥控全过程监视功能应用工作流理念，将遥控操作各环节串联起来，新增了大量交互数据信息与处理逻辑，通过完整记录控制过程中的数据交互信息以及校验判断结果，将每个环节遥控不成功的原因或者遥控成功下发至下一流程，并将其实时发送给控制过程监视界面，从而实现遥控操作全流程管控。遥控全过程监视主要功能如下。

一、遥控检查

检查因为权限、配置、状态等导致无法遥控原因，为遥控的正确性进行前期检查工作。遥控检查判断内容如下：

（1）数字控制表没有对应记录。

（2）当前用户无遥控操作权限。

（3）当前用户无责任区权限。

（4）当前厂站遥控闭锁。

（5）当前状态为禁止控制。

（6）当前状态为非实测。

（7）当前状态为控制中。

（8）无控制权，需进行集控权切换。

二、遥控过程监视

遥控过程监视可实时接收各进程的遥控判断结果事件，事件中包含操作时间、详细描述（遥控过程以及成功/失败原因）等信息，将其按照先后顺序显示在监视对话框中，为操作人员提供明确的指导。

遥控过程监视如图 7–2 所示。

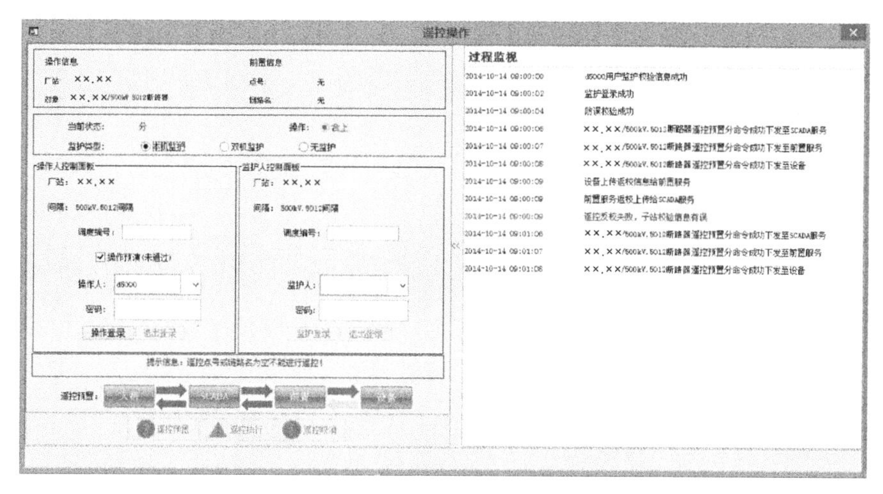

图 7-2　遥控过程监视图

三、遥控过程追溯

记录遥控操作过程中操作以及流转痕迹，可选择责任区权限范围内厂站、遥控对象以及时间等多维度进行查询分析，并以流程图或者一览表的方式展现远方操作全过程，如图 7-3 和图 7-4 所示。监控人员可确认或重新录入遥控失败原因，不断迭代故障专家库。

遥控过程追溯主要功能包括：

遥控过程一览

选择厂站　选择间隔　当天　当班　查询时间　2021-06-18 08:00:00　到　2021-06-19 16:00:00　查询　显示屏蔽

全选　仅错误　警告、错误

厂站	控制对象	控制目标	遥控状态	控制开始时间	控制结束时间	控制内容
福建.漳州	福建.漳州/500kV.漳金Ⅰ路5031开关	合		2021-06-18 17:16:05	2021-06-18 17:16:28	2021年06月18日17时16分28秒　福建.漳州/500kV.漳金Ⅰ路5031开关遥控执行合成功
福建.漳州	福建.漳州/500kV.漳五Ⅰ路_漳金Ⅰ路50321隔离开关	分		2021-06-18 17:24:12	2021-06-18 17:24:35	2021年06月18日17时24分35秒　福建.漳州/500kV.漳五Ⅰ路_漳金Ⅰ路50321隔离开关遥控执行分成功
福建.漳州	福建.漳州/500kV.漳五Ⅰ路_漳金Ⅰ路5032/测控.检无压	分		2021-06-18 17:28:30	2021-06-18 17:28:43	2021年06月18日17时28分43秒　福建.漳州/500kV.漳五Ⅰ路_漳金Ⅰ路5032/测控.检无压遥控执行分成功
福建.漳州	福建.漳州/500kV.漳金Ⅰ路5031/测控.检无压	分		2021-06-18 17:29:39	2021-06-18 17:29:55	2021年06月18日17时29分45秒　点表比较通过 2021年06月18日17时29分45秒　防误校验正常 2021年06月18日17时29分49秒　福建.漳州/500kV.漳金Ⅰ路5031/测控.检无压界面操作遥控预置分 2021年06月18日17时29分51秒　福建.漳州/500kV.漳金Ⅰ路5031/测控.检无压遥控预置分命令成功下发至SCADA 2021年06月18日17时29分51秒　福建.漳州/500kV.漳金Ⅰ路5031/测控.检无压遥控预置分命令成功下发至前置 2021年06月18日17时29分51秒　福建.漳州/500kV.漳金Ⅰ路5031/测控.检无压遥控预置分命令成功下发至设备 2021年06月18日17时29分51秒　设备上传预置反校报文给前置 2021年06月18日17时29分51秒　前置服务返校上传给SCADA服务 2021年06月18日17时29分51秒　人机客户端接收前置服务返校 2021年06月18日17时29分51秒　福建.漳州/500kV.漳金Ⅰ路5031/测控.检无压遥控预置分成功 2021年06月18日17时29分53秒　福建.漳州/500kV.漳金Ⅰ路5031/测控.检无压界面操作遥控执行分 2021年06月18日17时29分53秒　福建.漳州/500kV.漳金Ⅰ路5031/测控.检无压遥控执行分命令成功下发至SCADA 2021年06月18日17时29分54秒　福建.漳州/500kV.漳金Ⅰ路5031/测控.检无压遥控执行分命令成功下发至前置 2021年06月18日17时29分56秒　福建.漳州/500kV.漳金Ⅰ路5031/测控.检无压遥控执行分成功
福建.金峰	福建.金峰/500kV.漳金Ⅰ路50211隔离开关	合		2021-06-18 18:22:06	2021-06-18 18:22:16	2021年06月18日18时22分06秒　用户操作登录成功 2021年06月18日18时22分14秒　点表比较通过 2021年06月18日18时22分14秒　防误校验正常 2021年06月18日18时22分14秒　福建.金峰/500kV.漳金Ⅰ路50211隔离开关界面操作遥控预置合 2021年06月18日18时22分17秒　福建.金峰/500kV.漳金Ⅰ路50211隔离开关遥控预置合命令成功下发至SCADA服务 2021年06月18日18时22分17秒　福建.金峰/500kV.漳金Ⅰ路50211隔离开关遥控预置合命令成功下发至前置服务 2021年06月18日18时22分17秒　福建.金峰/500kV.漳金Ⅰ路50211隔离开关遥控预置合命令成功下发至设备 2021年06月18日18时22分17秒　设备上传预置反校报文给前置 2021年06月18日18时22分17秒　前置服务返校上传给SCADA服务 2021年06月18日18时22分17秒　人机客户端接收前置服务返校 2021年06月18日18时22分19秒　福建.金峰/500kV.漳金Ⅰ路50211隔离开关遥控预置合不成功 2021年06月18日18时22分19秒　子站方回复47报文
福建.金峰	福建.金峰/500kV.漳金Ⅰ路50211隔离开关	合		2021-06-18 18:26:19	2021-06-18 18:26:29	2021年06月18日18时26分19秒　用户操作登录成功 2021年06月18日18时26分25秒　防误校验正常 2021年06月18日18时26分27秒　福建.金峰/500kV.漳金Ⅰ路50211隔离开关界面操作遥控预置合 2021年06月18日18时26分30秒　福建.金峰/500kV.漳金Ⅰ路50211隔离开关遥控预置合命令成功下发至SCADA服务 2021年06月18日18时26分30秒　福建.金峰/500kV.漳金Ⅰ路50211隔离开关遥控预置合命令成功下发至前置服务 2021年06月18日18时26分30秒　福建.金峰/500kV.漳金Ⅰ路50211隔离开关遥控预置合命令成功下发至设备 2021年06月18日18时26分30秒　设备上传预置反校报文给前置 2021年06月18日18时26分30秒　前置服务返校上传给SCADA服务 2021年06月18日18时26分29秒　人机客户端接收前置服务返校 2021年06月18日18时26分29秒　福建.金峰/500kV.漳金Ⅰ路50211隔离开关遥控预置合不成功 2021年06月18日18时26分31秒　子站方回复17报文
福建.金峰	福建.金峰/500kV.漳金Ⅰ路50211隔离开关	合		2021-06-18 18:27:53	2021-06-18 18:28:03	2021年06月18日18时28分03秒　福建.金峰/500kV.漳金Ⅰ路50211隔离开关遥控预置合不成功

遥控检索　退出

应用程序　位置　系统　[控制台]　[sgpc5…　[画面…　[终端]　sgpc52…　遥控过…　IDM…　[数据…　fujian…　202106…　6月23日星期三 下午

图 7-3　遥控过程一览图

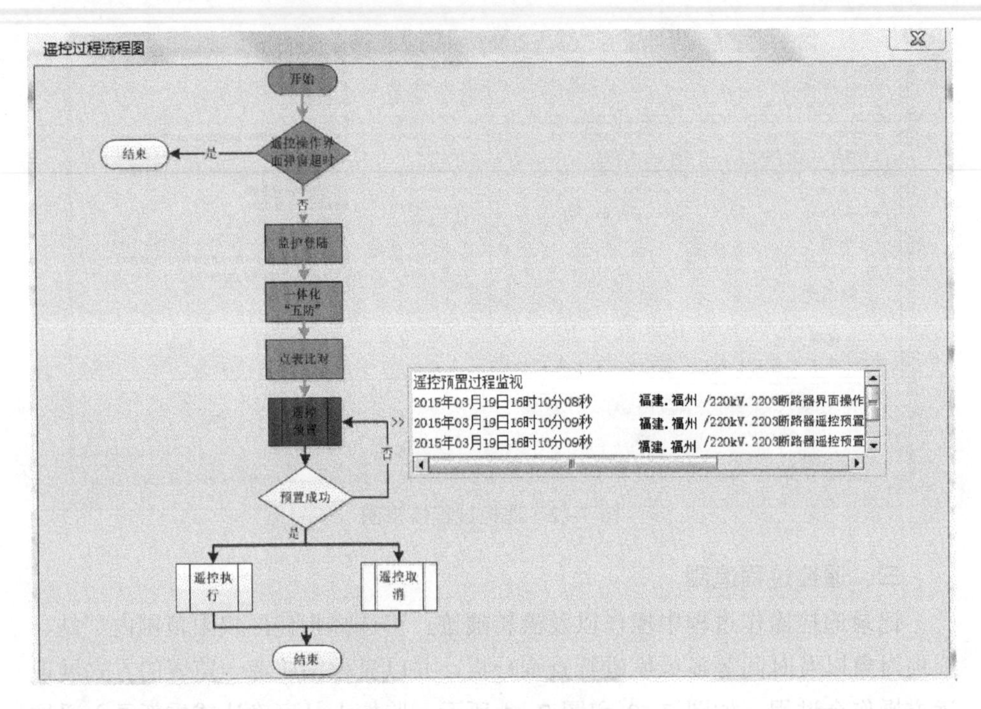

图 7-4　遥控过程一览流程图

（1）对遥控过程的错误或者警告信息进行详细展示。

（2）对遥控过程出现错误的原因进行分析。

（3）对选定的遥控对象进行遥控简报的生成，可统计特定控制点在一定时间内进行遥控过程的统计信息。

7.2　顺　控

顺控功能也称程序化操作，根据预先规定的操作逻辑和“五防”闭锁规则，自动按规则完成一系列断路器、隔离开关的操作，最终改变系统运行状态的过程，从而实现电气设备从运行、热备用、冷备用等各种状态的自动转换。目前实现方式主要分为两种：站端顺控模式、调控主站顺控模式。

7.2.1　顺控模式介绍

一、站端顺控模式

智能变电站侧具备完整顺控功能，顺控操作票在变电站侧存储、维护，主站侧无需存储顺控操作票，仅存储当前票面内容及操作记录。由调度端发起顺控指令，在智能变电站侧实现顺控票的成票、顺控执行逻辑校验，变电站侧与主站侧采用扩充的通信协议进行调度侧与变电站侧信息交互，并提供顺控单步执行与自动按步骤执行两种顺控执行模式，并在自动执行过程中，可以进行暂停执行与继续执行等干预操作。对于站端模式，系统需要充分通过规约扩展部分内容，实现顺控操作序列的调阅功能，并根据需求对操作序列进行解析并展示。监控人员对操作序列进行综合指令下发后，相应的顺控操作通过规约扩展内容及时、准确地传输到相应的智能变电站远动系统，由站端一键顺控主机根据操作指令分步骤或自动实现具体操作，从而实现远方操作。站端顺控模式实现流程如下：

（1）调度端下发顺控指令到智能变电站，变电站获取相关的操作序列，并将顺控票头反馈给调度端。

（2）调度端对于顺控的操作序列进行操作预演。

（3）调度端在顺控的操作序列进行操作预演成功返回后，可启动顺控执行。

（4）站端收到执行命令后，按照操作序列进行逐步执行，执行过程中，出现一、二次异常闭锁信号，系统需自动终止顺控操作，并返回错误原因、出错步骤、当前控制对象状态。

（5）站端执行完毕，上送执行总结果。

二、调控主站顺控模式

由调控主站主导实现的顺控，即在调控主站完成顺控操作票的生成、顺控的指令下发和信息反馈校验工作。顺控模块接收智能操作票模块的顺控指令，进行操作权限执行完毕，上送执行总结果。等审核后，从规则库中读取相关的设备与异常信号规则。在正式进行遥控操作前，为保证顺控的正确性，进行操作预演。操作预演检验操作逻辑的准确无误后，按照接收的操作票指令依次下发控制指令。在操作过程中，自动化系统发生事故或者异常告警信号时，告警并且进行异常处理，确认是否进行下一步操作。调控主站顺控模式实现流程如下：

（1）调控主站顺控操作票模块生成顺控操作票。

（2）启动顺控操作界面，验证操作票控制对象与实际控制对象一致性；顺控执行过程前，校验相关保护信号、连接片状态，相关量测值是否满足顺控票执行的初始环境。

（3）调控主站按照顺控操作票步骤，依次执行各操作项目，包括遥控、状态核对、闭锁信号巡检等。执行中智能抽取顺控本操作步骤相关的二次信号，进行标准固化流程核查，确保远方操作安全性。如出现一、二次异常闭锁信号，则根据闭锁信号级别自动终止顺控操作或者由人工干预后继续执行操作。

（4）调控主站执行完毕，反馈执行结果，顺控操作票模块进行归档。

三、两种模式的差异比对

调控主站顺控模式、站端顺控模式差异见表 7–1。

表 7–1 顺控模式差异对比图

序号	对比内容	调控主站顺控模式	站端顺控模式
1	顺控操作票系统	主站顺控操作票提供指令，主站按顺控操作票规则执行并进行校核	主站下发顺控任务，子站顺控操作票系统执行并进行状态校核
2	“五防”系统	主站调用“五防”接口	子站“五防”
3	通信协议	利用现有控制、数据传输通道，无须扩展通信协议	扩充 104 通信协议
4	闭锁信号	闭锁信号判断由主站通过事先定义的规则查询实现；修改闭锁信号逻辑可不停电改造	闭锁信号判断由子站顺控操作票实现，主站接收子站异常报文并进行监视；修改闭锁信号逻辑，需要停电改造站端系统
5	状态查询	主站通过操作票指令逐项进行状态查询	子站顺控操作票功能，主站接收子站异常报文
6	部署实施	在调控主站部署，依赖现有系统的遥控和数据采集与处理，改造工作量小，部署周期短	依赖站端顺控操作系统，站端维护调试工作量大。需新增通信协议，调试复杂
7	投资改造	无须新增硬件，只需对主站进行软件投资，不涉及子站改造	不具备顺控的子站可能需要新增软硬件投资。需要同时对主子站进行调试投资，$n+1$ 模式
8	维护	可不停电改造	需停电改造

调控主站顺控模式主要存在五方面优势：① 投资规模小，改造工作量少，验收周期短；② 根据运行方式与设备初末状态自动推理成票，适应性强；③ 采用辅助视频进行设备位置判断，可不停电改造，改造周期短；④ 只具备逻辑公式防误和拓扑防误功能，可实现跨间隔或跨站操作防误；⑤ 操作过程实时判断电网事故或异常信号，防止电网事故或设备异常情况下继续操作扩大影响范围的情况发生。

7.2.2 调控主站顺控

一、调控主站顺控流程

调控主站顺控基于调控系统现有遥控功能，由调度控制系统发起顺控调度指令，依据调度指令智能生成操作票，经过一体化防误逻辑校验和顺控异常信号闭锁后，向变电站远动机下发控制指令。顺控过程发生顺控异常信号或防误校核不通过时，中断顺控，操作人员确认后继续执行或终止操作。该模式由调控主站完成顺控的指令下发，信息反馈校验工作。

（1）调控主站顺控流程如下：

1）顺控执行模块从顺控操作票模块获取相关对象化信息。

2）进行操作用户、监护用户密码校验、平台统一权限控制，提供厂站、间隔、调度编号等操作安全防误机制。

3）执行前，对相关保护信号、连接片状态、相关量测值进行校验，确认是否满足顺控票执行的初始环境。

4）执行中，智能抽取顺控本操作步骤相关的二次信号，进行核查，确保远方操作安全性；提供操作暂停、操作继续、操作终止、中断续控、中断再控等操作手段。

5）执行后，对操作进行状态确认和综合分析，程序化校核下一步操作步骤的可行性，并对操作风险进行评估。校核不通过，以告警的形式反馈操作用户。每一步顺控操作均有明确的操作记录。

考虑到顺控的安全性问题，在对一次设备操作过程中加入对二次异常信号的判断，关联预先设定的闭锁逻辑，对实时信号进行自动检查校核，当顺控过程中出现影响操作的异常信号，或发现信号满足闭锁逻辑时将顺控流程挂起时，引入人工干预，人工对信号进行复归或是执行其他操作后，可以选择恢复顺控操作。

（2）顺控操作操作序列流程基本如下：

1）系统接收到调度指令信息后，根据调度指令的类型以及指令需求不同，视情况自动启动顺控操作相应操作。

2）收到调度指令后，根据相关规则自动生成顺控操作操作序列。顺控操作操作序列内容包括具体的各个操作步骤、操作术语和语句描述方式，涉及对一次设备以及二次设备的控制操作。顺控操作操作序列由调控主站系统根据相应的规则库生成。系统收到调度指令后，自动生成相应的操作序列，生成的操作序列应能明确标识是否为顺控操作票。顺控操作序列中应包含操作指令与检查项。

3）顺控操作操作序列生成后，针对整体序列进行操作防误校验：防误校验通过后，方允许对操作序列进行执行；防误校验不通过，无法进行远方操作。同时，本环节需要运行方式核对校验，运行方式核对校验时包括对二次设备状态的校验。

4）顺控操作操作序列经过防误校验后，首先发起操作序列审核操作，审核通过后，进入操作序列执行环节；审核不通过，则不允许进行操作序列执行环节。

5）调取顺控操作操作序列执行界面，执行界面列出当前的控制执行序列，可根据既定的操作方式进行序列执行。执行过程中，在序列执行界面当中实时反馈每个步骤的执行结果信息。

6）顺控操作执行前，校验相关保护信号、连接片状态、相关量测值是否满足顺控票执行的初始环境。

7）顺控操作执行中智能抽取顺控本操作步骤相关的二次信号，进行标准固化流程核查，确保远方操作安全性。

8）顺控操作执行后，对操作进行状态确认和综合分析，程序化校核下一步操作步骤的可行性，并对操作风险进行评估，条件不通过，以告警的形式反馈操作用户。

顺控操作流程如图 7–5 所示。

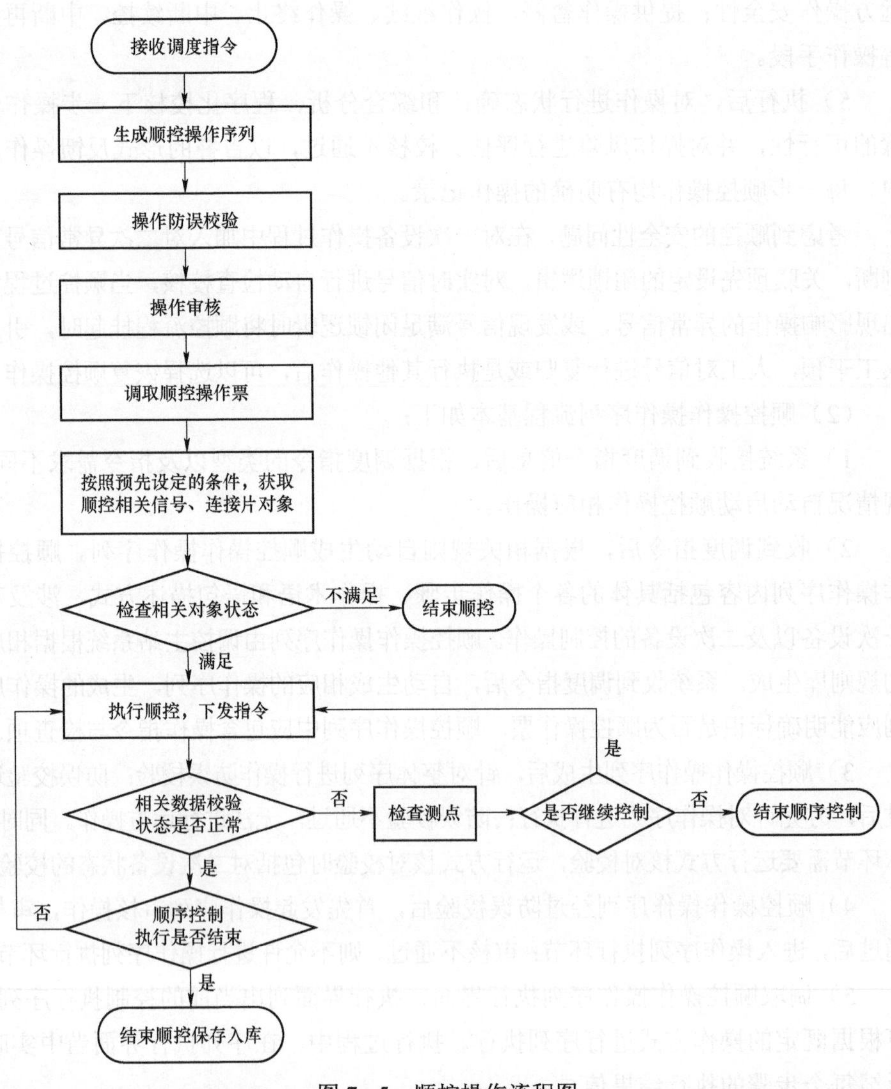

图 7–5　顺控操作流程图

（3）顺控时序如图 7-6 所示。

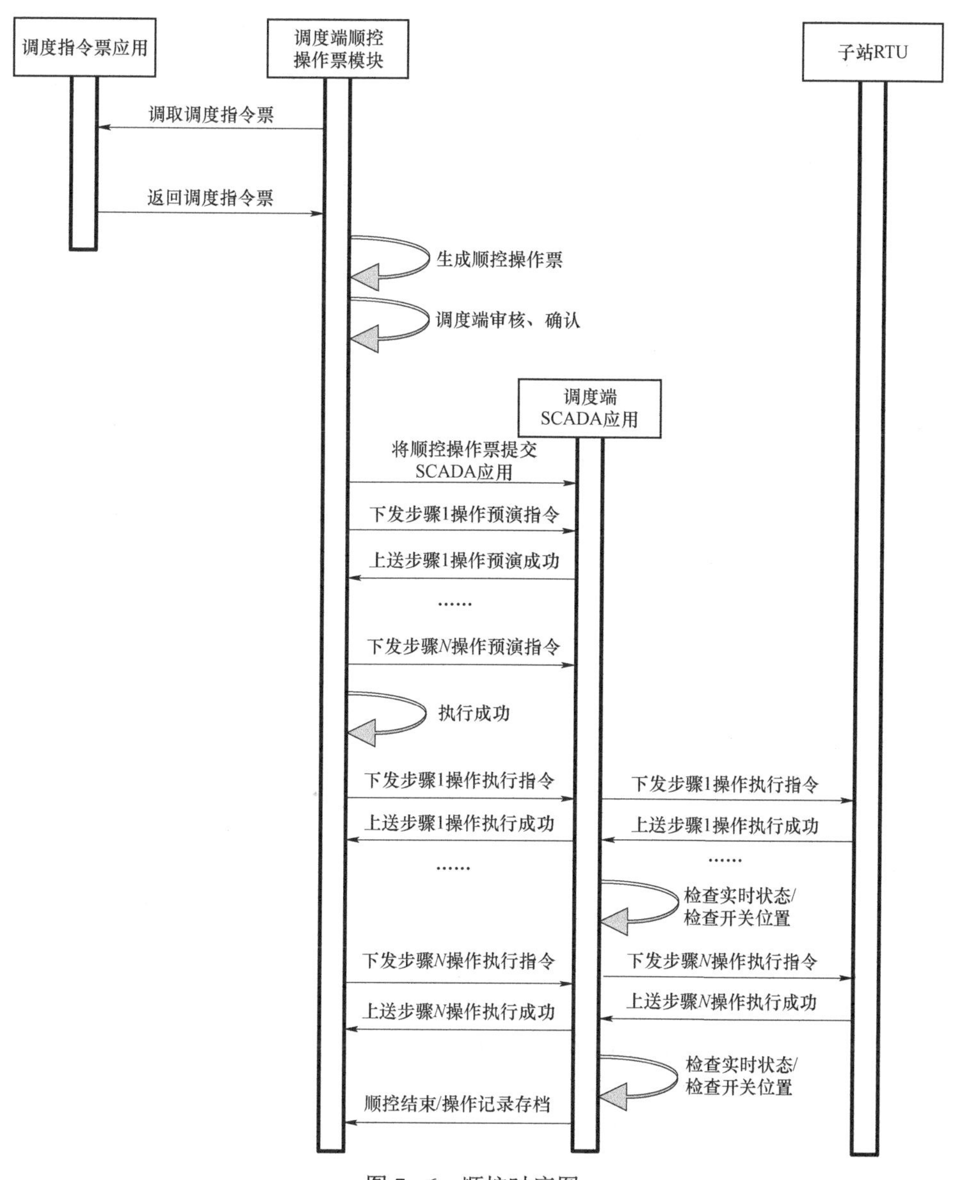

图 7-6　顺控时序图

二、异常处理

系统对顺控操作操作序列执行过程中出现的各种异常进行智能识别，并进行区分处理。

系统支持的异常应至少包括重新尝试执行操作步骤、终止执行操作序列等。若系统遥控操作失败时伴随有其他异常，如RTU中断、防误功能异常、远方连接片状态不正确或无法正确判断设备状态等情况时，系统应终止执行操作序列，由调度监控人员根据需要选择改为现场操作或其他措施。若系统仅提示遥控反校或遥控执行不成功，未发出其他信号，则系统可再次尝试执行操作步骤。

当进行顺控操作时，系统能自动切换视频画面到与操作设备相关的对象上，除系统内部进行逻辑判断外，操作员也能通过视频画面直观地观测到设备的当前实际状态、操作中间的变化状态、操作结果等，以便在出现异常时可随时对顺控过程进行干预。

三、断点续控

操作过程异常中断后，系统自动记录断点的操作步骤、异常原因、执行结果，根据异常原因分析诊断是否开放操作断点的重复操作权限，执行人员根据系统提示、权限设置重复操作行为。经确认后，系统自动校核操作断点设备变位、潮流变化情况，确认操作断点执行到位后，重新启动安全校核程序，操作执行人可在原操作票上继续操作，提高操作的连续性、可靠性。

（1）中断再控。顺控执行过程中，如果某个操作令出现异常中断，系统在异常中断点提供再控一次功能，以保证在一次异常中断后，通过确认相关设备状态和信号情况后再控一次，提高顺序控制的成功率。

（2）中断继控。顺控执行过程中，如果某个操作令出现异常中断，通过中断再控一次功能也无法正常执行下去，顺控异常终止后，使用中断继控功能，在原顺控操作票上再继续进行顺控的功能。

初态判断是顺控初期保障顺控安全顺利执行的重要功能，只有被控设备的初状态与操作票要求的初状态一致时，才能够执行顺控。而中断继控是在顺控操作票已经执行了一部分的基础上再次执行顺控操作，此时再进行初态判断已不可行。为了保证顺控过程安全可靠，在执行中断再控操作前，需要在“五防”断面下对未执行的操作令进行顺控预演，确保每个被控设备都能通过防误校验逻辑。中断继控功能可以解决上述问题。在中断继控过程中，对已操作的操作令不再进行操作，直接跳过。

中断续控制技术通过对顺控操作票业务逻辑进行深入剖析，以安全、快捷为出发点，在保证安全的基础上，提出了一种在异常中断处理后沿用原顺控操作票继续执行顺控操作的方法，以提高顺控执行效率和顺控完成率。

中断续控技术流程如图7-7所示。

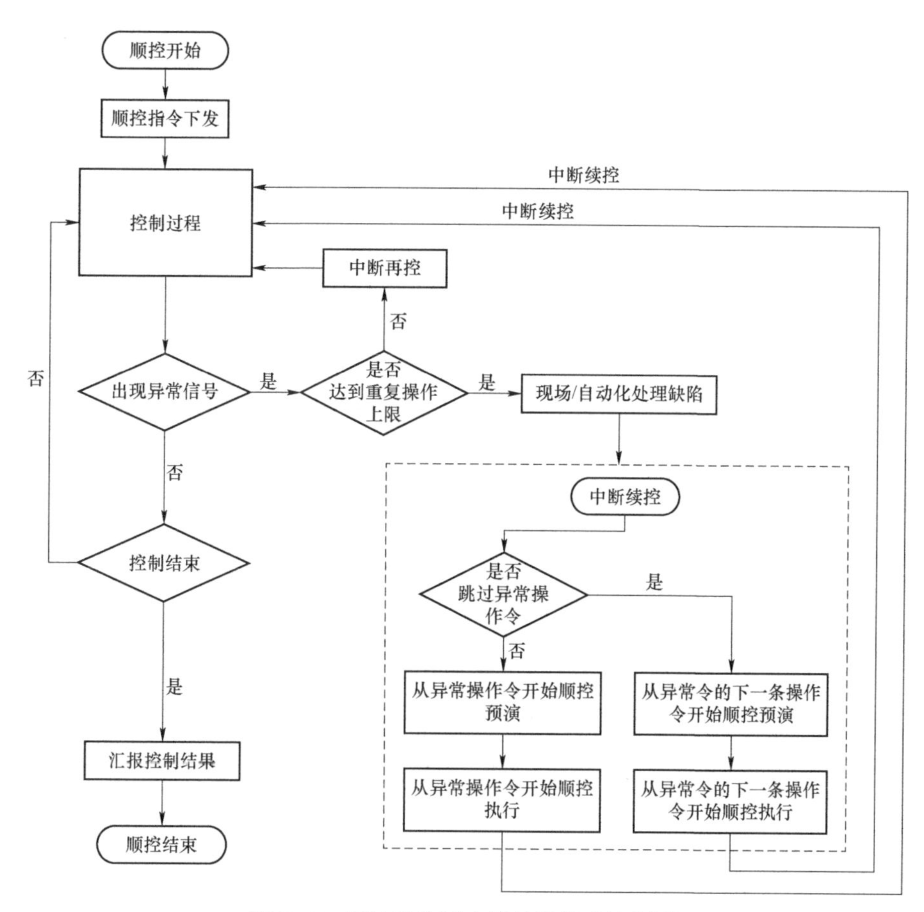

图 7-7　顺控操作票中断续控技术流程图

四、控制信号闭锁

考虑到顺控操作的安全性问题，在对一次设备操作过程中需要对二次异常信号进行判断，若是出现影响电网运行或对操作的一次设备造成影响的二次信号，系统需要终止顺控操作。为了保障顺控正确无误执行及电网和设备安全可靠运行，顺控采用了通过顺控闭锁信号库检查顺控是否安全的技术措施。

闭锁信号库指的是影响顺控操作安全的一、二次保护信号。在顺控操作序列的执行过程中，根据既定的控制信号闭锁规则，实时监测系统内影响操作的异常信号（包括二次异常信号）。如果出现影响操作的异常信号，顺控操作自动终止执行。闭锁信号实时监测将在实际操作过程中由人工判断的信息通过标准化闭锁信号库交由程序自行判别，缩短了判断时间，减少了人为判断的失误，提高顺控效率。

调控主站在新接入厂站导入保护信号点表时，自动维护信号所属间隔的间隔类型，同时在部分需要巡检的特殊信号上维护指定字段，以便于查找。为保证顺控的成功率，根据信号的重要性将闭锁库内的信号区分为核心信号和一般提示类信号，一般提示类信号即不影响顺控执行情况的动作信号，核心类信号为继续操作会产生危险的动作信号。在顺控预演时，两类信号的动作情况都展示给操作人员，由操作人员决定是否继续顺控；在顺控执行阶段，一般提示类信号动作不进行提示即不影响顺控执行情况，当核心类信号动作时，将直接闭锁本次顺控，在故障排除后再重新操作。

顺控闭锁库选取应兼顾安全性和可靠性两方面的要求。安全性指执行顺控操作时，操作对象及其相关的一、二次设备应处于正常运行状态，保证顺控过程是安全的。可靠性指顺控的对象在确保一次设备安全的情况下能可靠地操作到相应目标状态，不应出现误闭锁。

在顺控过程中，操作票在每次断路器操作前生成巡检操作令，执行巡检操作令时，根据操作票中操作的设备获取相关设备间隔，对相关设备间隔内的闭锁库信号进行检查，同时根据控制设备的所属厂站、电压等级对相关公用间隔（厂站公用间隔、直流系统间隔、母差保护间隔、电压等级公用间隔）内的闭锁库信号进行检查，顺控根据闭锁库信号的检查结果决定继续控制或闭锁本次操作。在顺控预演时，由于未真正的去操作设备，故巡检指令只执行一遍，后续其他的巡检操作令不再执行。

五、操作防误校核

顺控操作的操作序列防误校验主要从防误拓扑逻辑、防误规则校验、防误设备解/闭锁等几个角度进行。防误校验正确通过后，该操作序列可以进入后续的审核以及执行流程；防误校验未通过，则该操作序列无法进行后续的相关流程。

防误校验的校验结果及时反馈到人机交互界面当中，用户可直观查阅到校验结果。若是防误校验未通过，明确提示用户防误校验未通过的原因。操作序列的防误校验操作以及防误校验结果信息都会进行记录，以便追溯。

顺控操作的操作序列进行模拟预演操作，模拟预演时严格每一个操作序列的执行步骤并逐项进行防误检验，对可能错误或危险的操作进行提示。

操作逻辑进行校验时，除了子站的防误逻辑，系统还提供一套拓扑防误逻辑。该逻辑根据电网拓扑模型、设备状态、拓扑规则脚本，实现设备操作逻辑的自动判断，同时还可以实现如站间闭锁等复杂逻辑。

六、设备状态校核

顺控过程中根据连接关系以及断路器、隔离开关状态等进行拓扑分析判断，识别断路器、线路、变压器、母线等设备的运行状态、热备用状态、冷备用状态、检修状态、空载运行状态等，进行设备状态校核，状态不一致的，将闭锁该次顺控操作。

七、操作记录及追溯

顺控操作票生成过程中，对系统根据调度指令自动生成的操作序列进行记录操作，将调度指令、产生时间、相关间隔、操作序列以及操作序列具体的操作步骤等内容完整地记录到数据库当中，以备进行操作系列的追溯，支持按照间隔、时间等类型进行追溯，可完整追溯当时的操作序列信息。

顺控操作过程中，将顺控操作过程中所做的操作进行痕迹管理。顺控操作过程中所做的操作，系统都进行完整的记录，记录内容包括操作内容、操作机器、操作时间、操作结果等信息。系统定时将操作记录进行存储操作，并可按照操作类别不同进行追溯，可完整追溯当时的操作记录。

第 8 章　智能调控远方操作工程应用

8.1 调控远方操作概述

倒闸操作是适应电网新设备投产、计划检修、运行方式调整需要而进行的一系列设备状态转换的操作行为，其安全性和规范性是确保电网安全和稳定的重要基础，也关系着在电气设备上工作的操作人员和工作人员的生命安全，重要性不言而喻。

近年来，随着变电站自动化水平的提高，变电站断路器、隔离开关、连接片等设备逐步完成遥控功能改造升级，实现在变电站端监控主机上的远程控制，改善了操作环境，提高了操作效率，同时解除了操作人员的人身安全风险。部分变电站建设部署了顺控操作方案，具备顺控操作票管理、防误闭锁、程序化控制、二次设备状态监测等功能，满足从接受顺控任务、生成顺控票到执行顺控操作、操作后状态确认的一键式操作需求，带来了操作效率和安全性的双重提升，但也存在改造工程量大、适用范围有限的问题。

调控远方操作是基于调度控制系统主站端建设，融合智能成票、一体化防误、顺控执行、视频联动研判技术于一体，具备一、二次设备远方操作和一键顺控控制功能，操作范围涵盖了线路、断路器、主变压器、母线的运行、热备用和冷备用状态互转，以及主保护、重合闸软连接片远方投退，测控装置同期/无压功能切换，保护装置远方复归等，具有适用范围广，改造量小、操作效率高的优势。目前，调控远方操作体系在福建省网和九个地区电网平稳运行六年以上，省内 1014 座变电站成功落地应用，应用场景覆盖了计划检修、事故处理、异常处置和启动送电等。据不完全统计，采用调控远方操作和“一键顺控”后，线路操作用时由原来的 45min 分别缩短至 15min 和 2min，母线操作用时由 110min 分别缩短至 60min 和 6min，主变压器操作用时由 140min 缩短至 75min 和 7min，二次软压板操作用时由 15min 分别缩短至 5min 和 1min，操作效率成倍提升，经济效益明显。

8.2　一次设备远方操作工程应用

8.2.1　一次设备远方遥控操作

一次设备的远方遥控操作涉及断路器分合闸操作（含检同期、检无压压板的投退）、电容器的投切、主变压器挡位投退等，随着视频辅助系统、调控一体化“五防”系统等技术的应用，调控操作系统在原有的操作设备上增加了隔离开关的远方操作。

8.2.2　一次设备远方操作技术案例

一次设备远方遥控操作流程分为指令票拟写、指令票审核、预令发布、操作票拟写、操作票审核、正令下达、操作票执行、操作票归档。下面以 IES600 调控系统为例进行介绍。

1. 指令票拟写

在操作票调度系统进行调度指令的拟写，可通过图形智能成票、短语成票等进行编写（见图 8–1），形成一次设备遥控操作票（见图 8–2），提交送审前，需对所有操作指令序列进行安全校核。

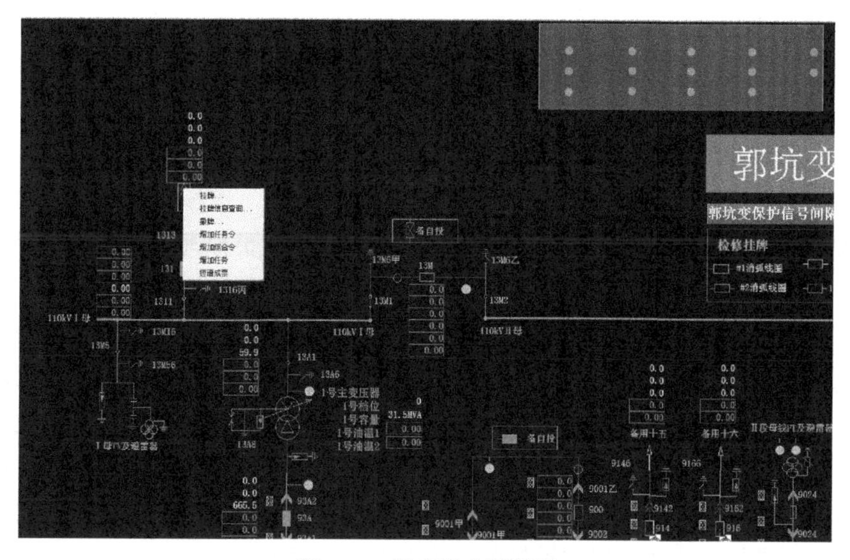

图 8–1　调度指令票拟票

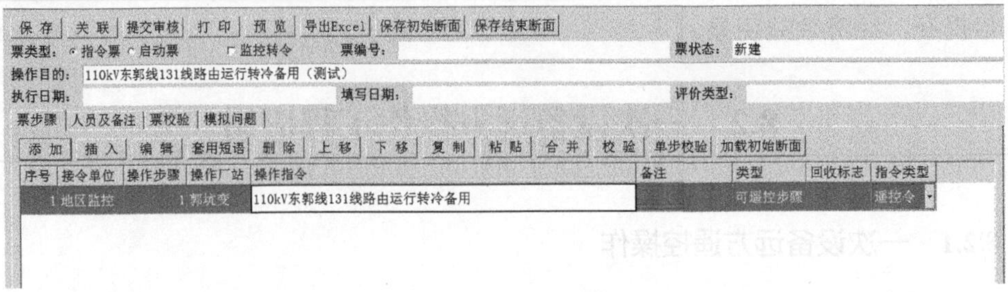

图 8-2　典型一次设备遥控指令票

2. 指令票审核

调度正值完成指令票审核，审核通过则提交调控长批准发布，审核不通过则返回拟写状态，如图 8-3 所示。

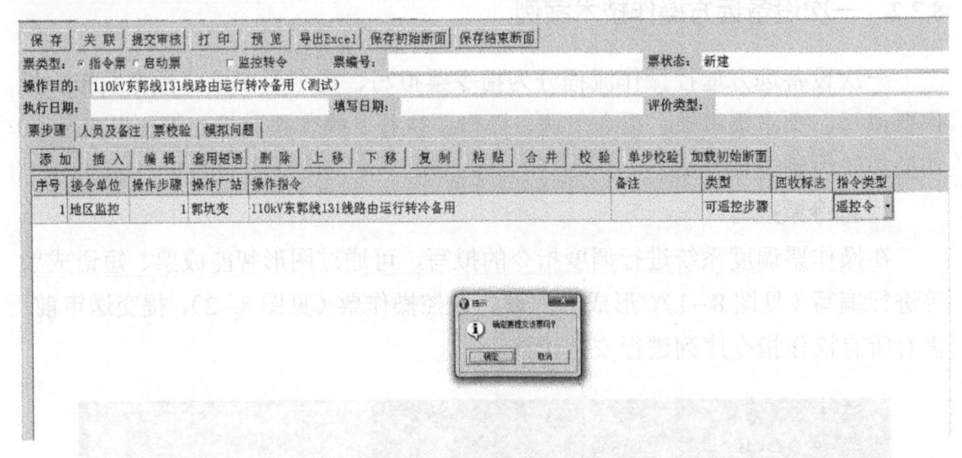

图 8-3　指令票审核

3. 预令发布

调控长完成指令票二审和预令发布（见图 8-4），审核不通过则返回一审状态。可通过网络化下命或电话下命方式通知操作人员拟写操作票。

4. 操作票拟写

在操作票监控系统进行操作票的拟写，操作人员对已发布的调度预令遥控项点击自动成票按钮，系统根据操作票成票规则、网络拓扑关系和间隔图内连接片、信号状态，自动读取预令中厂站、设备、源状态、目标态信息生成遥控操作票，并与该遥控项进行关联。生成的操作票还应成功通过网络拓扑防误校验和逻辑公式“五防”校验。操作票提交送审时，系统自动对所有操作票的执行项序列进行拓扑及防误逻辑校验，确保票面正确性。

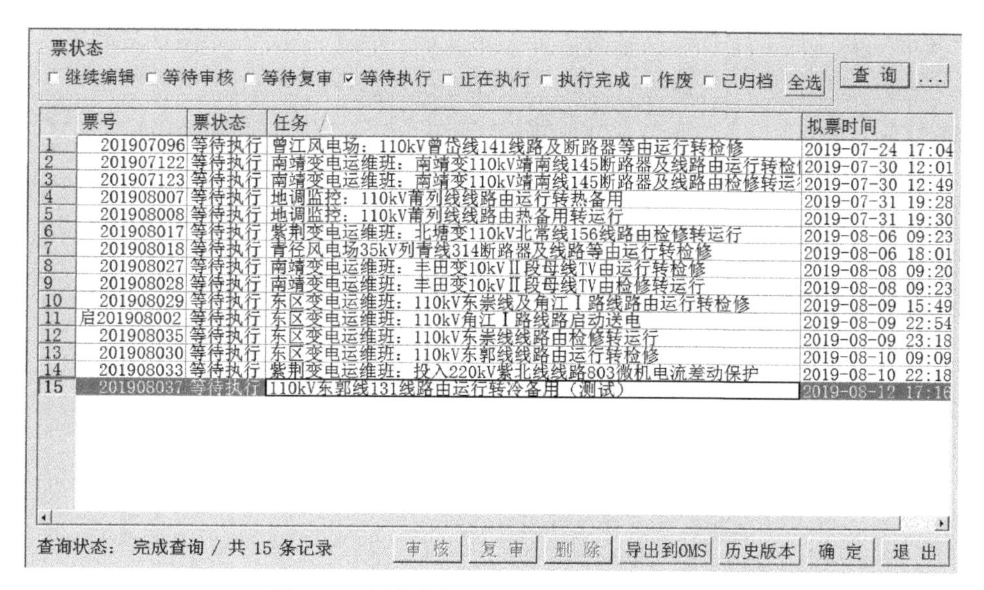

图 8-4　预令发布至 OMS 及对应操作单位

涉及 AIS 隔离开关操作时，操作票增加了查辅助综合监控系统隔离开关变位情况的操作项。

操作票拟写如图 8-5～图 8-7 所示。

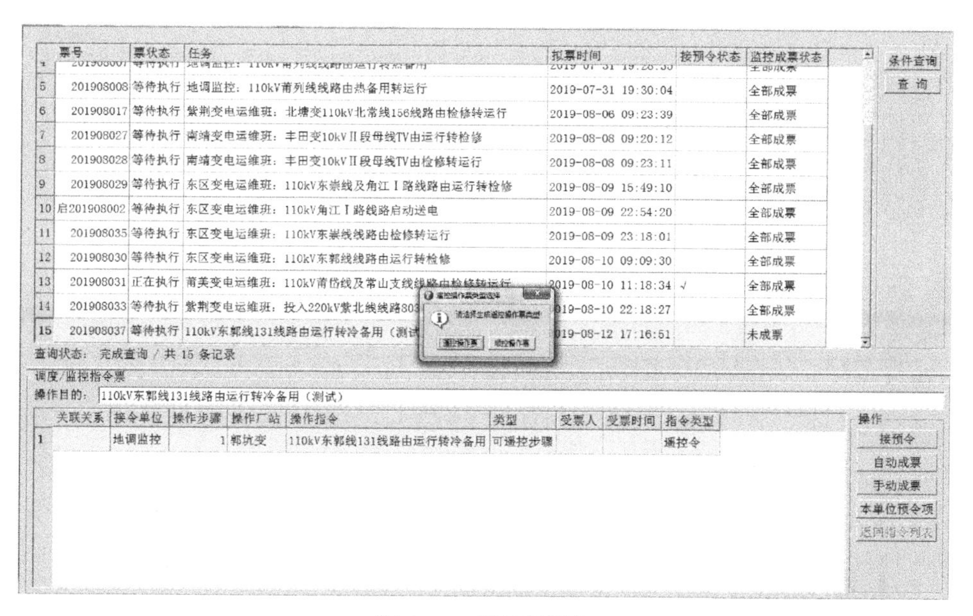

图 8-5　接调度预令

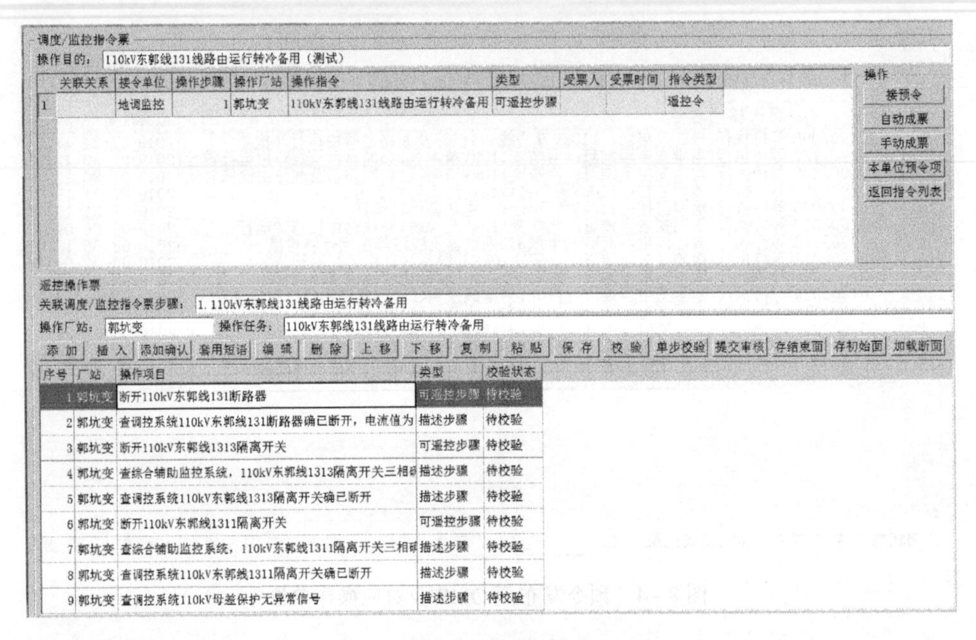

图 8-6　自动成票

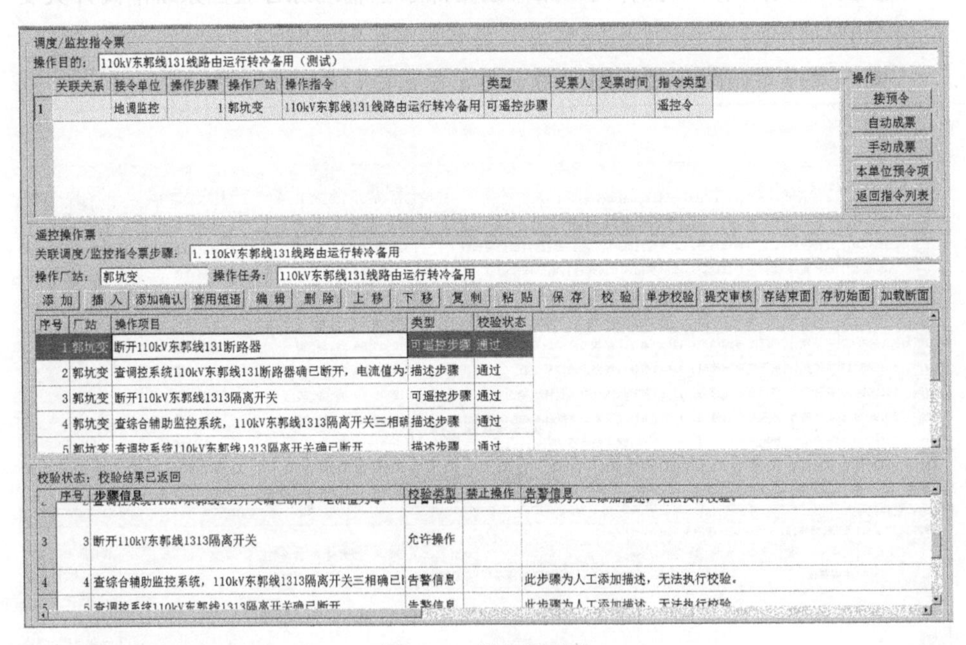

图 8-7　操作票校验

5. 操作票审核

由监控正值对操作票进行一审，审核通过后提交调控长进行二审。审核不通过则返回拟写状态，如图 8-8 所示。

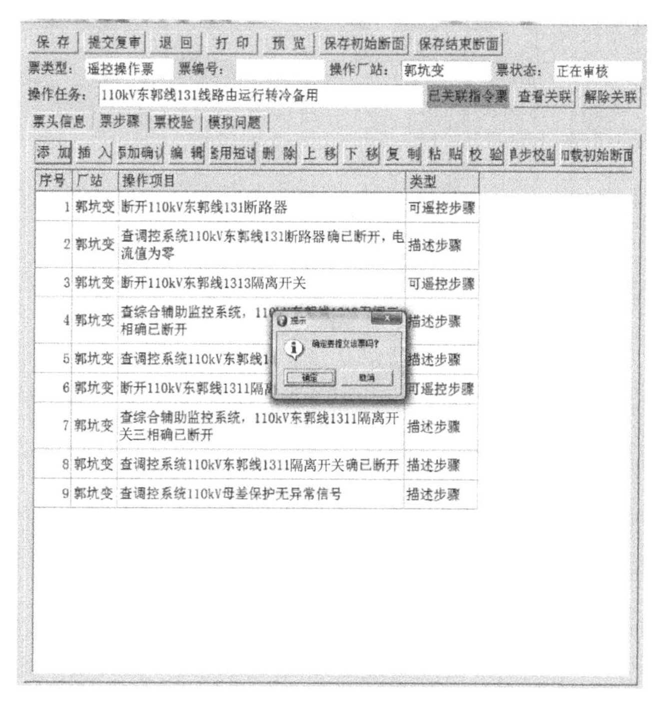

图 8－8　操作票审核

6. 正令下达

发令人、审核人分别完成指令票的监护和执行，监护执行过程调用实时断面进行潮流校核、拓扑防误校核、电网稳定校核，实现对操作步骤的安全分析。

7. 操作票执行

操作人员通过网络化下命或电话下命接收发令人的操作指令进行双机监护操作。操作执行过程实行双机监护，每操作一步均对操作人、监护人信息进行身份校验，同时对操作厂站、间隔、设备信息进行核对校验。遥控时，系统自动切入间隔细节图，将操作序列推送到一体化“五防”应用，防误校核正确后返回“五防”解锁成功信息，并开放遥控执行功能。执行完毕后，操作人、监护人在对应操作步骤项前确认打钩。“五防”功能不允许随意退出，退出需经系统权限证。

遥控操作前，调用一体化“五防”模块进行防误预演，预演过程每一步均经过网络拓扑防误校验和逻辑公式“五防”校验，成功则通过，错误则返回错误信息。预演的每步操作，要做到操作票、图形、拓扑的实时同步。

遥控操作执行如图 8－9～图 8－11 所示。

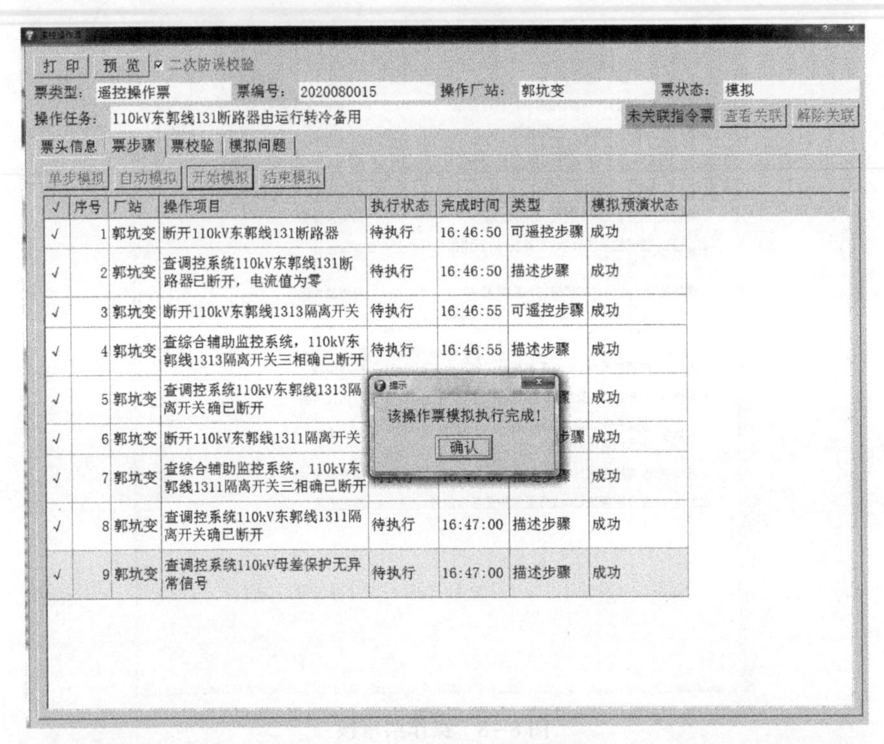

图 8-9　遥控操作前防误预演

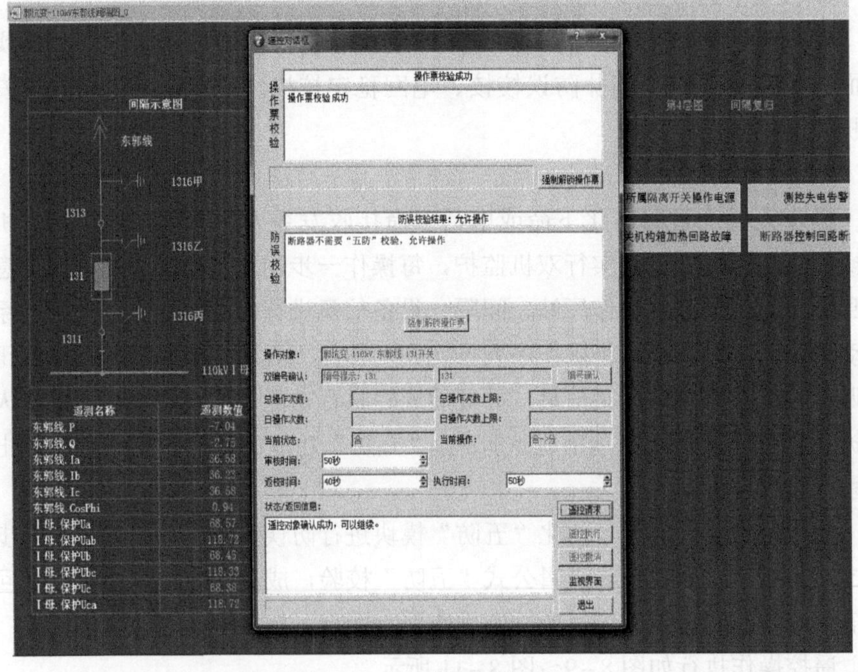

图 8-10　遥控对象执行

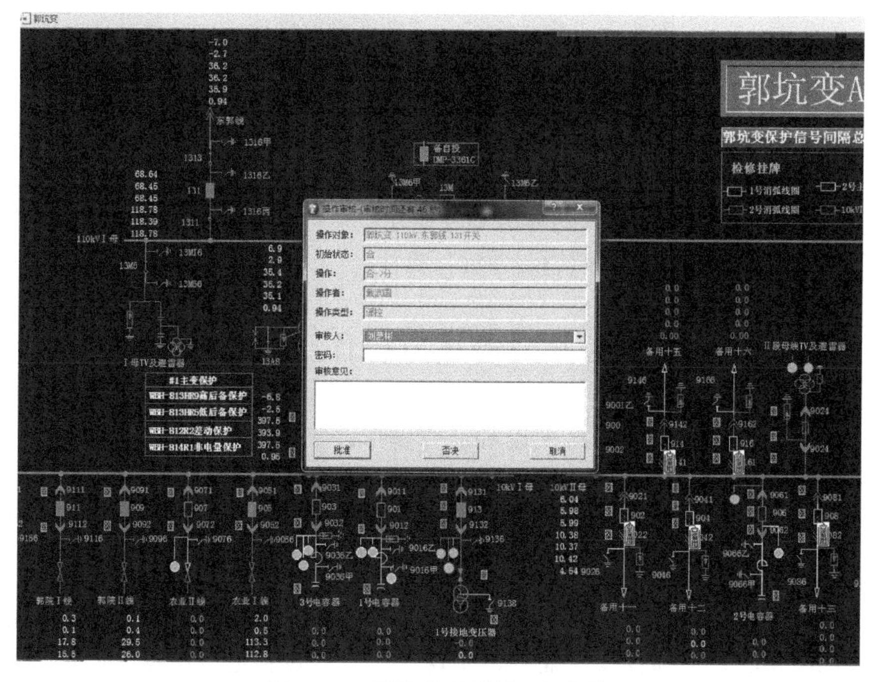

图 8－11　遥控执行过程双机监护

涉及电流电压值检查的操作项时，系统会自动读取对应间隔的数值填写进操作票中。

AIS 隔离开关操作时会调用辅助综合监控系统内隔离开关视频，实现视频联动（见图 8－12）。隔离开关视频到位的确认也需经过双人双机确认。

图 8－12　隔离开关操作视频联动

远方遥控进行母线侧隔离开关操作时，操作人员还应通过母差保护的隔离开关变位信息核对到位情况，并在操作结束后远方复归母差保护装置的开入变位信息，确认母差保护无 TA 断线或差流异常等异常信号。

8. 操作票归档

遥控操作结束后，填写票面信息并保存，系统将操作票发布至电力生产管理系统（PMS 系统）进行归档、评价与统计。

8.3 二次设备远方操作工程应用

基于调控主站开展的二次设备远方操作，操作范围涵盖了线路主保护、重合闸、低频减载保护功能投退，测控装置同期/无压功能切换，备用电源自动投入保护功能投退、保护装置远方复归以及高频闭锁式保护通道测试等。

基于 D5000 系统平台研发的调控一体智能操作系统，支持智能操作票、一体化防误、远方遥控操作业务，实现一、二次设备远方操作一体化、调度指令票与监控操作票一体化、远方操作与防误校核一体化、电网安全校核与设备安全校核一体化，满足调控远方操作全流程管控和在线安全管控应用需要。

二次设备远方遥控操作全流程分为：指令票拟写、指令票审核、预令发布、操作票拟写、操作票审核、正令下达、操作票执行、操作票归档。

1. 指令票拟写

打开指令票模块，调度副值通过图形智能成票、申请单成票、短语成票等方式编写调度指令票，支持调度指令票的模拟预演功能。预演过程实现当前断面的潮流校核、拓扑防误校核、在线稳定校核。提交送审时，系统自动对所有操作指令序列进行安全校核。

二次遥控典型调度指令如图 8-13 所示。

2. 指令票审核

调度正值完成指令票一审（见图 8-14），审核通过后提交调控长批准发布。审核不通过则返回拟写状态。

3. 预令发布

调控长完成指令票二审和预令发布（见图 8-15），审核不通过则返回一审。采用远方遥控的指令，通过信息共享同步发送至操作票模块。

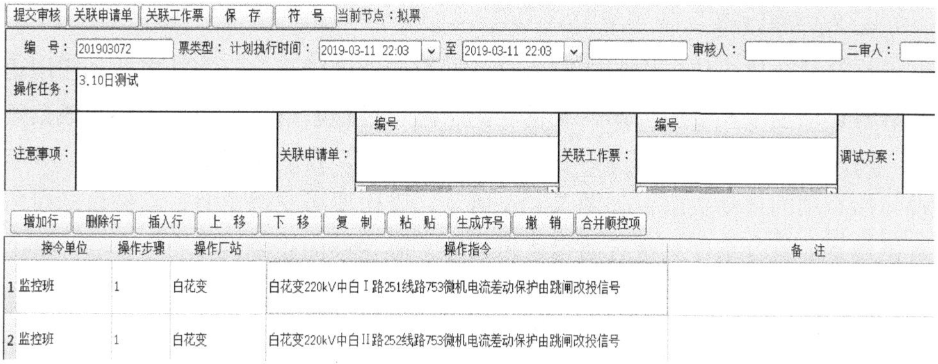

提交审核　关联申请单　关联工作票　保 存　符 号　当前节点：拟票

编　号：201903072　票类型：　计划执行时间：2019-03-11 22:03　至 2019-03-11 22:03　审核人：　二审人：

操作任务：3.10日测试

注意事项：　关联申请单：编号　关联工作票：编号　调试方案：

增加行　删除行　插入行　上 移　下 移　复 制　粘 贴　生成序号　撤 销　合并顺控项

	接令单位	操作步骤	操作厂站	操作指令	备 注
1	监控班	1	白花变	白花变220kV中白Ⅰ路251线路753微机电流差动保护由跳闸改投信号	
2	监控班	1	白花变	白花变220kV中白Ⅱ路252线路753微机电流差动保护由跳闸改投信号	

图 8－13　二次遥控典型调度指令

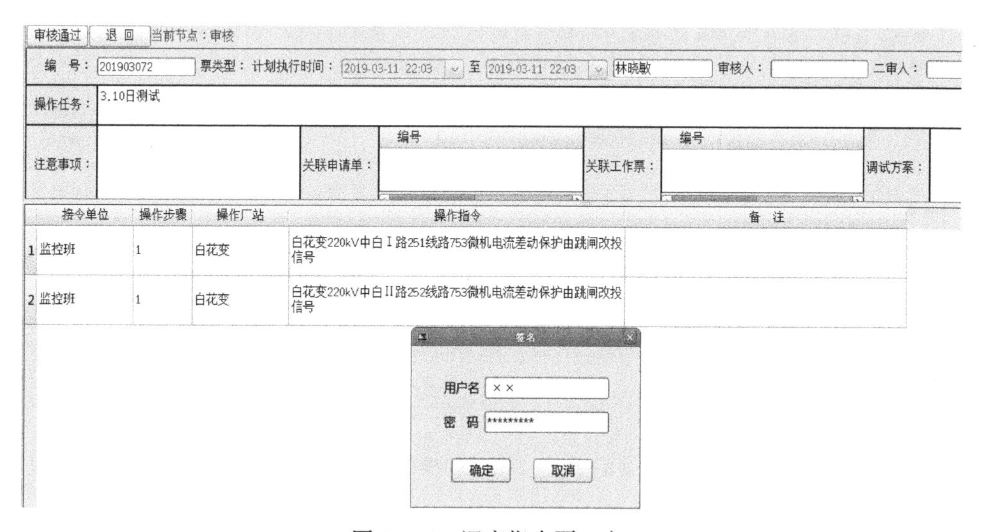

图 8－14　调度指令票一审

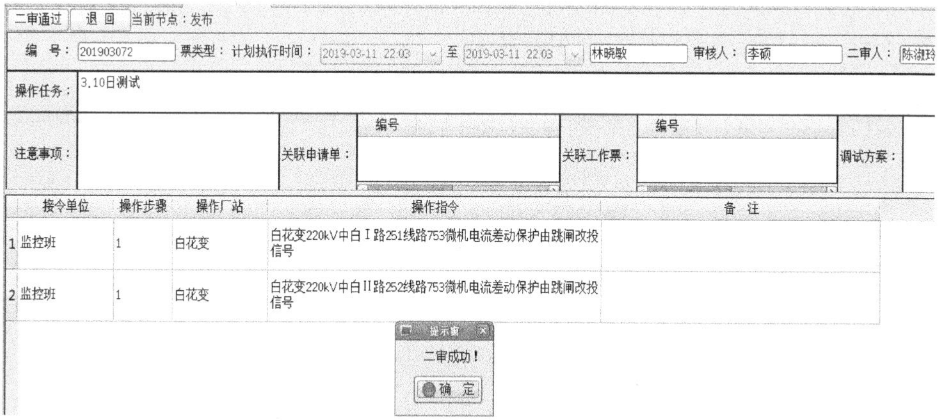

二审通过　退 回　当前节点：发布

编　号：201903072　票类型：　计划执行时间：2019-03-11 22:03　至 2019-03-11 22:03　林晓敏　审核人：李硕　二审人：陈淑玲

操作任务：3.10日测试

注意事项：　关联申请单：编号　关联工作票：编号　调试方案：

	接令单位	操作步骤	操作厂站	操作指令	备 注
1	监控班	1	白花变	白花变220kV中白Ⅰ路251线路753微机电流差动保护由跳闸改投信号	
2	监控班	1	白花变	白花变220kV中白Ⅱ路252线路753微机电流差动保护由跳闸改投信号	

提示窗

二审成功！

确 定

图 8－15　调度指令票二审和发布

4. 操作票拟写

打开监控票模块，由监控副值对已发布的调度预令进行智能拟票，应用语义解析自动读取预令中厂站、设备、源状态、目标态信息，根据操作票成票规则、网络拓扑关系和间隔图内连接片、信号状态，自动生成遥控操作票，并实现与指令项的自动关联，如图 8–16 所示。操作票提交送审时，系统自动对所有操作票的执行项序列进行防误逻辑校验，确保票面正确性。

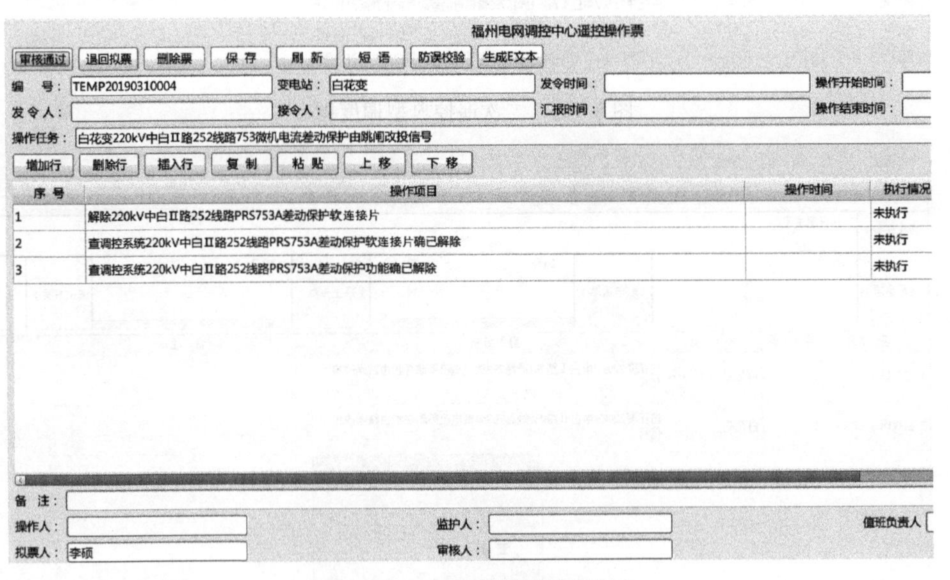

图 8–16　二次遥控操作票拟写

5. 操作票审核

由监控正值对操作票进行一审，审核通过后提交调控长进行二审（见图 8–17）。审核不通过则返回拟写状态。

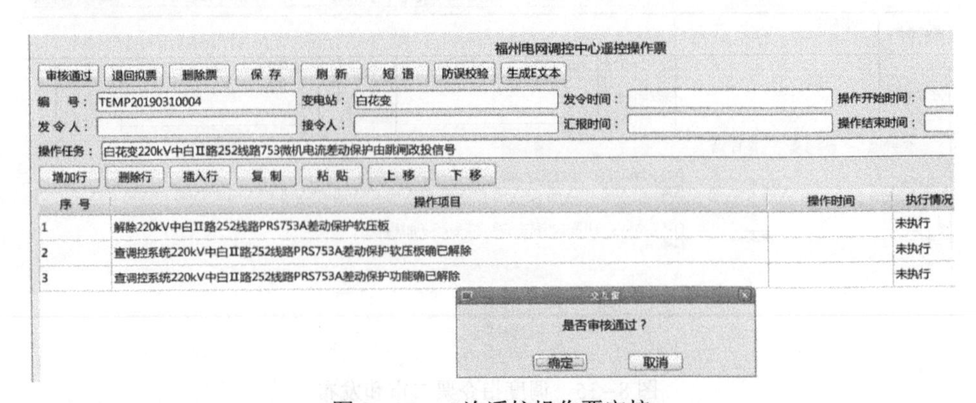

图 8–17　二次遥控操作票审核

6. 正令下达

调控长、发令人分别完成指令票的监护和执行，监护执行过程调用实时断面进行潮流校核、拓扑防误校核、电网稳定校核，实现对操作步骤的安全分析；分析关联检修票申请单状态，实现调度指令票操作的解闭锁；发令人、监护人权限校验，实现指令票操作的解（闭）锁。

7. 操作票执行

调度正式下令后，操作票模块自动同步发令人、受令人、发令时间等信息。调控长完成操作票二审后，生成正式操作票号，操作票即具备执行条件，否则操作票无法执行。

遥控操作前，调用一体化“五防”模块进行防误预演（见图 8-18），预演过程每一步均经过网络拓扑防误校验和逻辑公式“五防”校验，成功则通过，错误则返回错误信息。预演的每步操作，都要做到操作票、图形、拓扑的实时同步。

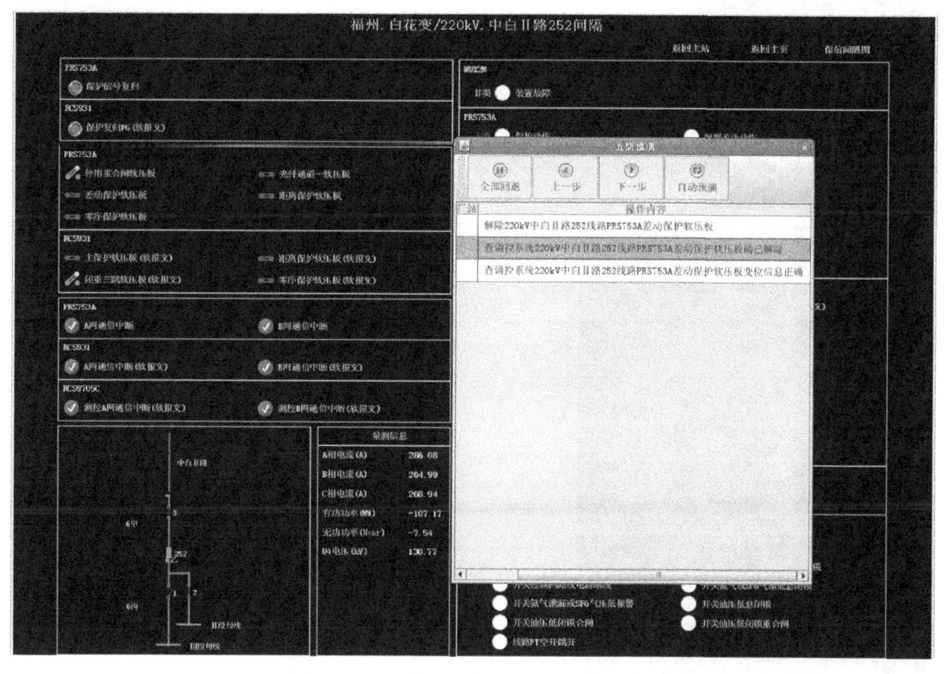

图 8-18　遥控操作前“五防”预演

预演成功后，进入 SCADA 应用下正式执行遥控操作。操作执行过程，实行双机监护（见图 8-19），每操作一步均对操作人、监护人信息进行身份校验，同时对操作厂站、间隔、设备信息进行核对校验。遥控时，系统自动切入间隔细节图中，将操作序列推送到一体化“五防”应用（见图 8-20），防误校核正确后返回“五防”解锁成功信息，并开放遥控执行功能。执行完毕后，操作人、监护人在对应操作步骤项前确认打钩。“五防”功能不允许随意退出，退出需经系统权限认证。

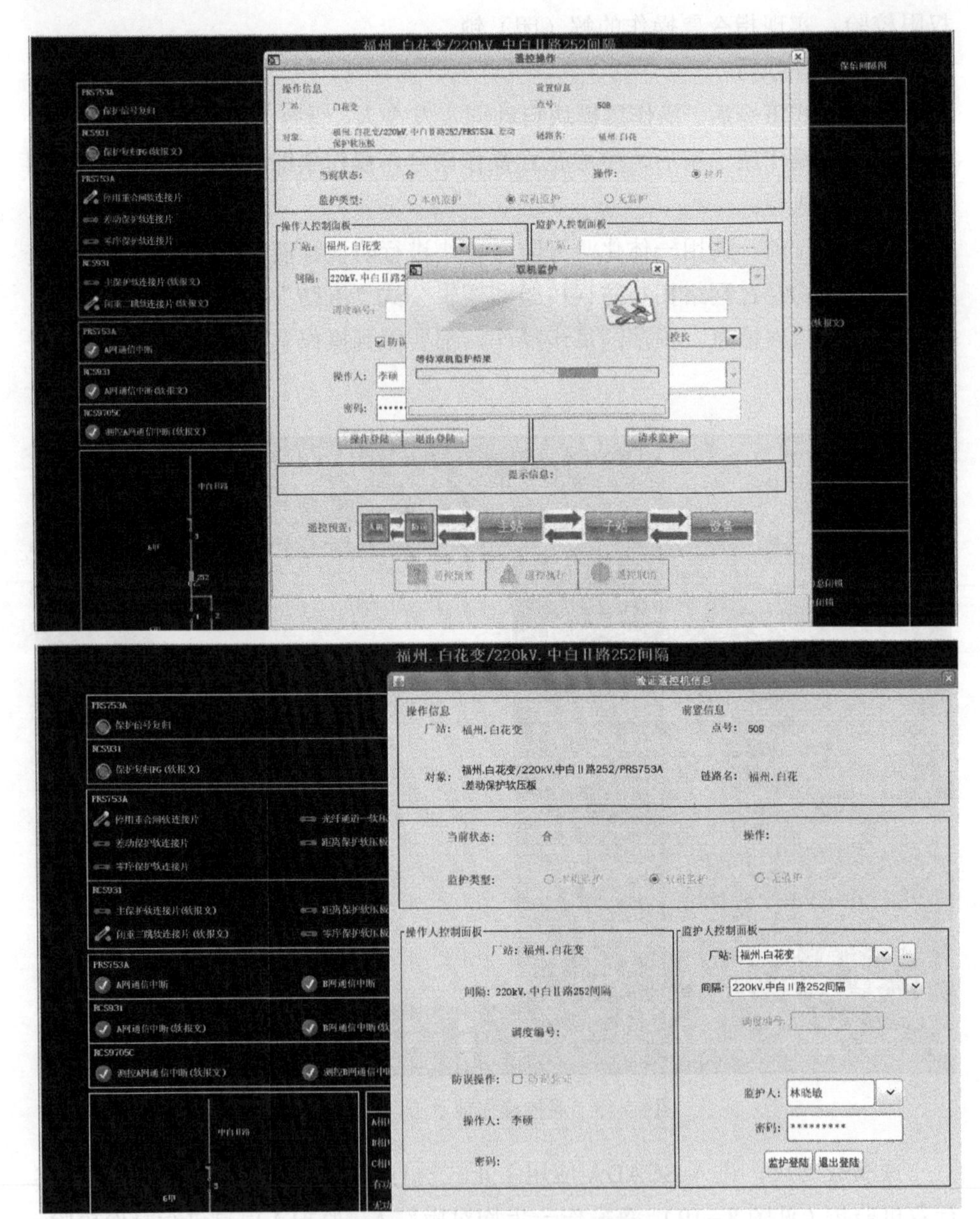

图 8-19　遥控执行过程双机监护

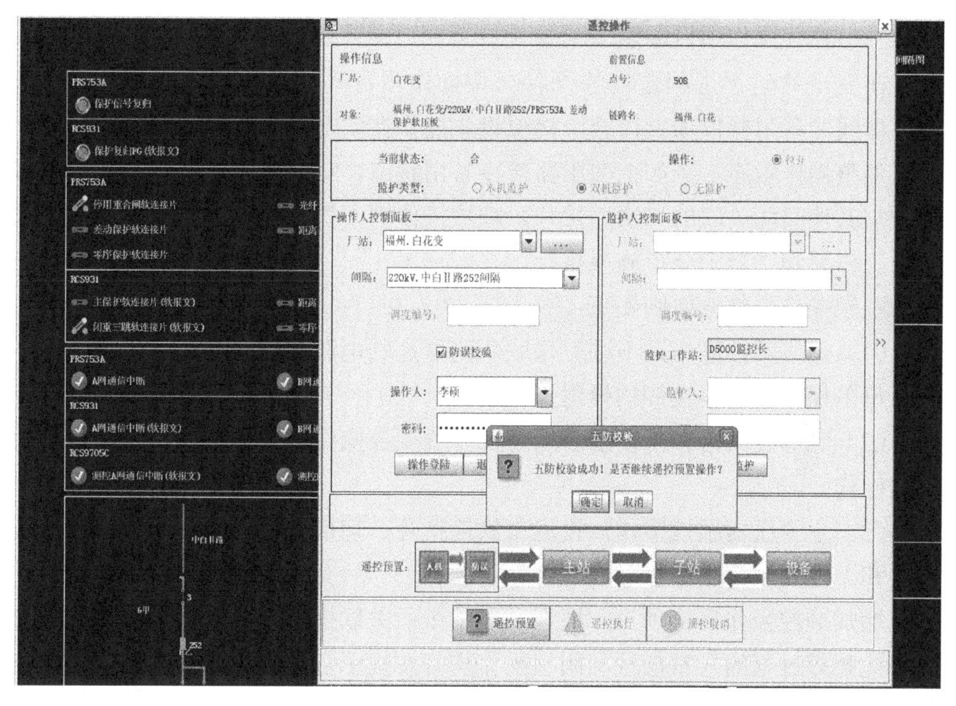

图 8-20　遥控执行过程“五防”校核

8. 操作票归档

遥控操作结束后，填写票面信息并保存，系统将操作票发布至电力生产管理系统（PMS 系统）进行归档、评价与统计。

8.4　顺控操作工程应用

2018 年，国网福建省电力公司在全面推广变电站一、二次设备远方遥控的基础上，试点并推广调控主站端“一键顺控”操作，即调控主站根据调控指令自动生成顺控操作票，按照预设的操作票顺序依次生成控制命令下发至变电站测控装置，测控装置顺序执行并返回操作结果至调控主站，实现单间隔或跨间隔设备的连续操作。现阶段，顺控操作范围已涵盖了 AIS/GIS 变电站的断路器、主变压器、母线、线路和跨站线路运行、热备用与冷备用状态互转，其中跨站线路操作不考虑 T 接线路、单供线路、线路两侧状态不一致及调管范围不同等情况。

8.4.1 适应顺控的相关调整

一、顺控操作项目调整

在变电站运行规程定义的设备典型操作项目基础上，适应性修改主变压器、母线冷备用操作项目内容，确保设备操作在安全的前提下简化操作步骤，优化调整操作顺序。例如主变压器转冷备用状态，常规操作要求解除主变压器保护与其他间隔关联的二次连接片，顺控操作则不执行上述连接片操作，纳入现场工作票和二次安全措施票执行。

顺控操作票修改原则如下：

（1）母线顺控操作，不进行母联断路器控制电源空气开关的投退操作，不涉及母差保护互联连接片的投退操作。

（2）除母线大修和新设备启动外，母线顺控操作无需进行母联充电保护的投退操作。

（3）主变压器顺控操作，投退二次连接片、切换定值区操作均纳入现场工作票和二次安全措施票执行。

增加顺控操作巡检项目，根据调度指令所关联操作设备的闭锁库规则，自动巡检执行过程的异常信号，闭锁操作步骤或提示告警事项，确保操作过程安全可控。

常规操作与顺控操作设备操作项目对比见表 8-1。

表 8-1　常规操作与顺控操作设备操作项目对比表

序号	操作项目	常规操作	顺控操作
1	主变压器转冷备用典型操作（双主变压器）	（1）停役操作前检查两台主变压器负荷分配情况。 （2）倒换主变压器中性点。 （3）依次断开主变压器低、中、高压侧断路器。 （4）主变压器低、中、高压侧断路器转冷备用状态，断开电抗器隔离开关，TV 隔离开关及二次空气开关断开。 （5）解除主变压器保护与其他间隔关联的二次连接片。 （6）检查母差保护屏隔离开关二次回路切换正常	（1）停役操作前检查两台主变压器负荷分配情况。 （2）倒换主变压器中性点。 （3）巡检闭锁库信号。 （4）依次断开主变压器低、中、高压侧断路器。 （5）主变压器中、高压侧断路器转冷备用状态，低压侧断路器保持热备用状态，电抗器隔离开关在合。 （6）复归并检查母差保护装置信号
2	母线转冷备用典型操作（双母线接线）	（1）检查母联断路器处运行状态。 （2）断开母联断路器控制电源。 （3）投入母差保护屏互联连接片。 （4）将停役母线所接运行状态元件倒排至另一段母线运行，热备用状态元件改接另一段母线热备用。	（1）检查母联断路器处运行状态。 （2）巡检闭锁库信号。 （3）将停役母线所接运行状态元件倒排至另一段母线运行，热备用状态元件改接另一段母线热备用。 （4）每倒换一个间隔，复归并检查母差保护装置信号。

续表

序号	操作项目	常规操作	顺控操作
2	母线转冷备用典型操作（双母线接线）	（5）倒换结束后检查母差保护屏隔离开关二次回路切换正常。 （6）合上母联断路器控制电源。 （7）检查停役母线处于空载状态。 （8）断开停役母线 TV 二次侧空气开关（或取下二次熔丝）。 （9）断开母联断路器及两侧隔离开关。 （10）断开停役母线 TV 隔离开关	（5）检查停役母线处于空载状态。 （6）巡检闭锁库信号。 （7）断开母联断路器及两侧隔离开关
3	线路转冷备用典型操作	（1）断开线路断路器。 （2）依次断开断路器线路侧隔离开关、母线侧隔离开关。 （3）断开线路 TV 隔离开关及二次空气开关。 （4）解除线路保护与其他间隔关联的二次连接片。 （5）检查母差保护屏隔离开关二次回路切换正常	（1）巡检闭锁库信号。 （2）断开线路断路器。 （3）依次断开断路器线路侧隔离开关、母线侧隔离开关。 （4）复归并检查母差保护装置信号

二、顺控指令调整

在调度指令中明确用“顺控为”术语替代规程中的“转”来识别顺控指令，与运维就地操作和远方遥控操作明确区分，如指令特殊要求设备转入相应状态的，通过指令备注方式进行明确。例如，主变压器转冷备用状态要求低压侧断路器处热备用状态的，顺控指令规范为“××站××主变压器由运行顺控为冷备用（10kV 侧断路器处热备用）”。针对跨站线路顺控操作的调度指令，明确以线路名称作为操作设备，例如“××站××线路由运行顺控为冷备用”，此时默认以线路名称首字代表的厂站作为跨厂站操作先后顺序的标准。

8.4.2　调控主站“一键顺控”技术案例

福建省网顺控操作功能基于智能电网调度控制系统（D5000 系统）一体化平台开发，支持调度指令类型解析、智能逻辑推理成票、操作序列程序化执行、防误校核逻辑闭锁、视频画面联动定位和程序执行信息化展示，实现调控员对变电站端设备远方程序化控制的功能，满足适用于不同电网运行方式，无需人工分析判断、自动连续控制的全顺控技术要求。

1. 调度指令类型解析

在指令中解析“顺控为”字段内容，实现程序化控制调度指令类型的正确识别。具备语义解析功能，精确定位单一调度指令和任务指令的厂站、操作设备、源状态和目标状态，对特殊运行方式下调度指令的备注内容根据规则库进行识别。顺控典型调度指令如图 8–21 所示。

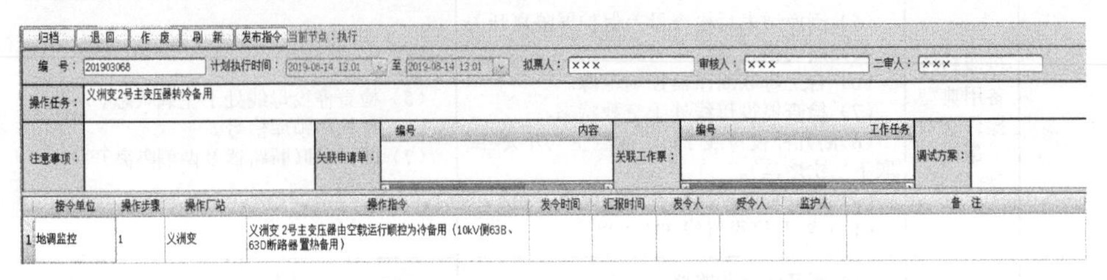

图 8–21　顺控典型调度指令

2. 智能逻辑推理成票

根据规则库推理生成具备对象化信息的一、二次设备控制操作项，巡检项、检查项等非操作项，读取拟票前的电网断面潮流，自动生成控制操作项的初状态和末状态信息。规则库除包括设备防误逻辑外，还包括网络拓扑逻辑、电网运行方式解析、典型操作术语匹配等，能够适应电力系统各种标准的规则性术语和灵活多变的运行方式需要。主变压器顺控典型票如图 8–22 所示。

【顺控票】　福州电网调控中心遥控操作票

审核通过　顺控预演　退回拟票　删除票　保存　刷新　短语　防误校验　生成E文本　当前：待审核

编号：TEMP20190311003　变电站：义洲变　发令时间：　操作开始时间：

发令人：　接令人：　汇报时间：　操作结束时间：

操作任务：义洲变2号主变压器由空载运行顺控为冷备用（10kV侧63B、63D断路器置热备用）

增加行　删除行　插入行　复制　粘贴　上移　下移

序号	变电站	操作项目	操作时间	执行情况	备注	操作类型	设备名称
1	义洲变	查调控系统2号主变压器110kV侧电流值A相__A，B相__A，C相__A		未执行		检查项	2号主变压器
2	义洲变	查2号主变压器10kV侧63B断路器确已断开		未执行		检查项	2号主变压器10kV侧...
3	义洲变	查2号主变压器10kV侧63D断路器确已断开		未执行		检查项	2号主变压器10kV侧...
4	义洲变	合上2号主变压器110kV侧1388接地开关		未执行		操作项	2号主变压器110kV侧...
5	义洲变	查辅助综合监控系统2号主变压器110kV侧1388接地开关确已合上		未执行		检查项	2号主变压器110kV侧...
6	义洲变	查2号主变压器110kV侧13B8接地开关确已合上		未执行		检查项	2号主变压器110kV侧...
7	义洲变	巡检2号主变压器由空载运行转冷备用顺控闭锁信号无异常		未执行		巡检项	2号主变压器
8	义洲变	断开110kV黎义Ⅱ线132断路器		未执行		操作项	黎义Ⅱ线132开关
9	义洲变	查110kV黎义Ⅱ线132断路器确已断开，电流遥测值为零		未执行		检查项	黎义Ⅱ线132开关&黎...
10	义洲变	查110kV母联13M断路器确已断开		未执行		检查项	母联13M开关
11	义洲变	断开2号主变压器110kV侧13B1隔离开关		未执行		操作项	2号主变压器110kV侧...
12	义洲变	查辅助综合监控系统2号主变压器110kV侧13B1隔离开关三相确已断开		未执行		检查项	2号主变压器110kV侧...

备注：

操作人：　监护人：　值班负责人：

图 8–22　主变压器顺控典型票

同时，系统提供智能成票前操作厂站、操作设备、源状态和目标状态的人工复核界面（见图 8–23），满足特殊指令系统识别出错的校正需要。

3. 顺控票审核和批准

顺控票审核和批准具备流程闭锁机制（见图 8–24），拟票人、审核人和批准人不能相互兼任。调度指令正式下达前，顺控票无法通过批准并生成正式编号执行，顺控票生成后禁止编辑和修改。

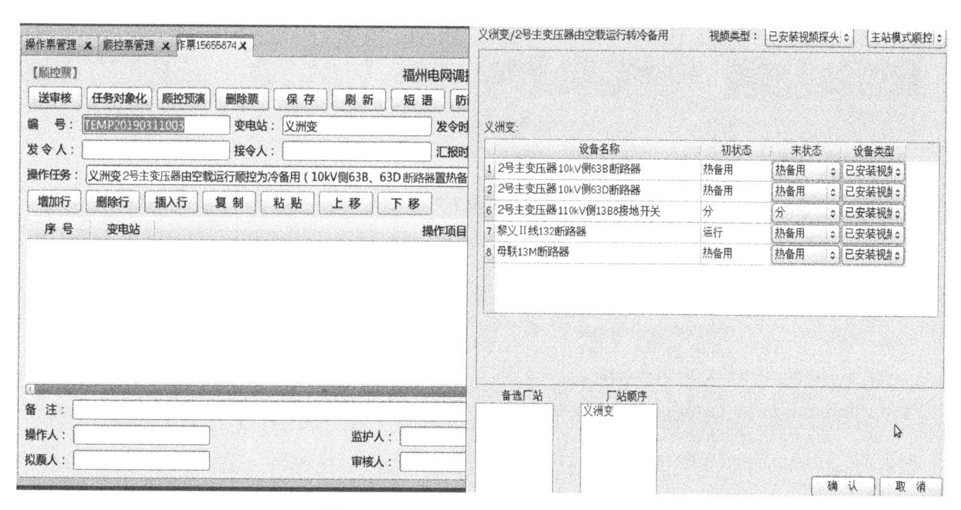

图 8-23　顺控票人工复核界面

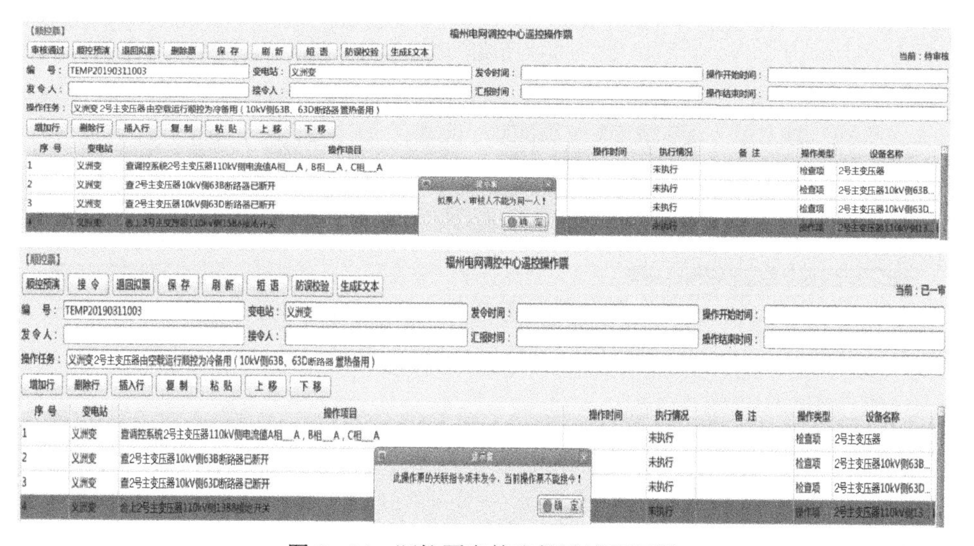

图 8-24　顺控票审核和批准流程闭锁

4. 防误校核逻辑闭锁

顺控执行前的预演阶段，系统自动调用逻辑闭锁库，对操作任务所属厂站设备关联的闭锁信号进行巡检，同时对操作设备的初状态、操作序列对象化信息、操作顺序进行防误校核，出现核心类闭锁信号动作、设备“五防”逻辑错误、设备初状态不符、操作设备控制点号丢失等情况，禁止进行顺控操作；出现非核心类闭锁信号动作、网络拓扑告警，提示不闭锁顺控操作。

防误校核逻辑闭锁如图 8-25～图 8-27 所示。

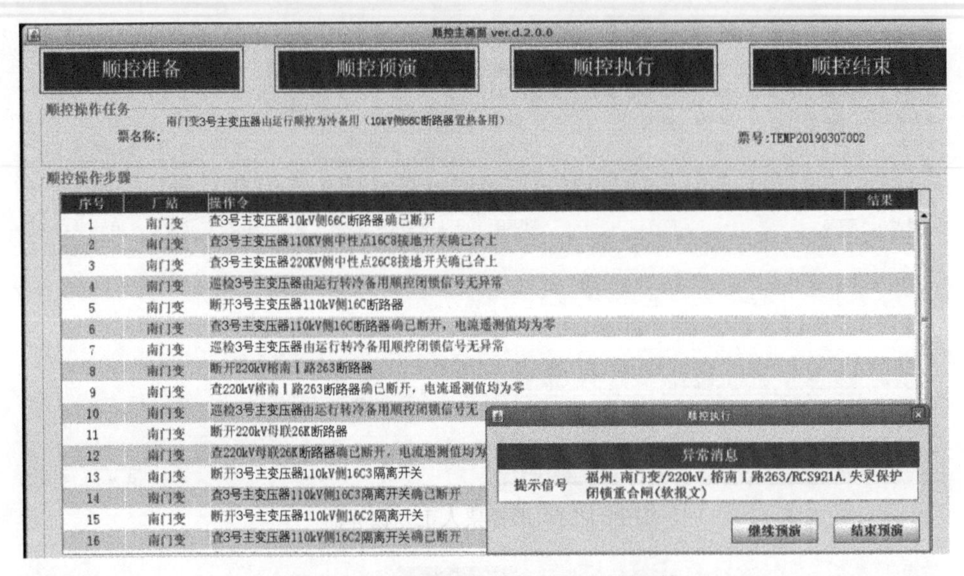

图 8-25　顺控预演阶段异常信号巡检

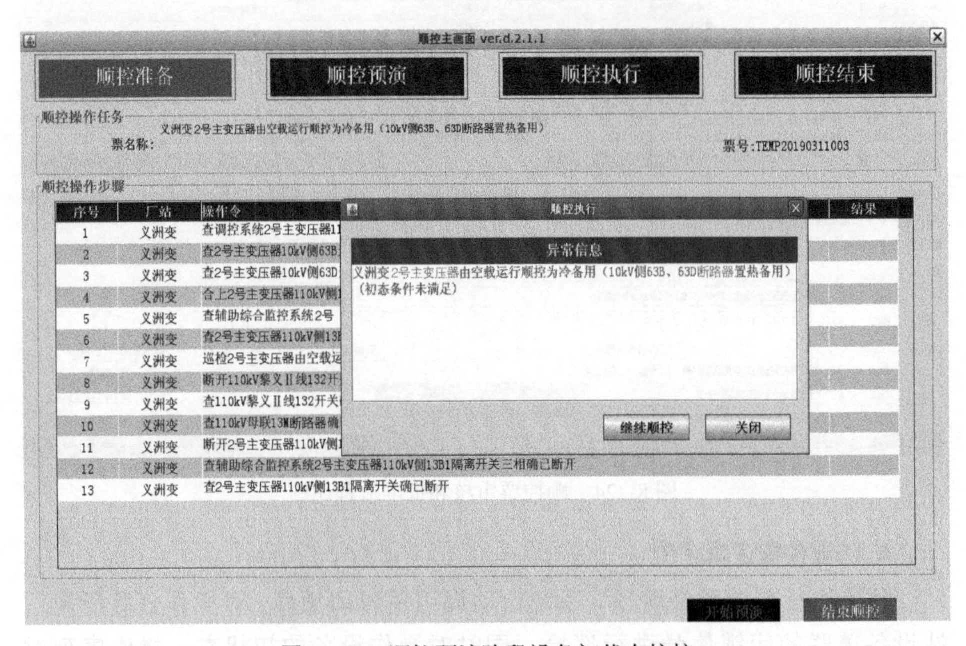

图 8-26　顺控预演阶段设备初状态校核

顺控执行过程，根据巡检项内容自动调用逻辑闭锁库，实时检测异常闭锁信号，实现断路器分合闸、母线倒排操作前的全面信号巡检；根据操作项内容自动调用一体化防误系统的拓扑防误和逻辑公式防误功能，进行实时防误校验。

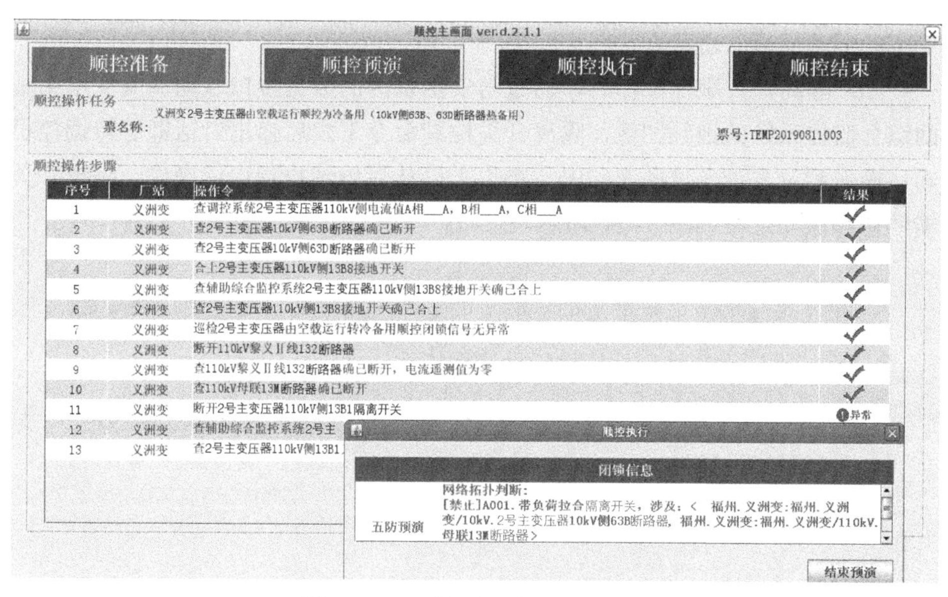

图 8-27　顺控预演阶段防误校核

5. 操作序列程序化执行

顺控执行过程中，每一操作步骤执行后，系统根据设备到位判定规则，确认操作成功后在顺控票界面对应的操作项上自动打钩（见图 8-28），操作异常失败则告警。

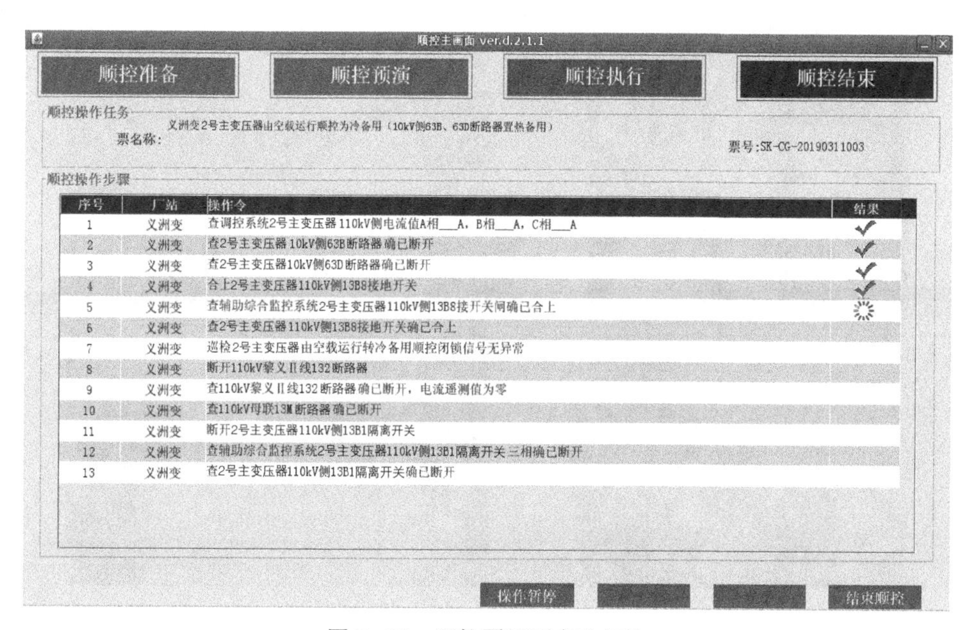

图 8-28　顺控票界面自动打钩

6. 视频画面联动定位

AIS 隔离开关顺控操作时，通过与安全Ⅲ区的数据接口联动调阅变电站辅助综合监控系统的视频图像，隔离开关控制命令下发后弹出对话框等待调控员确认操作到位与否（见图 8-29），待人工确认后继续执行后续操作。隔离开关辅助视频联动定位如图 8-30 所示。

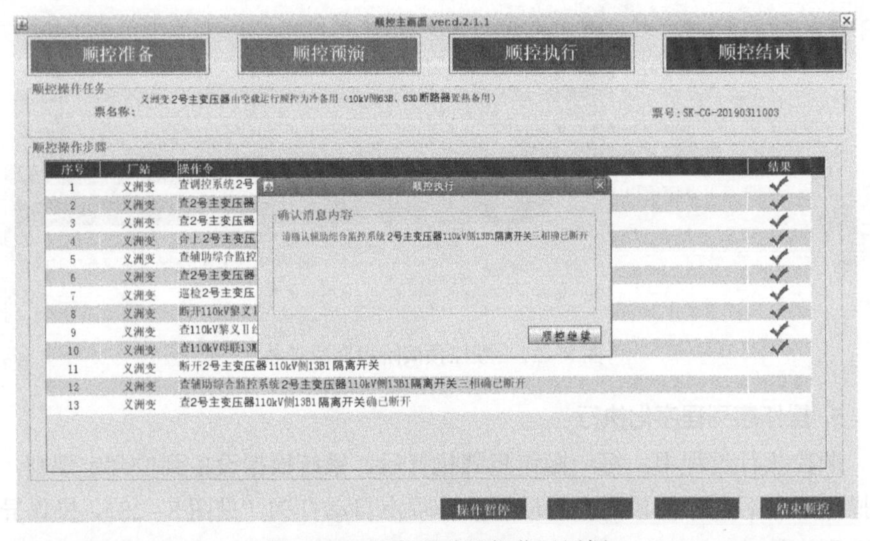

图 8-29　调控员确认操作对话框

图 8-30　隔离开关辅助视频联动定位

7. 程序执行信息化展示

顺控执行全过程自动记录每一项操作步骤的执行结果、完成时间、操作人、监护人等信息，执行结束后生成顺控操作简报，如图8－31所示。

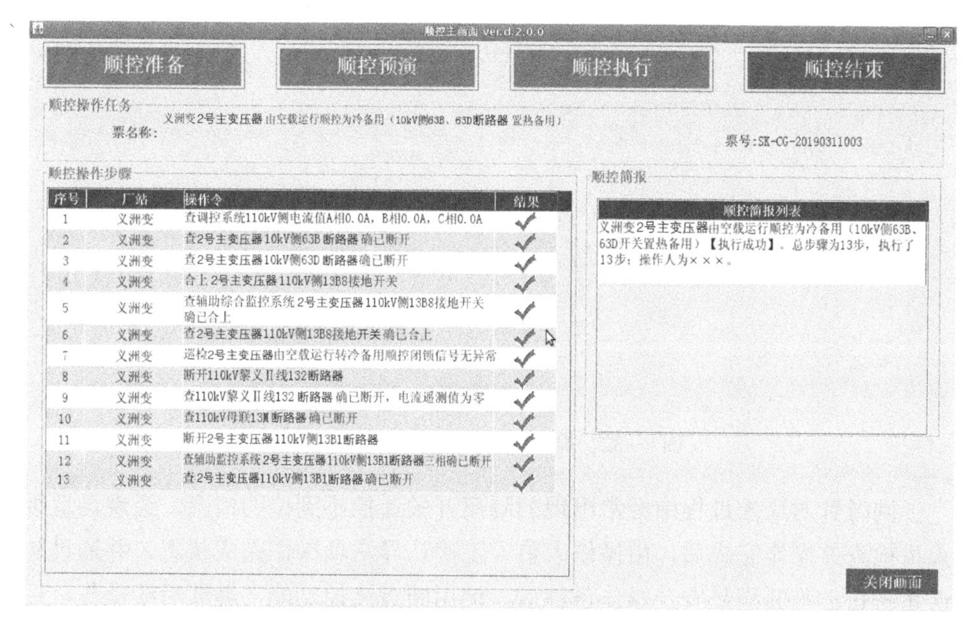

图8－31　顺控操作简报

8.5　断点续控功能应用

一、续控功能启动

顺控操作过程中可能遇到因为各种原因导致遥控操作失败情况，为提高顺控执行效率和顺控完成率，系统具备断点续控的功能。断点续控分为中断再控及中断续控两种功能：当设备提示遥控返校或执行失败，系统对操作异常原因进行分析，未伴随异常信号时，可人工重新尝试操作，实现“中断再控”功能。连续三次遥控不成功，系统直接终止操作，远方遥控人员通知现场人员检查处理，待异常处理后，可再次执行顺控操作，实现“中断续控”功能。中断续控功能通过在当前的“五防”断面下对未执行的操作令进行顺控预演，确保每个被控设备都能通过防误校验逻辑，并对已执行的操作项目不再执行操作。如果伴随防误功能异常、设备状态无法判断、影响设备运行的异常信号时，短时无法处理的，系统直接终止操作，改由现场就地操作。中断再控功能如图8－32所示。

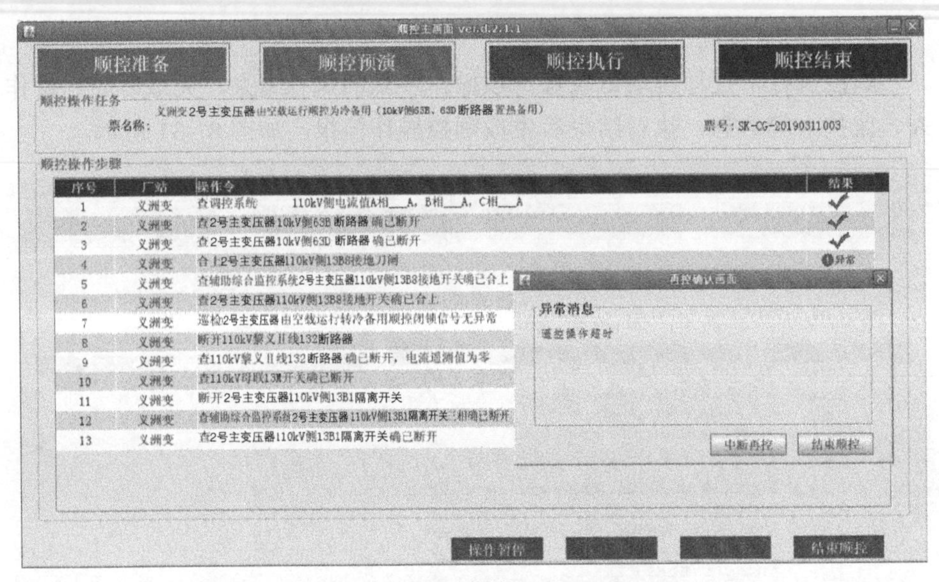

图 8-32　操作超时启动中断再控功能

同时针对遥控过程中经常出现的隔离开关遥控不到位的情况，经现场运维人员检查并操作完成后，由操作人员人工确认异常项操作完成状态，并通过防误系统自动判断满足安全操作条件后，调用断点续控功能，继续后续操作，后续再通过现场运维检修人员对不到位的隔离开关进行处理。

二、双母线接线线路运行（热备用）转冷备用

双母线接线方式如图 8-33 所示。

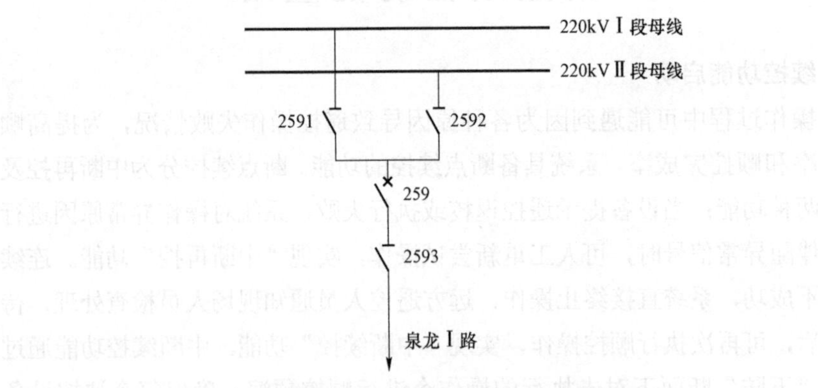

图 8-33　双母线接线方式（线路）

1. 典型任务：××线路由运行（热备用）转冷备用

（1）线路侧隔离开关操作不到位，操作原则：

1）调控系统判断线路本侧断路器确在断开位置；

2）远方操作人员确认线路本侧断路器确在断开位置；

3）经防误系统自动判断满足安全操作条件后继续采用原操作程序进行后续操作。

（2）母线侧隔离开关操作不到位操作原则：

1）调控系统判断线路本侧断路器确在断开位置；

2）调控系统判断线路侧隔离开关确在断开位置；

3）远方操作人员确认线路本侧断路器及靠线路侧隔离开关确在断开位置；

4）经防误系统自动判断满足安全操作条件后继续采用原操作程序进行后续操作。

2. 典型任务：××线路及断路器由运行（热备用）转冷备用

线路侧隔离开关操作不到位操作原则：

1）调控系统判断线路本侧断路器确在断开位置；

2）远方操作人员确认线路本侧断路器确在断开位置；

3）经防误系统自动判断满足安全操作条件后继续采用原操作程序进行后续操作。

三、3/2 接线线路运行（热备用）转冷备用

3/2 接线方式（线路）如图 8－34 所示。

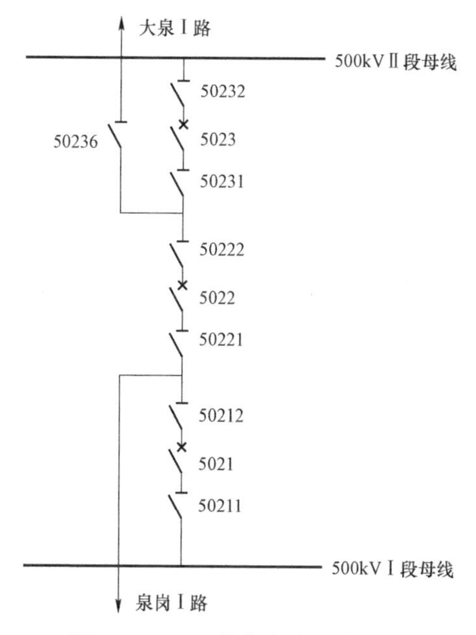

图 8－34　3/2 接线方式（线路）

1. 典型任务示例：500kV××Ⅰ路50××/50××线路由运行（热备用）转冷备用

（1）断路器靠线路侧隔离开关操作不到位操作原则：

1）调控系统判断该断路器确在断开位置；

2）远方操作人员确认该断路器确在断开位置；

3）经防误系统自动判断满足安全操作条件后继续采用原操作程序进行后续操作。

（2）断路器靠母线侧隔离开关操作不到位，操作原则：

1）调控系统判断该断路器确在断开位置；

2）远方操作人员确认该断路器确在断开位置；

3）经防误系统自动判断满足安全操作条件后继续采用原操作程序进行后续操作。

2. 典型任务示例：500kV××Ⅰ路 50××/50××线路及 50××/50××断路器由运行（热备用）转冷备用

（1）断路器靠线路侧隔离开关操作不到位操作原则：

1）调控系统判断该断路器确在断开位置；

2）远方操作人员确认该断路器确在断开位置；

3）经防误系统自动判断满足安全操作条件后继续采用原操作程序进行后续操作。

（2）线路隔离开关操作不到位操作原则：

1）调控系统判断本侧线路断路器及两侧隔离开关确在断开位置；

2）远方操作人员确认本侧线路断路器及两侧隔离开关确在断开位置；

3）经防误系统自动判断满足安全操作条件后继续采用原操作程序进行后续操作。

四、双母线接线母线运行（热备用）转冷备用

双母线接线方式如图8-35所示。

典型任务示例：220kVⅠ段母线由运行（热备用）转冷备用。

（1）母联（分）靠停役母线侧隔离开关操作不到位操作原则：

1）调控系统判断该母联（分）断路器确在断开位置；

2）远方操作人员确认该母联（分）断路器确在断开位置；

3）经防误系统自动判断满足安全操作条件后继续采用原操作程序进行后续操作。

（2）母联（分）远离停役母线侧隔离开关操作不到位操作原则：

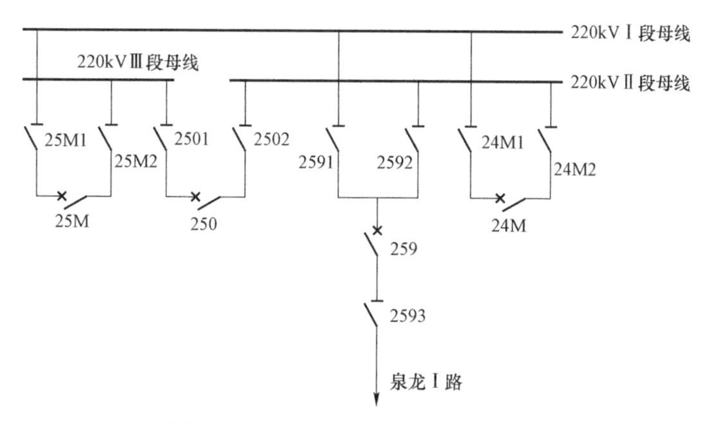

图 8-35　双母线接线方式（母线）

1）调控系统判断该母联（分）断路器确在断开位置；

2）调控系统判断该母联（分）靠停役母线侧隔离开关确在断开位置；

3）远方操作人员确认该母联（分）断路器及靠停役母线侧隔离开关确在断开位置；

4）经防误系统自动判断满足安全操作条件后继续采用原操作程序进行后续操作。

（3）开环点（正常处热备用）断路器倒母过程中合上母线侧隔离开关操作不到位操作原则：

1）调控系统判断该断路器确在断开位置；

2）调控系统判断该母线侧隔离开关仍处于断开位置；

3）远方操作人员确认该断路器及母线侧隔离开关仍处于断开位置；

4）经防误系统自动判断满足安全操作条件后继续采用原操作程序进行后续倒母操作。

五、3/2 接线母线运行（热备用）转冷备用

3/2 接线方式（母线）如图 8-36 所示。

典型任务示例：500kV Ⅱ 段母线由运行（热备用）转冷备用。

（1）断路器靠母线侧隔离开关操作不到位操作原则：

1）调控系统判断该断路器确在断开位置；

2）远方操作人员确认该断路器确在断开位置；

3）经防误系统自动判断满足安全操作条件后继续采用原操作程序进行后续操作。

（2）断路器靠线路侧隔离开关操作不到位操作原则：

1）调控系统判断该断路器确在断开位置；

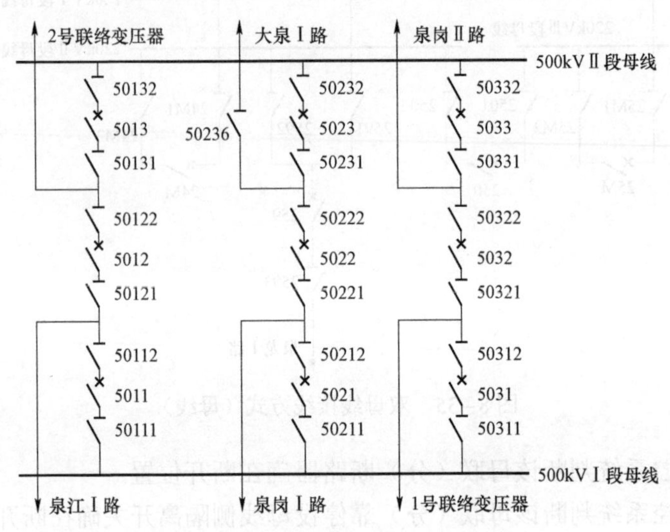

图 8-36　3/2 接线方式（母线）

2）调控系统判断该断路器靠母线侧隔离开关确在断开位置；

3）远方操作人员确认该断路器及靠母线侧隔离开关确在断开位置；

4）经防误系统自动判断满足安全操作条件后继续采用原操作程序进行后续操作。

六、500kV 联络变压器运行（热备用）转冷备用

500kV 联络变压器接线方式如图 8-37 所示。

典型任务示例：1 号联络变压器由运行（热备用）转冷备用。

（1）220kV 断路器靠联络变压器侧隔离开关操作不到位，操作原则：

1）调控系统判断该断路器确在断开位置；

2）远方操作人员确认该断路器确在断开位置；

3）经防误系统自动判断满足安全操作条件后继续采用原操作程序进行后续操作。

（2）220kV 断路器靠母线侧隔离开关操作不到位，操作原则：

1）调控系统判断该断路器确在断开位置；

2）调控系统判断该断路器靠联变侧隔离开关确在断开位置；

3）远方操作人员确认该断路器及靠联变侧隔离开关确在断开位置；

4）经防误系统自动判断满足安全操作条件后继续采用原操作程序进行后续操作。

（3）500kV 断路器靠联络变压器侧隔离开关操作不到位，操作原则：

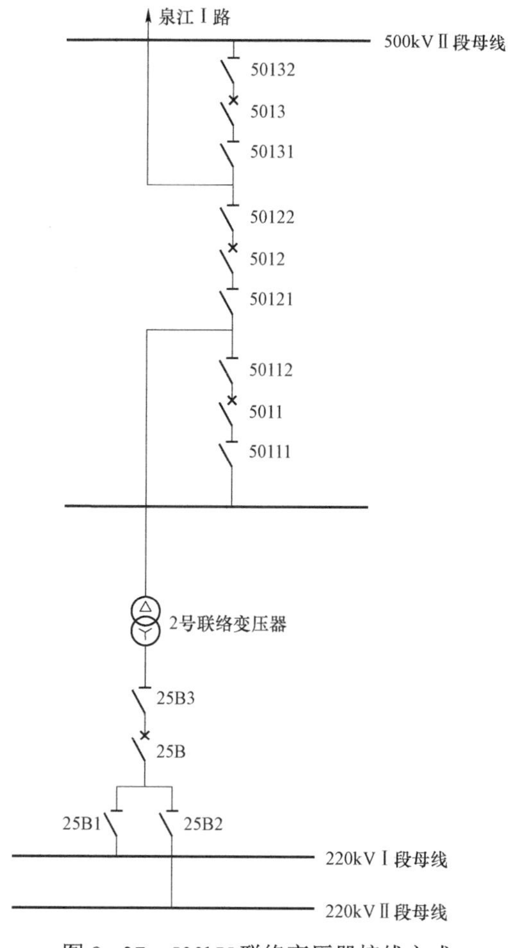

图 8－37　500kV 联络变压器接线方式

1）调控系统判断该断路器确在断开位置；

2）远方操作人员确认该断路器确在断开位置；

3）经防误系统自动判断满足安全操作条件后继续采用原操作程序进行后续操作。

（4）500kV 断路器靠母线侧隔离开关操作不到位操作原则：

1）调控系统判断该断路器确在断开位置；

2）调控系统判断该断路器靠联变侧隔离开关确在断开位置；

3）远方操作人员确认该断路器及靠联变侧隔离开关确在断开位置；

4）经防误系统自动判断满足安全操作条件后继续采用原操作程序进行后续操作。

七、3/2 接线线路冷备用转运行（热备用）

500kV 线路接线方式如图 8－38 所示。

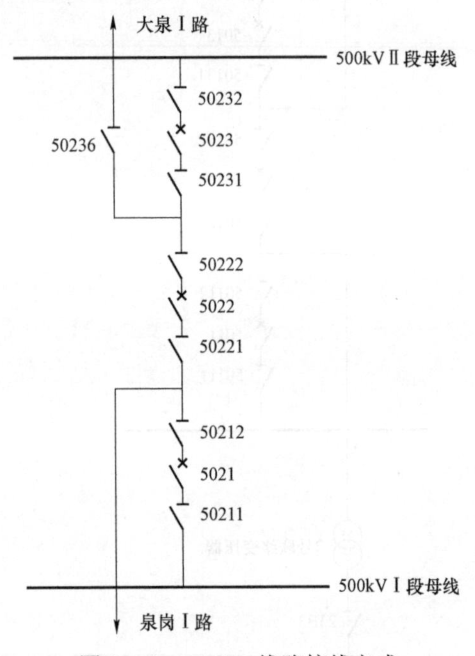

图 8－38　500kV 线路接线方式

典型任务示例：500kV××Ⅰ路 50××/50××线路由冷备用转运行（热备用）。

（1）断路器靠母线侧隔离开关操作不到位操作原则：

1）调控系统判断该断路器确在断开位置；

2）调控系统判断该断路器靠线路侧隔离开关确在断开位置；

3）远方操作人员确认该断路器及靠线路侧隔离开关确在断开位置；

4）远方操作负责人确认可以进行另一断路器对线路送电的后续操作；

5）经防误系统自动判断满足安全操作条件后继续采用原操作程序从另一断路器间隔开始进行后续操作。

（2）断路器靠线路侧隔离开关操作不到位操作原则：

1）调控系统判断该断路器确在断开位置；

2）通过调控系统断开该断路器靠母线侧隔离开关；

3）远方操作人员确认该断路器及靠母线侧隔离开关确在断开位置；

4）远方操作负责人确认可以进行另一断路器对线路送电的后续操作；

5）经防误系统自动判断满足安全操作条件后继续采用原操作程序从另一

断路器间隔开始进行后续操作。

八、双母线接线母线冷备用转运行（热备用）

双母线接线方式（母联、母分）如图 8–39 所示。

典型任务示例：220kV Ⅰ段母线由冷备用转运行（热备用）。

（1）母联远离待送电母线侧隔离开关操作不到位操作原则：

1）调控系统判断该断路器确在断开位置；

2）调控系统判断靠待送电母线侧隔离开关确在断开位置；

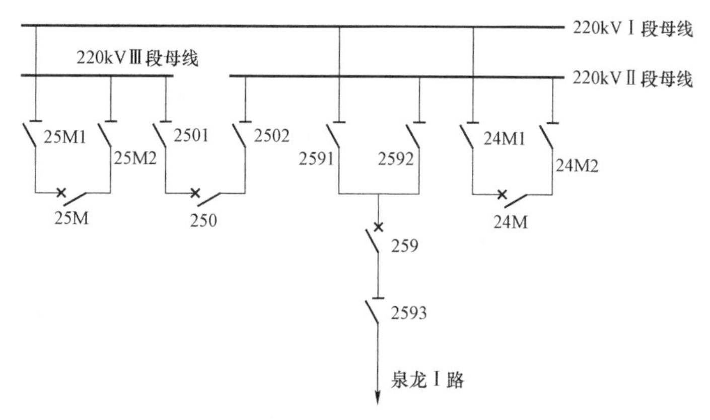

图 8–39　双母线接线方式（母联、母分）

3）远方操作人员确认该断路器及靠待送电母线侧隔离开关确在断开位置；

4）远方操作负责人确认可以进行母分间隔送电等后续操作；

5）经防误系统自动判断满足安全操作条件后继续采用原操作程序从母分间隔开始进行后续操作。

（2）母联靠近待送电母线侧隔离开关操作不到位操作原则：

1）调控系统判断该断路器确在断开位置；

2）通过调控系统断开该断路器远离待送电母线侧隔离开关；

3）远方操作人员确认该断路器及远离待送电母线侧隔离开关确在断开位置；

4）远方操作负责人确认可以进行母分间隔送电等后续操作；

5）经防误系统自动判断满足安全操作条件后继续采用原操作程序从母分间隔开始进行后续操作。

（3）母分远离待送电母线侧隔离开关操作不到位操作原则：

1）调控系统判断该断路器确在断开位置；

2）调控系统判断靠待送电母线侧隔离开关确在断开位置；

3）调控系统判断母线已经通过另一母联断路器与其他运行母线相连；

4）远方操作人员确认该断路器及靠待送电母线侧隔离开关确在断开位置，且母线已经通过另一母联断路器与其他运行母线相连；

5）经防误系统自动判断满足安全操作条件后继续采用原操作程序进行后续操作。

（4）母分靠待送电母线侧隔离开关操作不到位操作原则：

1）调控系统判断该断路器确在断开位置；

2）通过调控系统断开远离待送电母线侧隔离开关；

3）调控系统判断母线已经通过另一母联断路器与其他运行母线相连；

4）远方操作人员确认该断路器及远离待送电母线侧隔离开关确在断开位置，且母线已经通过另一母联断路器与其他运行母线相连；

5）经防误系统自动判断满足安全操作条件后继续采用原操作程序进行后续操作。

（5）倒母间隔合上母线侧隔离开关操作不到位操作原则：

1）调控系统判断该母线侧隔离开关仍处于断开位置；

2）远方操作人员确认该母线侧隔离开关确在断开位置；

3）经防误系统自动判断满足安全操作条件后继续采用原操作程序进行后续操作。

九、3/2 接线母线由冷备用转运行（热备用）

3/2 接线方式（母线）如图 8–40 所示。

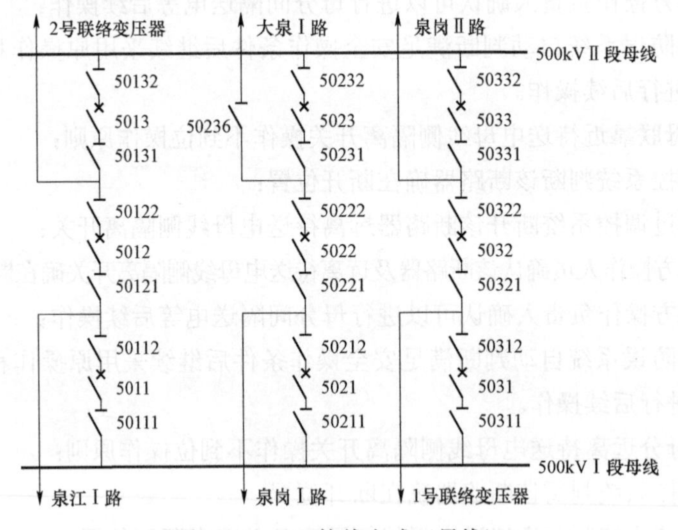

图 8–40　3/2 接线方式（母线）

典型任务示例：500kVⅡ段母线由冷备用转运行（热备用）。

（1）断路器靠线路侧隔离开关操作不到位操作原则：

1）调控系统判断该断路器确在断开位置；

2）调控系统判断该断路器靠母线侧隔离开关确在断开位置；

3）远方操作人员确认该断路器及靠母线侧隔离开关确在断开位置；

4）远方操作负责人确认可以进行其他断路器间隔送电等后续操作；

5）经防误系统自动判断满足安全操作条件后继续采用原操作程序进行后续操作。

（2）断路器靠母线侧隔离开关操作不到位操作原则：

1）调控系统判断该断路器确在断开位置；

2）通过调控系统断开该断路器靠线路侧隔离开关；

3）远方操作人员确认该断路器及靠线路隔离开关确在断开位置；

4）远方操作负责人确认可以进行其他断路器间隔送电等后续操作；

5）经防误系统自动判断满足安全操作条件后继续采用原操作程序进行后续操作。

十、500kV联络变压器由冷备用转运行（热备用）

500kV联络变压器接线如图8-41所示。

典型任务示例：1号联络变压器由冷备用转运行（热备用）。

（1）联络变压器500kV侧断路器靠母线侧隔离开关操作不到位操作原则：

1）调控系统判断该断路器确在断开位置；

2）调控系统判断该断路器靠联变侧隔离开关确在断开位置；

3）远方操作人员确认该断路器及靠联变侧隔离开关确在断开位置；

4）远方操作负责人确认可以进行另一断路器对联络变压器送电的后续操作；

5）经防误系统自动判断满足安全操作条件后继续采用原操作程序从另一断路器间隔开始进行后续操作。

（2）联络变压器500kV侧断路器靠联络变压器侧隔离开关操作不到位操作原则：

1）调控系统判断该断路器确在断开位置；

2）通过调控系统断开该断路器靠母线侧隔离开关；

3）远方操作人员确认该断路器及靠母线侧隔离开关确在断开位置；

4）远方操作负责人确认可以进行另一断路器对联变送电的后续操作；

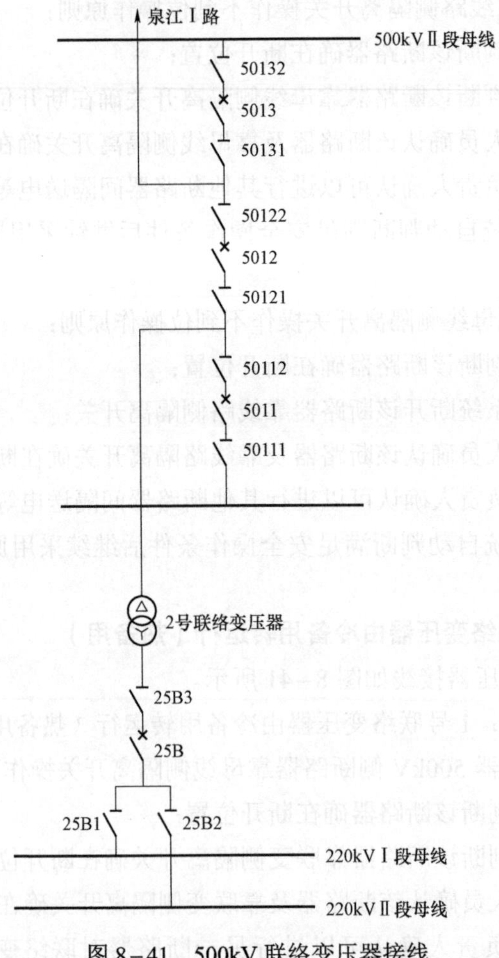

图 8-41　500kV 联络变压器接线

5）经防误系统自动判断满足安全操作条件后继续采用原操作程序从另一断路器间隔开始进行后续操作。

（3）联络变压器 220kV 侧断路器靠母线侧隔离开关操作不到位操作原则：

1）调控系统判断该断路器确在断开位置；

2）调控系统判断靠联络变压器侧隔离开关确在断开位置；

3）远方操作人员确认该断路器及靠联络变压器侧隔离开关确在断开位置；

4）远方操作负责人确认可以进行其他断路器间隔送电的后续操作；

5）经防误系统自动判断满足安全操作条件后继续采用原操作程序从其他断路器间隔开始进行后续操作。

（4）联络变压器220kV侧断路器靠联变侧隔离开关操作不到位操作原则：

1）调控系统判断该断路器确在断开位置；

2）通过调控系统断开该断路器靠母线侧隔离开关；

3）远方操作人员确认该断路器及靠母线侧隔离开关确在断开位置；

4）远方操作负责人确认可以进行其他断路器间隔送电的后续操作；

5）经防误系统自动判断满足安全操作条件后继续采用原操作程序从其他断路器间隔开始进行后续操作。

8.6　智能调控远方操作异常处理

在工程应用中，调控人员远方操作执行过程通常面临各种突发情况，如操作对象变位失败、防误功能异常、辅助视频异常、顺序控制异常闭锁等，需要根据具体情况制定不同的处置措施。

8.6.1　操作对象变位失败

调控SCADA系统下发遥控命令时，一般需经过遥控预置、遥控返校和遥控执行三个步骤。在具体执行中，常碰到的异常情况有遥控预置失败、遥控返校超时和遥控执行失败。

1. 异常原因分析

遥控预置失败原因可能是主站数据库中遥控对象号错误，部件重复记录，遥控禁止标志填写错误。一般应检查遥控设备名称是否正确，设备状态是否和实际位置对应，在主站数据库检查遥控对象号是否填写正确。

遥控返校超时一般是通道上行接收正常，下行通道不正常，不能下发遥控命令。原因包括远动通道故障、主站端设备故障、变电站通信管理机故障。一般应检查下行通道卡线和插头接线是否接触正常，检查终端服务器端口是否有问题等。

遥控执行失败原因多由断路器（隔离开关）机构或二次回路故障引起。一般检查断路器跳、合闸继电器是否损坏，隔离开关机构接触器是否接通良好，用万用表测量遥控出口，检查测控单元、操动机构是否故障。

2. 异常处置策略

当远方操作一次设备变位失败时，操作人员应立即暂停操作，待异常处理完成后经防误系统自动校验满足安全操作条件，按照原操作票继续后续操作；若异常同时影响远方和就地操作，无法继续采用原操作票进行操作时，调控人员应根据异常后的设备接线情况，重新拟写、下达调度指令，由远方操作人员完成后续操作。操作过程需要将部分指令转由现场就地操作时，操作前运维人员应与远方操作人员重新核对设备状态，操作完毕后及时汇报执行情况，经远方操作人员确认后继续操作。

当远方操作隔离开关不到位产生拉弧等紧急情况时，操作人员可视情况远方试分（合）隔离开关一次，若电弧仍未熄灭，应采取紧急隔离措施，在对系统无明显影响的情况下将故障点上一级电源断路器直接切除。若采取隔离措施可能造成负荷损失或重要线路过载，应立即调整系统运行方式或转移负荷，尽快隔离故障隔离开关。

当远方操作二次设备变位失败时，涉及线路主保护功能投退不成功的，为了确保线路两侧保护状态一致，调控人员应立即通知停止对侧保护功能操作，已操作完毕的保护功能连接片恢复至操作前状态，待异常处理完成后重新下达调度指令操作。因远方操作异常需将操作指令转由现场就地操作时，对于线路主保护功能投退操作，下令人应将该套保护（线路两侧）转由现场操作；对于线路重合闸功能投退操作，下令人应将本间隔所有保护（两套线路或断路器保护）均转由现场操作。

8.6.2 防误功能异常

常见的防误功能异常情况有防误通道中断和“五防”逻辑闭锁。

1. 异常原因分析

防误通道中断原因：由调控主站系统防误前置机与变电站端防误系统间通信中断引起，影响变电站一次设备网（柜）门、临时接地线虚遥信状态上送，以及二次设备保护屏/测控屏空气开关、把手、连接片状态位置采集。对于采用综合式“五防”的变电站，当调度主站系统下发遥控命令后，由于无法解除一次设备遥控闭锁继电器接点，影响一次设备的远方操作；对于采用离线式“五防”的变电站，则不受影响。

“五防”逻辑闭锁原因：一般因一、二次设备操作顺序出错不满足“五防”逻辑公式要求引起，也可能因调控主站系统设备逻辑公式未更新、与防误子站不一致引起。

2. 异常处置策略

调控防误系统出现通道中断、“五防”逻辑闭锁时，不得进行远方操作，严禁擅自退出“五防”功能，应立即通知自动化进行处置，并汇报调度。如遇危及人身、电网和设备安全等紧急情况，需对设备进行防误解锁时，应由当班调控长或变电运维当值负责人同意后方可解除设备防误闭锁，执行远方操作，事后应及时填写相关记录。

8.6.3　辅助视频异常

常见的辅助视频异常情况有：视频联动异常、视频探头画面不清、辅助综合监控系统异常等。

若辅助综合监控系统、视频探头画面出现异常，无法查看AIS隔离开关位置到位情况，操作人员应立即停止远方操作，通知现场检查处理，同时汇报调度。

（1）接受调度操作指令，尚未执行操作时，若辅助综合监控系统出现异常（如无法登录、通信异常），操作人员应立即向调度汇报。短时处理正常的，可继续执行远方操作；短时无法处理的，应将操作指令转由现场操作。

（2）操作人员执行远方操作中，若出现角度偏差、背光等视频探头画面不满足要求，无法判断设备分合到位情况时，应立即向调度汇报，同时将操作指令转由现场操作。如果操作中断造成设备状态不满足调度规程规定的设备四种状态规范要求，后续操作可直接下达单项指令至现场就地操作。

（3）远方操作中发现AIS隔离开关视频无法自动联动或联动不正确时，可尝试手动调阅相关视频画面，否则应停止操作，汇报调度并通知维护厂家处理，经处理正常后可执行后续操作。

8.6.4　顺序控制异常闭锁

常见的顺序控制异常闭锁情况有：顺序控制预演设备状态异常、顺序控制预演及执行阶段闭锁信号告警。

（1）顺序控制预演阶段出现设备状态异常，表明一体化防误系统读取调控主站系统设备状态出错，与实际运行状态不符，此时应立即通知自动化进行处置，未处置正常前不得执行远方操作。

（2）顺序控制预演阶段出现闭锁信号告警，须立即通过调控系统和辅助综合监控系统进行检查，确认无异常或经现场检查处置异常已消除后，在核对调度指令和一、二次设备运行方式无误后，重新执行模拟预演流程。

（3）顺序控制执行阶段出现闭锁信号告警，操作人员应根据告警性质进行检查处理，具体分两种情况：

1）如果告警由全站事故总信号引起，操作人员要中断顺控程序并等待确认，可通过调控系统或辅助综合监控系统检查，确认无异常后继续进行顺序控制操作。

2）如果告警是由其他事故或异常类信号引起，操作人员应终止顺序控制程序，并立即通知运维人员检查现场设备情况，视情况决定是否继续操作。

附录A 倒闸操作适应远方操作技术要求

一、远方操作范围

远方操作范围根据经批准的操作方式分为远方遥控操作范围与远方顺控操作范围。

1. 远方遥控操作范围

（1）母线、主变压器、断路器、线路的运行、热备用、冷备用互转；

（2）无功设备投切；

（3）变压器有载调压开关操作；

（4）断合主变压器中性点接地开关；

（5）投退线路保护重合闸功能，投退线路主保护功能；

（6）复归保护动作信号；

（7）高频闭锁通道试验。

2. 远方顺控操作范围

远方顺控操作范围涵盖母线、主变压器、断路器、线路单站及跨站的运行、热备用、冷备用互转，包括以下方面：

（1）500kV 变电站：联络变压器、线路、220kV 及以上母线、断路器；

（2）220kV 变电站：主变压器、110kV 及以上线路、断路器、母线等；

（3）110kV 变电站：主变压器、110kV 及以上线路、断路器、母线等；

（4）110kV 及以上属同一监控单位且两侧状态变更一致的跨站线路。

二、倒闸操作适应远方操作技术要求

1. 线路远方操作技术要求

500kV 带高压电抗器运行的线路运行转冷备用的顺控操作应充分考虑线路高压电抗器的放电过程并留有裕度。待线路两侧均转冷备用后，设置不小于 60s（可设）的系统等待时间，方可进行高压电抗器的停役操作。

2. 主变压器远方操作技术要求

（1）无需进行投退主变压器保护跳母联、母联分段断路器连接片等二次操作，将相关二次操作纳入现场工作票和二次安措票执行。

（2）500kV 联络变压器后备保护固定跳 220kV 的两个母联分段断路器，无需跳母联断路器。500kV 联络变压器 220kV 侧断路器倒母操作时不必进行二次连接片的投退操作。

（3）针对部分500kV变压器35kV侧TV装设于35kV母线，变压器冷备用远方操作，无需投退联络变压器保护“投低压侧电压”连接片。

（4）220kV主变压器远方操作，将220kV主变压器保护定值区切换等二次操作纳入安全措施票。

（5）220kV主变压器远方操作，35kV/10kV侧合解环操作由地调负责（母联分段断路器由县调管辖的由地调向县调借用）。

3. 母线远方操作技术要求

（1）双母线接线的母线远方操作，无需进行母联断路器控制电源空气开关的投退操作。

（2）双母线接线的母线远方操作，无需进行母差保护互联连接片的投退操作。

4. 母联断路器远方操作技术要求

（1）远方操作单母联断路器时，要求母差保护的“母联分列”连接片做对应二次操作，“母联分列”连接片的操作步骤应纳入调度指令票或遥控操作票统一成票。

（2）应严格按操作步骤顺序执行：母线分列运行时，要求先断开母联断路器，再投入“母联分列”连接片；恢复母线并列运行时，要求先退出“母联分列”连接片，再合上母联断路器。

（3）智能变电站母差保护的“母联分列”软连接片经遥控调试正确后，由远方操作人员负责远方操作。常规变电站母差保护的“母联分列”硬连接片和智能变电站暂不具备远方遥控操作的“母联分列”软连接片，由运维人员负责现场操作。

三、远方操作设备位置判据技术原则

远方操作后，应通过以下规定的机械位置指示、电气指示及各种遥测、遥信信号的变化来判断，至少应有两个非同样原理或非同源的指示发生对应变化，且所有这些确定的指示均已同时发生对应变化，才能确认该设备已操作到位。

（1）远方操作电气一次设备时，应遵循以下操作到位的判据原则：

1）断路器应采用断路器双位置遥信作为判据，当仅有断路器单位置遥信时，采用遥测和遥信指示同时发生变化作为判据；

2）GIS隔离开关应采用隔离开关双位置遥信作为判据；

3）AIS隔离开关应采用隔离开关遥信和通过辅助综合监控系统看到的隔离开关位置同时发生变化作为判据；

4）进行母线侧隔离开关远方操作时，操作人员应通过检查母差保护的隔离开关变位信息、开入变位等信号，并结合母差保护无TA断线、差流异常等异常信号，确认母差保护无异常，并在远方操作结束后远方复归母差保护装置。

（2）远方投退连接片（含保护、测控装置的软连接片及控制连接片）时，应遵循以下操作到位的判据原则：

1）调控系统间隔细节图中连接片变位成功；

2）调控系统告警事项中出现连接片变位或相应保护功能投入/退出的报文；

3）远方投退继电保护重合闸（备用电源自动投入）软连接片后，还应检查相应设备重合闸（备用电源自动投入）充电完成信号发生对应变化。

（3）母联（分）断路器远方操作分闸前应核查无“母线TV并列”或“切换继电器同时动作”等信号。母线送电后，应检查母线电压情况，并记录实际电压值。

附录B 顺控闭锁信号库选取及应用要求

一、顺控闭锁库选取规则

（1）顺控闭锁库选取应兼顾安全性和可靠性两方面的要求。安全性指执行顺控操作时，操作对象及其相关的一、二次设备应处于正常运行状态，保证顺控过程是安全的。可靠性指顺控的对象在确保一次设备安全的情况下能可靠地操作到相应目标状态，不应出现误闭锁。

（2）顺控闭锁库按照信号影响范围包含间隔闭锁信号、相关电压等级公用闭锁信号及全站公用闭锁信号，不区分停电及送电操作。

（3）间隔闭锁信号包含间隔事故类及异常类信号。GIS 母线顺控操作时，SF_6 气室告警信号应包含母线本体气室及与母线相连的隔离开关气室（含备用间隔及待用间隔气室告警信号）。

（4）相关电压等级公用闭锁信号包含相关电压等级母线保护的事故类及异常类信号、反映母线保护信号的公用测控通信信号、母线 TV 二次电压并列（含并列异常）信号。

（5）全站公用闭锁信号包含全站事故总信号、直流系统（一体化电源）的直流失地信号、直流系统绝缘故障信号、反映直流系统（一体化电源）信号的公用测控通信信号。

（6）顺控闭锁库是在经规范审核的调控信号点表基础上，由系统根据操作任务和顺控闭锁信号选取规则生成。

二、顺控闭锁库应用规则

（1）顺控操作执行阶段应根据顺控操作票的闭锁信号巡检项，依据顺控闭锁库进行闭锁信号检查。

（2）顺控操作预演时应对顺控闭锁库进行检查。出现相关信号，顺控暂停，经人工判断后选择继续顺控或者终止顺控。

（3）顺控操作执行时，操作断路器前应对顺控闭锁库进行检查。其中对于双母线接线的母线顺控操作，倒母线过程合上隔离开关前应对顺控闭锁库进行检查，隔离开关双跨后拉开隔离开关前可不检查顺控闭锁库。

（4）顺控操作执行中，当检查顺控闭锁库中出现全站事故总信号，顺控暂停，经人工判断后选择继续顺控或者终止顺控；当出现除全站事故总的其他相关信号，直接终止顺控。

（5）对于线路跨站顺控操作，顺控操作预演时应对线路各侧顺控闭锁库进行检查，顺控操作执行阶段设备操作仅需检查本侧顺控闭锁库。

（6）挂屏蔽性标识牌的设备信号不纳入顺控闭锁库检查范围。

（7）与顺控操作有关的信号全部或部分监控职责已移交现场时，不进行顺控操作。

三、典型顺控操作闭锁库范例

1. 500kV线路顺控操作巡检范围（3/2接线）

（1）间隔闭锁信号包含线路间隔及所操作断路器一、二次设备的事故类及异常类信号。

（2）全站公用闭锁信号包含全站事故总信号、直流系统（一体化电源）的直流失地信号、直流系统绝缘故障信号、反映直流系统（一体化电源）信号的公用测控通信信号。

2. 500kV母线顺控操作巡检范围范例（3/2接线）

（1）间隔闭锁信号包含500kV母线保护的事故类及异常类信号、各操作断路器间隔一、二次设备的事故类及异常类信号。

（2）相关电压等级公用闭锁信号包含反映500kV母线保护信号的公用测控通信信号。

（3）全站公用闭锁信号包含全站事故总信号、直流系统（一体化电源）的直流失地信号、直流系统绝缘故障信号、反映直流系统（一体化电源）信号的公用测控通信信号。

3. 220kV线路顺控操作巡检范围范例（双母线接线）

（1）间隔闭锁信号包含线路间隔一、二次设备的事故类及异常类信号。

（2）相关电压等级公用闭锁信号包含220kV母线TV二次电压并列（含并列异常）信号、220kV母线保护的事故类及异常类信号、反映220kV母线保护信号的公用测控通信信号。

（3）全站公用闭锁信号包含全站事故总信号、直流系统（一体化电源）的直流失地信号、直流系统绝缘故障信号、反映直流系统（一体化电源）信号的公用测控通信信号。

4. 220kV母线顺控操作巡检范围范例（双母线接线）

（1）间隔闭锁信号包含220kV母线保护的事故类及异常类信号，所操作线路间隔、主变压器断路器间隔及母联（分）断路器间隔一、二次设备的事故类及异常类信号，220kV母线TV二次电压并列（含并列异常）信号，220kV GIS母线本体气室及与母线相连的隔离开关气室告警信号（含备用间隔及待用间隔气室告警信号）。

（2）相关电压等级公用闭锁信号包含反映220kV母线保护信号的公用测控通信信号。

（3）全站公用闭锁信号包含全站事故总信号、直流系统（一体化电源）的直流失地信号、直流系统绝缘故障信号、反映直流系统（一体化电源）信号的公用测控通信信号。

5. 500kV联络变压器顺控操作巡检范围范例

（1）间隔闭锁信号包含联络变压器本体间隔及所操作断路器间隔一、二次设备的事故类及异常类信号。

（2）相关电压等级公用闭锁信号包含220kV母线保护的事故类及异常类信号、反映220kV母线保护信号的公用测控通信信号、220kV母线TV二次电压并列（含并列异常）信号。

（3）全站公用闭锁信号包含全站事故总信号、直流系统（一体化电源）的直流失地信号、直流系统绝缘故障信号、反映直流系统（一体化电源）信号的公用测控通信信号。

6. 220kV主变压器顺控操作巡检范围范例（高、中压侧为双母线接线）

（1）间隔闭锁信号包含主变压器本体间隔及所操作断路器间隔一、二次设备的事故类及异常类信号。

（2）相关电压等级公用闭锁信号包含220kV及110kV母线保护的事故类及异常类信号、反映220kV及110kV母线保护信号的公用测控通信信号、220kV及110kV母线TV二次电压并列（含并列异常）信号。

（3）全站公用闭锁信号包含全站事故总信号、直流系统（一体化电源）的直流失地信号、直流系统绝缘故障信号、反映直流系统（一体化电源）信号的公用测控通信信号。

7. 110kV主变压器顺控操作巡检范围范例（内桥式接线）

（1）间隔闭锁信号包含主变压器本体间隔、主变压器所连接母线及所操作断路器间隔一、二次设备的事故类及异常类信号。

（2）相关电压等级公用闭锁信号包含110kV母线TV二次电压并列（含并列异常）信号。

（3）全站公用闭锁信号包含全站事故总信号、直流系统（一体化电源）的直流失地信号、直流系统绝缘故障信号、反映直流系统（一体化电源）信号的公用测控通信信号。

8. 110kV 线路顺控操作巡检范围范例（内桥式接线）

（1）间隔闭锁信号包含线路间隔及所连接母线和主变压器的一、二次设备的事故类及异常类信号。

（2）相关电压等级公用闭锁信号包含 110kV 母线 TV 二次电压并列（含并列异常）信号。

（3）全站公用闭锁信号包含全站事故总信号、直流系统（一体化电源）的直流失地信号、直流系统绝缘故障信号、反映直流系统（一体化电源）信号的公用测控通信信号。

附录C 顺控调度指令和操作票成票原则

一、顺控操作调度指令原则

1. 基本原则

（1）采取顺序控制方式操作的调度指令，需在指令中采用“顺控为”字样。

（2）纳入顺控操作范围的设备，在接到调度指令后，省调监控员、各地调及运维站值班人员应优先采用顺控操作方式进行调度指令编排，依据相关规程规定操作至要求的设备状态。

（3）设备停复役时，要求设备转入相应状态或因设备另有检修工作等原因无法正常送电时，调度员应在调度指令中作出明确备注。

（4）顺控操作调度指令应符合安全工作规程、调度规程等有关规程、规定的要求。

2. 顺控操作范畴

顺控操作范围涵盖母线、主变压器、断路器、线路单站及跨站，以下不在顺控操作范畴：

（1）事故及异常处理。

（2）旁代操作。

（3）主变压器中低压侧方式调整操作不纳入主变压器顺控操作。

（4）500kV 变电站除主变压器低压侧间隔外的其他 66kV/35kV 设备，例如 35kV 母线及 35kV 无功补偿装置等。

（5）220kV 变电站除主变压器低压侧断路器外的其他 35kV/10kV 设备。

（6）110kV 变电站除主变压器中低压侧断路器外的其他 35kV/10kV 设备。

3. 线路（断路器）、母线及变压器顺控操作内容明确如下：

（1）线路的顺控操作若未具体指明厂站名，则执行线路跨站顺控操作（不属于同一监控范围、T 接线路、两侧状态变更不一致、单供线路均不在线路跨站顺控操作范畴）；若具体指明厂站名，则执行单侧线路（断路器）顺控操作。500kV 断路器的顺控操作内容不包含 500kV 断路器保护重合闸方式的切换。

示例一　线路跨站顺控操作内容，调度指令为“×kV×线路由运行顺控为冷备用”。

1）变电站 1：×kV×线路由运行转冷备用；

2）变电站 2：×kV×线路由运行转冷备用。

（2）3/2 接线 500kV 母线的顺控操作内容不包含 500kV 边、中断路器保护重合闸方式的切换安排，220kV 母线的顺控操作内容包含母线上各间隔线路的倒排操作。

示例一：500kV 母线顺控操作内容，调度指令为“500kV×段母线由运行顺控为冷备用”。

1）接×段母线的所有断路器转冷备用（已处检修的断路器仍保持检修状态）；

2）×段母线转冷备用。

示例二：220kV 母线顺控操作内容（适用于有专用母联断路器的双母线接线方式），调度指令为 220kV×段母线由运行顺控为冷备用”。

1）倒排操作，空出×段母线（接该段母线热备用的设备需改接其他母线热备用）；

2）母联断路器停役；

3）×段母线转入冷备用状态。

（3）500kV 变压器的顺控操作内容不包含站用电方式及联络变压器 35kV 侧无功补偿装置安排，220kV 变压器的顺控操作内容包含因操作需要进行的主变压器本身中性点操作，但不包含因电网需要主变压器中性点的方式安排。

示例一：500kV 变压器顺控操作内容，调度指令为“500kV×联络变压器由运行顺控为冷备用”。

1）×联络变压器 35kV 侧×断路器转热备用；

2）×联络变压器 220kV 侧×断路器转热备用；

3）×联络变压器 500kV 侧×断路器转热备用；

4）×联络变压器转冷备用。

示例二：220kV 主变压器顺控操作内容，调度指令为“220kV×主变压器由运行顺控为冷备用”。

1）核实已将 220kV×主变压器低压侧断路器转热备用，×主变压器可以停役；

2）投入 220kV×主变压器中性点；

3）×主变压器 110kV 侧×断路器、220kV 侧×断路器转热备用；

4）×主变压器转冷备用；

5）退出 220kV×主变压器中性点。

二、顺控操作票成票原则

（1）正常情况下，根据拓扑判断设备状态进行自动拟票。

（2）线路停送电时，若调度指令未指明停送电顺序，则按照线路调度命名先后顺序成票。若对线路停送电顺序有要求，应在调度指令的备注项指明。

（3）主变压器停电时，若调度指令未指明停电顺序，默认按照主变压器低、中、高侧操作顺序成票；主变压器送电时，若调度指令未指明送电顺序，默认按照主变压器高、中、低侧操作顺序成票。

（4）220kV 双母线接线母线停电倒排时，按照先倒线路间隔、后倒主变压器间隔；送电时先倒主变压器间隔、后倒线路间隔顺序成票。500kV 母线停送电按照断路器编号顺序由小到大进行成票（避免用联络变压器 500kV 侧断路器对母线充电）。

（5）设备停/复役时，要求设备转入相应状态或因设备另有检修工作等原因无法正常送电时，调度员应在调度指令中做出明确备注，操作员根据调度指令在拟票系统进行设备状态选择，由系统根据拓扑判断设备状态自动成票。

附录 D　变电站顺控验收规范

变电站顺控验收主要内容包括变压器、母线、线路（含跨站）、断路器的正常方式成票、非正常方式成票和闭锁库顺控操作票验收，具体验收内容及要求见表 D－1。

表 D－1　　　　变电站顺控验收表

操作对象	类型	序号	验收内容	验收要求	验收情况
变压器	正常方式成票	1	通过智能成票的方式拟写正常运行方式下主变压器运行与冷备用互转的顺控操作票	操作票步骤、术语正确	
		2	通过智能成票的方式拟写正常运行方式下主变压器运行与热备用互转的顺控操作票		
		3	通过智能成票的方式拟写正常运行方式下主变压器热备用与冷备用互转的顺控操作票		
	非止常方式成票	4	通过智能成票的方式拟写非正常运行方式下主变压器运行与冷备用互转的顺控操作票		
		5	通过智能成票的方式拟写非正常运行方式下主变压器运行与热备用互转的顺控操作票		
		6	通过智能成票的方式拟写非正常运行方式下主变压器热备用与冷备用互转的顺控操作票		
	闭锁库	7	抽取主变压器任一顺控操作票，模拟预演阶段通过主站置位光字牌等方式来验证，闭锁库内、外的信号各随机抽取两个	1. 闭锁库内信号会正确闭锁/提示； 2. 闭锁库外的信号不会闭锁/提示	
母线	正常方式成票	1	通过智能成票的方式拟写正常运行方式下各电压等级母线由运行与冷备用互转的顺控操作票各一份	操作票步骤、术语正确	
	非正常方式成票	2	通过智能成票的方式拟写非正常运行方式下各电压等级母线由运行与冷备用互转的顺控操作票各一份		
	闭锁库	3	抽取母线任一顺控操作票，模拟预演阶段通过主站置位光字牌等方式来验证，闭锁库内、外的信号各随机抽取两个	1. 闭锁库内信号会正确闭锁/提示； 2. 闭锁库外的信号不会闭锁/提示	
线路（单站）	正常方式成票	1	通过智能成票的方式拟写正常运行方式下各电压等级线路运行与冷备用互转的顺控操作票各一份	操作票步骤、术语正确	

续表

操作对象	类型	序号	验收内容	验收要求	验收情况
线路（单站）	正常方式成票	2	通过智能成票的方式拟写正常运行方式下各电压等级线路运行与热备用互转的顺控操作票各一份	操作票步骤、术语正确	
		3	通过智能成票的方式拟写正常运行方式下各电压等级线路热备用与冷备用互转的顺控操作票各一份		
	非正常方式成票	4	通过智能成票的方式拟写非正常运行方式下各电压等级线路运行与冷备用互转的顺控操作票各一份		
		5	通过智能成票的方式拟写非正常运行方式下各电压等级线路运行与热备用互转的顺控操作票各一份		
		6	通过智能成票的方式拟写非正常运行方式下各电压等级线路热备用与冷备用互转的顺控操作票各一份		
	闭锁库	7	抽取线路任一顺控操作票，模拟预演阶段通过主站置位光字牌等方式来验证，闭锁库内、外的信号各随机抽取两个	1. 闭锁库内信号会正确闭锁/提示； 2. 闭锁库外的信号不会闭锁/提示	
线路（跨站）	正常方式成票	1	通过智能成票的方式拟写正常运行方式下各电压等级跨站线路运行与冷备用互转的顺控操作票各一份	操作票步骤、术语正确	
		2	通过智能成票的方式拟写正常运行方式下各电压等级跨站线路运行与热备用互转的顺控操作票各一份		
		3	通过智能成票的方式拟写正常运行方式下各电压等级跨站线路热备用与冷备用互转的顺控操作票各一份		
	非正常方式成票	4	通过智能成票的方式拟写非正常运行方式下各电压等级跨站线路运行与冷备用互转的顺控操作票各一份		
		5	通过智能成票的方式拟写非正常运行方式下各电压等级跨站线路运行与热备用互转的顺控操作票各一份	操作票步骤、术语正确	
		6	通过智能成票的方式拟写非正常运行方式下各电压等级跨站线路热备用与冷备用互转的顺控操作票各一份		
	闭锁库	7	抽取跨站线路任一顺控操作票，模拟预演阶段通过主站置位光字牌等方式来验证，闭锁库内、外的信号各随机抽取两个	1. 闭锁库内信号会正确闭锁/提示； 2. 闭锁库外的信号不会闭锁/提示	

续表

操作对象	类型	序号	验收内容	验收要求	验收情况
断路器	正常方式成票	1	通过智能成票的方式拟写各电压等级断路器运行与冷备用互转的顺控操作票各一份	操作票步骤、术语正确	
		2	通过智能成票的方式拟写各电压等级断路器运行与热备用互转的顺控操作票各一份		
		3	通过智能成票的方式拟写各电压等级断路器热备用与冷备用互转的顺控操作票各一份		
	闭锁库	4	抽取断路器任一顺控操作票，模拟预演阶段通过主站置位光字牌等方式来验证，闭锁库内、外的信号各随机抽取两个	1. 闭锁库内信号会正确闭锁/提示； 2. 闭锁库外的信号不会闭锁/提示	

参考文献

[1] 裴东锋. 远方遥控操作危险点及防范措施论述 [J]. 河南：农村电工，2017.

[2] 祝文澜. 深化推进地区调控远方遥控操作 [J]. 北京：中国科技纵横，2016.

[3] 陈威，王昊，夏慧，等. 基于调控主站一体化平台的“一键”顺控操作实现方案 [J]. 电力系统保护与控制，2019，047（020）：171－177.

[4] 刘必晶，徐海利，林静怀，李泽科，陈郑平，韩林，曾华斯. 远动遥控的双校验方法研究 [J]. 电力系统保护与控制，2015，043（8）：134－138.

[5] 林静怀，米为民，李泽科，等. 智能电网调度控制系统的远方操作安全防误技术 [J]. 电力系统自动化，2015，39（01）：60－64，240.

[6] 陈月卿，陈建洪，邱建斌，等. 一种智能变电站监控信息自动验收系统的研究 [J]. 电力系统保护与控制，2020，48（11）：143－150.

[7] 李功新，黄文英，任晓辉，等. 调控一体化系统防误校核研究 [J]. 电力系统保护与控制，2015，43（07）：97－102.

[8] 谷月雁，司刚，刘清瑞. 智能变电站中顺序控制的功能分析与实现 [J]. 电气技术，2011（1）：58－62.

[9] 陈磊. 顺序控制技术在 220kV 公园智能变电站的应用 [J]. 科技与创新，2017（19）：141－143.

[10] 李功新. 基于可拓推演方法的调控一体与防误系统的研究 [D]. 武汉大学，2014：37－85.

[11] 周明，林静怀，杨桂中. 新型智能电网调度操作票自动生成与管理系统电力系统自动化 [J]，2004，28（11）：71－74.

[12] 周明，任建文，李庚银，等. 基于多智能体的电网调度操作票指导系统研究与实现中国电机工程学报 [J]，2004，24（4）：58－209.

[13] 张丰，郭碧媛. 变电站智能操作票系统与程序化操作系统结合方式探讨 [J]. 电力自动化设备，2010，30（12）：117－120.

[14] 徐俊杰，赵京虎，饶明军，等. 基于 SCADA 系统的地区电网调度操作票系统的设计 [J]. 电力系统保护与控制，2010，38（13）：104－107.

[15] 李功新，周文俊，林静怀，江修波. 基于 D5000 平台的调控操作与防误一体化系统. 电力自动化设备，2014，34（07）：168－173.

[16] 江修波，李功新，林静怀，等. 防误系统通信规约和信息交互模式研究. 南昌大学学

报（工科版），2015，37（04）：391－395，404.

［17］倪鹏，马晓春，余建明，等．调控一体化中综合智能防误校核方法研究．中国电力，2012，45（07）：16－19.

［18］修洪江．集控站微机防误操作系统的设计．电力安全技术，2010，10（12）.

［19］修洪江．智能化变电站防误闭锁方案探讨．电工技术，2011（7）：11－12.

［20］修洪江．基于D5000平台的调控一体化智能防误系统的研究与应用．电工技术，2014（5）：58－60.

［21］王永明．智能电网调度控制系统的二次设备防误技术［J］．电力系统自动化，2020，44（14）：94－101.

［22］李宽宏．变电站二次设备防误风险管控系统实现方案［J］．电力系统自动化，2020，44（17）：95－101.

［23］刘必晶，徐海利，林静怀，等．远动遥控的双校验方法研究［J］．电力系统保护与控制，2015，43（08）：134－138.